页岩
矿物岩石学

"十三五"国家重点图书

中国能源新战略——页岩气出版工程

国家出版基金项目
NATIONAL PUBLICATION FOUNDATION

编著：包书景　翟刚毅　唐显春　陈　科

U0395537

华东理工大学出版社
EAST CHINA UNIVERSITY OF SCIENCE AND TECHNOLOGY PRESS
·上海·

图书在版编目（CIP）数据

页岩矿物岩石学/包书景等编著.—上海：华东
理工大学出版社，2016.12
　（中国能源新战略：页岩气出版工程）
　ISBN 978−7−5628−4813−4

　Ⅰ.①页… Ⅱ.①包… Ⅲ.①页岩−研究 Ⅳ.
①P588.22

中国版本图书馆CIP数据核字（2016）第252304号

内容提要

全书内容分两大部分共15章，第一部分为基础篇，重在介绍页岩矿物岩石学基础特征与分类评价方法。第1章介绍页岩特征；第2章介绍页岩矿物岩石学特征；第3章介绍页岩储集特征；第4章介绍页岩可压性；第5章介绍页岩储层综合评价方法；第6章介绍页岩实验测试技术。第二部分为应用篇，按照地区、层系和页岩类型详细介绍中国页岩的地质特征及各项参数，第7～15章分别介绍南方地区古生界海相、天山−兴蒙−吉黑地区上古生界海相、南方地区二叠系海陆过渡相、华北地区上古生界海陆过渡相、四川盆地及中生界周缘陆相、鄂尔多斯盆地及周缘三叠系陆相、西北地区侏罗系陆相、东北地区白垩系陆以及东部断陷盆地古近系陆相等领域富有机质页岩。

本书可作为地质学及石油地质学相关专业高年级本科生和研究生教材，同时也可为从事页岩地质研究、页岩气勘探开发的专家及学者提供指导及借鉴，具有很高的参考价值。

项目统筹 / 周永斌　马夫娇

责任编辑 / 马夫娇

书籍设计 / 刘晓翔工作室

出版发行 / 华东理工大学出版社有限公司

　　　　　　地　　址：上海市梅陇路130号，200237

　　　　　　电　　话：021-64250306

　　　　　　网　　址：www.ecustpress.cn

　　　　　　邮　　箱：zongbianban@ecustpress.cn

印　　刷 / 上海雅昌艺术印刷有限公司

开　　本 / 710mm×1000mm　1/16

印　　张 / 25.25

字　　数 / 405千字

版　　次 / 2016年12月第1版

印　　次 / 2016年12月第1次

定　　价 / 118.00元

总序

一

　　能源矿产是人类赖以生存和发展的重要物质基础,攸关国计民生和国家安全。推动能源地质勘探和开发利用方式变革,调整优化能源结构,构建安全、稳定、经济、清洁的现代能源产业体系,对于保障我国经济社会可持续发展具有重要的战略意义。中共十八届五中全会提出,"十三五"发展将围绕"创新、协调、绿色、开放、共享的发展理念"展开,要"推动低碳循环发展,建设清洁低碳、安全高效的现代能源体系",这为我国能源产业发展指明了方向。

　　在当前能源生产和消费结构亟须调整的形势下,中国未来的能源需求缺口日益凸显。清洁、高效的能源将是石油产业发展的重点,而页岩气就是中国能源新战略的重要组成部分。页岩气属于非传统(非常规)地质矿产资源,具有明显的致矿地质异常特殊性,也是我国第172种矿产。页岩气成分以甲烷为主,是一种清洁、高效的能源资源和化工原料,主要用于居民燃气、城市供热、发电、汽车燃料等,用途非常广泛。页岩气的规模开采将进一步优化我国能源结构,同时也有望缓解我国油气资源对外依存度较高的被动局面。

　　页岩气作为国家能源安全的重要组成部分,是一项有望改变我国能源结构、改变我国南方省份缺油少气格局、"绿化"我国环境的重大领域。目前,页岩气的开发利用在世界范围内已经产生了重要影响,在此形势下,由华东理工大学出版社策划的这套页岩气丛书对国内页岩气的发展具有非常重要的意义。该丛书从页岩气地质、地球物理、开发工程、装备与经济技术评价以及政策环境等方面系统阐述了页岩气全产业链理论、方法与技术，并完善了页岩气地质、物探、开发等相关理论，集成了页岩气勘探开发与工程领域相关的先进技术，摸索了中国页岩气勘探开发相关的经济、环境与政策。丛书的出版有助于开拓页岩气产业新领域、探索新技术、寻求新的发展模式，以期对页岩气关键技术的广泛推广、科学技术创新能力的大力提升、学科建设条件的逐渐改进，以及生产实践效果的显著提高等，能产生积极的推动作用，为国家的能源政策制定提供积极的参考和决策依据。

我想，参与本套丛书策划与编写工作的专家、学者们都希望站在国家高度和学术前沿产出时代精品，为页岩气顺利开发与利用营造积极健康的舆论氛围。中国地质大学（北京）是我国最早涉足页岩气领域的学术机构，其中张金川教授是第376次香山科学会议（中国页岩气资源基础及勘探开发基础问题）、页岩气国际学术研讨会等会议的执行主席，他是中国最早开始引进并系统研究我国页岩气的学者，曾任贵州省页岩气勘查与评价和全国页岩气资源评价与有利选区项目技术首席，由他担任丛书主编我认为非常称职，希望该丛书能够成为页岩气出版领域中的标杆。

让我感到欣慰和感激的是，这套丛书的出版得到了国家出版基金的大力支持，我要向参与丛书编写工作的所有同仁和华东理工大学出版社表示感谢，正是有了你们在各自专业领域中的倾情奉献和互相配合，才使得这套高水准的学术专著能够顺利出版问世。

中国科学院院士

2016年5月于北京

总序

二

　　进入21世纪,世情、国情继续发生深刻变化,世界政治经济形势更加复杂严峻,能源发展呈现新的阶段性特征,我国既面临由能源大国向能源强国转变的难得历史机遇,又面临诸多问题和挑战。从国际上看,二氧化碳排放与全球气候变化、国际金融危机与石油天然气价格波动、地缘政治与局部战争等因素对国际能源形势产生了重要影响,世界能源市场更加复杂多变,不稳定性和不确定性进一步增加。从国内看,虽然国民经济仍在持续中高速发展,但是城乡雾霾污染日趋严重,能源供给和消费结构严重不合理,可持续的长期发展战略与现实经济短期的利益冲突相互交织,能源规划与环境保护互相制约,绿色清洁能源亟待开发,页岩气资源开发和利用有待进一步推进。我国页岩气资源与环境的和谐发展面临重大机遇和挑战。

　　随着社会对清洁能源需求不断扩大,天然气价格不断上涨,人们对页岩气勘探开发技术的认识也在不断加深,从而在国内出现了一股页岩气热潮。为了加快页岩气的开发利用,国家发改委和国家能源局从2009年9月开始,研究制定了鼓励页岩气勘探与开发利用的相关政策。随着科研攻关力度和核心技术突破能力的不断提高,先后发现了以威远–长宁为代表的下古生界海相和以延长为代表的中生界陆相等页岩气田,特别是开发了特大型焦石坝海相页岩气,将我国页岩气工业推送到了一个特殊的历史新阶段。页岩气产业的发展既需要系统的理论认识和配套的方法技术,也需要合理的政策、有效的措施及配套的管理,我国的页岩气技术发展方兴未艾,页岩气资源有待进一步开发。

我很荣幸能在丛书策划之初就加入编委会大家庭,有机会和页岩气领域年轻的学者们共同探讨我国页岩气发展之路。我想,正是有了你们对页岩气理论研究与实践的攻关才有了这套书扎实的科学基础。放眼未来,中国的页岩气发展还有很多政策、科研和开发利用上的困难,但只要大家齐心协力,最终我们必将取得页岩气发展的良好成果,使科技发展的果实惠及千家万户。

这套丛书内容丰富,涉及领域广泛,从产业链角度对页岩气开发与利用的相关理论、技术、政策与环境等方面进行了系统全面、逻辑清晰地阐述,对当今页岩气专业理论、先进技术及管理模式等体系的最新进展进行了全产业链的知识集成。通过对这些内容的全面介绍,可以清晰地透视页岩气技术面貌,把握页岩气的来龙去脉,并展望未来的发展趋势。总之,这套丛书的出版将为我国能源战略提供新的、专业的决策依据与参考,以期推动页岩气产业发展,为我国能源生产与消费改革做出能源人的贡献。

中国页岩气勘探开发地质、地面及工程条件异常复杂,但我想说,打造世纪精品力作是我们的目标,然而在此过程中必定有着多样的困难,但只要我们以专业的科学精神去对待、解决这些问题,最终的美好成果是能够创造出来的,祖国的蓝天白云有我们曾经的努力!

中国工程院院士

2016年5月

总　序

三

　　页岩气属于新型的绿色能源资源，是一种典型的非常规天然气。近年来，页岩气的勘探开发异军突起，已成为全球油气工业中的新亮点，并逐步向全方位的变革演进。我国已将页岩气列为新型能源发展重点，纳入了国家能源发展规划。

　　页岩气开发的成功与技术成熟，极大地推动了油气工业的技术革命。与其他类型天然气相比，页岩气具有资源分布连片、技术集约程度高、生产周期长等开发特点。页岩气的经济性开发是一个全新的领域，它要求对页岩气地质概念的准确把握、开发工艺技术的恰当应用、开发效果的合理预测与评价。

　　美国现今比较成熟的页岩气开发技术，是在20世纪80年代初直井泡沫压裂技术的基础上逐步完善而发展起来的，先后经历了从直井到水平井、从泡沫和交联冻胶到清水压裂液、从简单压裂到重复压裂和同步压裂工艺的演进，页岩气的成功开发拉动了美国页岩气产业的快速发展。这其中，完善的基础设施、专业的技术服务、有效的监管体系为页岩气开发提供了重要的支持和保障作用，批量化生产的低成本开发技术是页岩气开发成功的关键。

　　我国页岩气的资源背景、工程条件、矿权模式、运行机制及市场环境等明显有别于美国，页岩气开发与发展任重道远。我国页岩气资源丰富、类型多样，但开发地质条件复杂，开发理论与技术相对滞后，加之开发区水资源有限、管网稀疏、人口稠密等不利因素,导致中国的页岩气发展不能完全照搬照抄美国的经验、技术、政策及法规,必须探索出一条适合于我国自身特色的页岩气开发技术与发展道路。

华东理工大学出版社策划出版的这套页岩气产业化系列丛书,首次从页岩气地质、地球物理、开发工程、装备与经济技术评价以及政策环境等方面对页岩气相关的理论、方法、技术及原则进行了系统阐述,集成了页岩气勘探开发理论与工程利用相关领域先进的技术系列,完成了页岩气全产业链的系统化理论构建,摸索出了与中国页岩气工业开发利用相关的经济模式以及环境与政策,探讨了中国自己的页岩气发展道路,为中国的页岩气发展指明了方向,是中国页岩气工作者不可多得的工作指南,是相关企业管理层制定页岩气投资决策的依据,也是政府部门制定相关法律法规的重要参考。

我非常荣幸能够成为这套丛书的编委会顾问成员,很高兴为丛书作序。我对华东理工大学出版社的独特创意、精美策划及辛苦工作感到由衷的赞赏和钦佩,对以张金川教授为代表的丛书主编和作者们良好的组织、辛苦的耕耘、无私的奉献表示非常赞赏,对全体工作者的辛勤劳动充满由衷的敬意。

这套丛书的问世,将会对我国的页岩气产业产生重要影响,我愿意向广大读者推荐这套丛书。

中国工程院院士

胡文瑞

2016年5月

总

序

四

　　绿色低碳是中国能源发展的新战略之一。作为一种重要的清洁能源，天然气在中国一次能源消费中的比重到 2020 年时将提高到 10% 以上，页岩气的高效开发是实现这一战略目标的一种重要途径。

　　页岩气革命发生在美国，并在世界范围内引起了能源大变局和新一轮油价下降。在经过了漫长的偶遇发现（1821—1975 年）和艰难探索（1976—2005 年）之后，美国的页岩气于 2006 年进入快速发展期。2005 年，美国的页岩气产量还只有 1134 亿立方米，仅占美国当年天然气总产量的 4.8%；而到了 2015 年，页岩气在美国天然气年总产量中已接近半壁江山，产量增至 4291 亿立方米，年占比达到了 46.1%。即使在目前气价持续走低的大背景下，美国页岩气产量仍基本保持稳定。美国页岩气产业的大发展，使美国逐步实现了天然气自给自足，并有向天然气出口国转变的趋势。2015 年美国天然气净进口量在总消费量中的占比已降至 9.25%，促进了美国经济的复苏、GDP 的增长和政府收入的增加，提振了美国传统制造业并吸引其回归美国本土。更重要的是，美国页岩气引发了一场世界能源供给革命，促进了世界其他国家页岩气产业的发展。

　　中国含气页岩层系多，资源分布广。其中，陆相页岩发育于中、新生界，在中国六大含油气盆地均有分布；海陆过渡相页岩发育于上古生界和中生界，在中国华北、南方和西北广泛分布；海相页岩以下古生界为主，主要分布于扬子和塔里木盆地。中国页岩气勘探开发起步虽晚，但发展速度很快，已成为继美国和加拿大之后世界上第三个实现页岩气商业化开发的国家。这一切都要归功于政府的大力支持、学界的积极参与及业界的坚定信念与投入。经过全面细致的选区优化评价（2005—2009年）和钻探评价（2010—2012年），中国很快实现了涪陵（中国石化）和威远–长宁（中国石油）页岩气突破。2012年，中国石化成功地在涪陵地区发现了中国第一个大型海相气田。此后，涪陵页岩气勘探和产能建设快速推进，目前已提交探明地质储量3805.98亿立方米，页岩气日产量（截至2016年6月）也达到了1387万立方米。故大力发展页岩气，不仅有助于实现清洁低碳的能源发展战略，还有助于促进中国的经济发展。

然而，中国页岩气开发也面临着地下地质条件复杂、地表自然条件恶劣、管网等基础设施不完善、开发成本较高等诸多挑战。页岩气开发是一项系统工程，既要有丰富的地质理论为页岩气勘探提供指导，又要有先进配套的工程技术为页岩气开发提供支撑，还要有完善的监管政策为页岩气产业的健康发展提供保障。为了更好地发展中国的页岩气产业，亟须从页岩气地质理论、地球物理勘探技术、工程技术和装备、政策法规及环境保护等诸多方面开展系统的研究和总结，该套页岩气丛书的出版将填补这项空白。

该丛书涉及整个页岩气产业链，介绍了中国页岩气产业的发展现状，分析了未来的发展潜力，集成了勘探开发相关技术，总结了管理模式的创新。相信该套丛书的出版将会为我国页岩气产业链的快速成熟和健康发展带来积极的推动作用。

中国科学院院士

2016年5月

丛书前言

社会经济的不断增长提高了对能源需求的依赖程度，城市人口的增加提高了对清洁能源的需求，全球资源产业链重心后移导致了能源类型需求的转移，不合理的能源资源结构对环境和气候产生了严重的影响。页岩气是一种特殊的非常规天然气资源，她延伸了传统的油气地质与成藏理论，新的理念与逻辑改变了我们对油气赋存地质条件和富集规律的认识。页岩气的到来冲击了传统的油气地质理论、开发工艺技术以及环境与政策相关法规，将我国传统的"东中西"油气分布格局转置于"南中北"背景之下，提供了我国油气能源供给与消费结构改变的理论与物质基础。美国的页岩气革命、加拿大的页岩气开发、我国的页岩气突破，促进了全球能源结构的调整和改变，影响着世界能源生产与消费格局的深刻变化。

第一次看到页岩气（Shale gas）这个词还是在我的博士生时代，是我在图书馆研究深盆气（Deep basin gas）外文文献时的"意外"收获。但从那时起，我就注意上了页岩气，并逐渐为之痴迷。亲身经历了页岩气在中国的启动，充分体会到了页岩气产业发展的迅速，从开始只有为数不多的几个人进行页岩气研究，到现在我们已经有非常多优秀年轻人的拼搏努力，他们分布在页岩气产业链的各个角落并默默地做着他们认为有可能改变中国能源结构的事。

广袤的长江以南地区曾是我国老一辈地质工作者花费了数十年时间进行油

气勘探而"久攻不破"的难点地区，短短几年的页岩气勘探和实践已经使该地区呈现出了"星星之火可以燎原"之势。在油气探矿权空白区，渝页1、岑页1、西科1、常页1、水页1、柳页1、秭地1、安页1、港地1等一批不同地区、不同层系的探井获得了良好的页岩气发现，特别是在探矿权区域内大型优质页岩气田（彭水、长宁－威远、焦石坝等）的成功开发，极大地提振了油气勘探与发现的勇气和决心。在长江以北，目前也已经在长期存在争议的地区有越来越多的探井揭示了新的含气层系，柳坪177、牟页1、鄂页1、尉参1、正西页1等探井不断有新的发现和突破，形成了以延长、中牟、温县等为代表的陆相页岩气示范区和海陆过渡相页岩气试验区，打破了油气勘探发现和认识格局。中国近几年的页岩气勘探成就，使我们能够在几十年都不曾有油气发现的区域内再放希望之光，在许多勘探失利或原来不曾预期的地方点燃了燎原之火，在更广阔的地区重新拾起了油气发现的信心，在许多新的领域内带来了原来不曾预期的希望，在许多层系获得了原来不曾想象的意外惊喜，极大地拓展了油气勘探与发现的空间和视野。更重要的是，页岩气理论与技术的发展促进了油气物探技术的进一步完善和成熟，改进了油气开发生产工艺技术，启动了能源经济技术新的环境与政策思考，整体推高了油气工业的技术能力和水平，催生了页岩气产业链的快速发展。

该套页岩气丛书响应了国家《能源发展"十二五"规划》中关于大力开发非常规能源与调整能源消费结构的愿景，及时高效地回应了《大气污染防治行动计划》中对于清洁能源供应的急切需求以及《页岩气发展规划（2011—2015年）》的精神内涵与宏观战略要求，根据《国家应对气候变化规划（2014—2020）》和《能源发展战略行动计划（2014—2020）》的建议意见，充分考虑我国当前油气短缺的能源现状，以面向"十三五"能源健康发展为目标，对页岩气地质、物探、工程、政策等方面进行了系统讨论，试图突出新领域、新理论、新技术、新方法，为解决页岩气领域中所面临的新问题提供参考依据，对页岩气产业链相关理论与技术提供系统参考和基础。

承担国家出版基金项目《中国能源新战略——页岩气出版工程》（入选《"十三五"国家重点图书、音像、电子出版物出版规划》）的组织编写重任，心中不免惶恐，因为这是我第一次做分量如此之重的学术出版。当然，也是我第一次有机会系统地来梳理这些年我们团队所走过的页岩气之路。丛书的出版离不开广大作者的辛勤付出，他们以实际行动表达了对本职工作的热爱、对页岩气产业的追求以及对国家能源行业发展的希冀。特别是，丛书顾问在立意、构架、设计及编撰、出版等环节中也给予了精心指导和大力支持。正是有了众多同行专家的无私帮助和热情鼓励，我们的作者团队才义无反顾地接受了这一充满挑战的历史性艰巨任务。

该套丛书的作者们长期耕耘在教学、科研和生产第一线，他们未雨绸缪、身体力行、不断探索前进，将美国页岩气概念和技术成功引进中国；他们大胆创新实践，对全国范围内页岩气展开了有利区优选、潜力评价、趋势展望；他们尝试先行先试，将页岩气地质理论、开发技术、评价方法、实践原则等形成了完整体系；他们奋力摸索前行，以全国页岩气蓝图勾画、页岩气政策改革探讨、页岩气技术规划促产为己任，全面促进了页岩气产业链的健康发展。

我们的出版人非常关注国家的重大科技战略，他们希望能借用其宣传职能，为读者提供一套页岩气知识大餐，为国家的重大决策奉上可供参考的意见。该套丛书的组织工作任务极其烦琐，出版工作任务也非常繁重，但有华东理工大学出版社领导及其编辑、出版团队前瞻性地策划、周密求是地论证、精心细致地安排、无怨地辛苦奉献，积极有力地推动了全书的进展。

感谢我们的团队，一支非常有责任心并且专业的丛书编写与出版团队。

该套丛书共分为页岩气地质理论与勘探评价、页岩气地球物理勘探方法与技术、页岩气开发工程与技术、页岩气技术经济与环境政策等4卷，每卷又包括了按专业顺序而分的若干册，合计20本。丛书对页岩气产业链相关理论、方法及技术等进行了全面系统地梳理、阐述与讨论。同时，还配备出版了中英文版的页岩气原理与技术视频（电子出版物），丰富了页岩气展示内容。通过这套丛书，我们希望能为页岩气科研与生产人员提供一套完整的专业技术知识体系以促进页岩气理论与实践的进一步发展，为页岩气勘探开发理论研究、生产实践以及教学培训等提供参考资料，为进一步突破页岩气勘探开发及利用中的关键技术瓶颈提供支撑，为国家能源政策提供决策参考，为我国页岩气的大规模高质量开发利用提供助推燃料。

国际页岩气市场格局正在成型，我国页岩气产业正在快速发展，页岩气领域中的科技难题和壁垒正在被逐个攻破，页岩气产业发展方兴未艾，正需要以全新的理论为依据、以先进的技术为支撑、以高素质人才为依托，推动我国页岩气产业健康发展。该套丛书的出版将对我国能源结构的调整、生态环境的改善、美丽中国梦的实现产生积极的推动作用，对人才强国、科技兴国和创新驱动战略的实施具有重大的战略意义。

不断探索创新是我们的职责，不断完善提高是我们的追求，"路漫漫其修远兮，吾将上下而求索"，我们将努力打造出页岩气产业领域内最系统、最全面的精品学术著作系列。

丛书主编

2015年12月于中国地质大学（北京）

前

言

　　页岩是地球上最为常见的一种沉积岩。在时间上，从震旦系到新近系不同年代地层均有发育；在空间上，不同国家和地区均有分布；在成因上，海相、陆相和海陆过渡相不同沉积环境均可形成。在传统的岩石矿物学著作中，页岩是被作为碎屑沉积岩的其中一部分进行描述，内容主要涉及岩石成因、结构构造和矿物岩石学特征；而在油气地质领域，一般是将页岩作为烃源岩和盖层进行研究，主要是针对页岩的有机地球化学特征和封闭性能一直未作全面系统评价，尤其是页岩储存性能和可改造性等方面专门的研究工作较少。

　　自20世纪80年代以来，随着致密砂岩气、煤层气、页岩气等不同类型的非常规油气资源不断发现和开发利用，油气地质工作者越来越认识到页岩不仅可以作为烃源岩生烃和盖层封闭，而且还可以作为储集岩富集油气，是生、储、盖"三位一体"的非常规油气系统集合体。赋存在页岩中的油气资源——页岩油气逐渐发展成为一种重要的能源矿种，并成为当前世界上举足轻重的油气资源。这也使页岩这种细粒沉积物有了换个角度重新认只的基础，因此，针对页岩本身的基础研究也越来越受到相关石油地质学者、油气企业和相关研究机构的重视。

　　页岩气形成富集主要受控于页岩的有机地化特征、矿物岩石学特征和储集性能；页岩储层改造主要受控于岩石力学性质和地应力场特征。诸多学者已经编写出版了大量的著作,分别从矿物学理论基础、岩石成因及分类、岩石学特征和有机地化特征等方面作了详细论述,但专门针页岩这种特殊岩石类型和集生、储、盖为一体的系统研究和描述的论著却非常缺少。因此,针对页岩的矿物岩石学特征、储集性能和可压性进行专门的研究和论述,对于页岩气产业的持续健康发展具有重要作用。编者以《页岩矿物岩石学》作为书名,以页岩作为研究对象,综合"岩石矿物学"和"石油地质学"两个学科的基础知识和理论认识,突出页岩性能在页岩油气领域的基础作用和针对页岩特性的实验分析技术,按照新而全的原则,紧贴页岩油气勘查发现和开发利用实践,结合近年来的发展趋势和丰富研究成果,对我国目前勘查开发的重点页岩层系和具有资源前景的页岩领域进行了系统论述,力争使本书兼具基础性、时效性和前瞻性,更好地为从事页岩油气富集机理研究、资源潜力评价、勘查开发实践的学者提供参考。

作为编者,我非常荣幸能编著此书,以便有机会将我在石油战线三十余年对页岩及页岩油气的研究认识分享给读者。1985—2005年,我先后从事南襄、南华北、渤海湾、塔里木等盆地的油气储层和资源评价工作,在页岩矿物岩石学、有机地化特征及实验分析技术等方面有了一定的认识和体会。2005年第一次接触到页岩气(shale gas)这种天然气资源,次年初中国石化科技发展部下达了一个基础性前瞻性研究课题《中国页岩气早期资源潜力评价》让我承担,我是既兴奋又茫然。当时油气勘查企业对于页岩气的勘查和评价工作尚未开展,国内仅有张金川、金之钧、邹才能、董大忠等学者做了一些页岩气成藏地质条件的研究工作,通过学习交流、实地考察、采样测试与综合研究,于2007年9月完成了我国第一份页岩气资源潜力评价研究报告,对南方下古生界海相、华北地区石炭-二叠系海陆过渡相、鄂尔多斯盆地三叠系陆相和准噶尔盆地侏罗系陆相等领域页岩气形成富集条件和资源潜力作了较为系统的评价。2008—2010年,在中国石化油田勘探开发事业部的支持下,组织南方勘探分公司、华东分公司和江汉油田分公司开展了《中国石化南方探区页岩油气选区评价》工作,制定了南方页岩气选区评价原则、技术方法和参数体系,评价优选出鄂西-渝东、黔北-川东南、黔西南-桂北、川西南-滇北等页岩气远景区。2011—2012年,组织开展了中国石化《中国石化探区页岩油气资源评价与选区》专项,同时参与了国土资源部油气资源战略研究中心组织的《全国页岩气资源潜力调查评价及有利区优选》项目，提出了我国页岩油气资源主要分布于"三大相、九个领域、十六个层系"（见文内），为国土资源部 2012 年全国页岩气资源潜力评价成果发布和中国石化页岩油气勘查开发规划编制提供了有力支撑。2012—2015 年，按照中国地质调查局的部署，重点开展了我国南方矿权空白区内页岩气资源调查工作，评价优选出黔北正安-渝东武隆、渝东黔江-酉阳、渝东北巫山-巫溪、鄂西长阳-秭归、鄂西建始-巴东、滇北绥江-永善、滇东黔西、黔东南紫云-晴隆等页岩气有利区。实施钻探页岩气参数井和地质调查井，实现了盆外复杂构造区新区、新层系、新类型的多领域页岩气突破和发现，也是在这一过程中实现了由盆地找油气向造山带找油气和由正向构造找油气向负向构造找油气思路的转变，从而开辟了南方油气勘查新领域。

十年来的页岩气资源研究评价和调查勘查工作，也是我本人不断学习和成长的过程。中国地质调查局、中国石化页岩气调查和勘查平台给我提供了机遇，领导、专家的指导和帮助给我增强了信心，团队成员的努力工作和无私支持给了我无穷动力，使我受益匪浅。如今，北美地区页岩油气勘查开发技术日新月异，储量产量突飞猛进，极大改变了世界能源格局；国内以涪陵焦石坝、长宁、威远、昭通等页岩气田为代表，也实现了页岩气商业化开发，在世界能源舞台上占据一角。回望过去，展望将来，有必要将该阶段的收获和认识做一总结，特编著此书，与大家共飨。

全书编写人员具体安排如下：第一部分内容由包书景和翟刚毅审定，第 1 章-包书景、徐秋枫，第 2 章-张聪、翟刚毅、唐显春；第 3 章-郭天旭、张守松，第 4 章-王胜建、唐显春，第 5 章-唐显春、林拓，第 6 章-张聪、孟凡洋、林拓。第二部分内容由唐显春和陈科审定，第 7 章-陈科、包书景、唐显春、庞飞，第 8 章-周志、任收麦，第 9 章-庞飞、包书景、陈科，第 10 章-葛明娜、翟刚毅，第 11 章-张聪、陈科，第 12 章-童川川、包书景，第 13 章-周志、翟刚毅、任收麦，第 14 章-郭天旭、周志，第 15 章-王玉芳。参加编书工作的还有徐世林、蒲泊玲、陈相霖、王劲柱、陈榕、王超、张宏达、李浩涵、宋腾、王都乐、苑坤等，他们对本书的数据统计、绘图等提供了帮助。全书由包书景、翟刚毅进行内容安排和统一审定。

本书在资料搜集过程中，参考了中国地质调查局、中国石油、中国石化、中国地质大学（北京）、成都理工大学、中国石油大学（北京）等科研院所部分学者的研究成果。叶建良、高炳奇、乔德武、何明喜、张金川、于炳松、聂海宽、金春爽、石砥石、李文涛教授等对本书提出了宝贵意见和建设性的修改意见，极大提高了本书编著质量。在此，向给予本书关注、支持和帮助的所有同仁表示衷心感谢！

本书部分成果也是在承担全国油气资源战略选区调查与评价、南方油气资源战略选区调查（1211302108020）、非常规油气资源前景调查（1211302108025）、页岩气有利区块调查与优选评价（121201140539）、武陵山地区页岩气基础地质调查（12120115002）、滇黔桂地区页岩气基础地质调查（12120115005）、页岩气资源潜力评价项目（12120115006）、国家自然科学基金（41602257）等课题研究基础上撰写而成，在此表示感谢！

由于页岩矿物岩石学理论和实践应用知识发展较快，加之作者水平有限，书中疏漏不足之处在所难免，敬请读者批评指正。

目

录

页岩

矿物岩石

页岩
矿物岩石学

第一部分

基 础 篇

第 1 章

页岩特征

1.1　页岩的定义

页岩(shale)是黏土岩(claystone)的一种,黏土岩是指以疏松或未固结成岩的黏土矿物为主(一般含量大于50%)的沉积岩。目前,对于黏土岩的划分尚无统一的方案,但学术界较为流行的分类方案是通过黏土岩黏土矿物的成分或岩石的固结程度进行分类。黏土岩按照固结程度可以划分为黏土(clay)、泥岩(mudstone)、页岩(shale)和泥板岩(argillite)(刘宝珺,1980;赵澄林、朱筱敏,2001)。Tourtelot(1960)曾对页岩的成因及名词的用法作过详细的评述,指出页岩这个术语原意是指具有纹理的黏土质岩石(刘宝珺,1980),多是由黏土、粉砂或粉泥的固结而形成的细屑沉积岩(图1-1)。页岩的特点是具有细的层理(层纹厚0.1～0.4 mm)及近于平行层理的剥理,一般情况下,页岩成分为50%的粉砂、35%的黏土或细小云母类及15%的自生组分(刘宝珺,1980)。

(a) 北美页岩(加利福尼亚大学河滨分校)　　　(b) 重庆下志留统龙马溪组页岩

图1-1
页岩的野外
露头照片

页岩和泥岩的区别主要在于其固结程度和构造特征不同。Flawn(1953)认为,泥岩是组成颗粒小于0.01 mm的弱固结沉积岩,其固结程度比页岩弱(刘宝珺,1980)。其中,页岩在构造方面具有纹层或页理,而泥岩相对来说无纹层或页理构造(何幼斌、王文广,2007),因此"页岩"这一术语主要是强调一种构造上的特点。冯增昭(1982)也提出,页岩是指页理发育的黏土岩。综合以上理论成果,本书给出,页岩是指主要由粒度小于0.003 9 mm的细粒碎屑(石英、长石、黄铁矿等矿物或岩屑)、黏土矿物、碳酸盐岩矿物和有机质等组成的细粒沉积岩，一般发育页理构造。

在油气领域，页岩也是页岩气和页岩油的主要载体。页岩气是指赋存于富有机质页（泥）岩及其他岩性夹层中，以吸附和游离状态为主要赋存方式的非常规天然气。页岩油是以液态石油为主要存在方式，赋存于页（泥）岩孔隙、裂缝、层理缝中，或者页岩层系中致密碳酸岩或碎屑岩邻层和夹层中赋存的石油资源。页岩气和页岩油具有源储一体的特点，页岩既是生气（油）源岩，也是储集岩。

1.2　页岩的特征

1.2.1　物理特性

黏土矿物为页岩的主要组成部分，具有黏土岩的一般特性，包括低渗透性、吸附性、吸水膨胀性等（姜在兴，2003）。页岩硬度一般在1.5～3，结构较为致密的页岩硬度可以达到4～5，但普遍硬度较低。表面光泽暗淡，含有机质的呈灰黑、黑色，含铁呈褐红色、棕红色、黄色或绿色。

（1）低渗透性　页岩由于颗粒细小，颗粒之间仅能形成微小的毛细管孔隙，其直径 < 0.2 μm。在这种孔隙中，因流体与介质分子之间的巨大引力，在常温、常压条件下，液体在其中难以流动。在地下水分布地区，页岩往往能够作为隔水层出现。

（2）吸附性　吸附性是指黏土矿物具有从周围介质中吸附各种离子、放射性元素及有机色素的能力。由于黏土矿物分子间力相互作用而产生的吸附被称为物理吸附，与黏土的分散性有关；由黏土颗粒与介质的离子交换而产生的吸附被称为离子交换吸附，与黏土矿物的晶体结构有关。由于不同黏土矿物对有机色剂的吸收能力不同，因此，黏土矿物的染色鉴定法就是借助有机色剂来鉴定黏土矿物。

在石油钻井液的配置中，利用黏土在钻井液中的高分散性和物理吸附及离子交换吸附等特性来改善钻井液的性能，如降低和改变钻井液的黏度和失水，以配制出钻井工艺所要求的各种性能的钻井液。

（3）吸水膨胀性　吸水膨胀性是指页岩吸水后体积增大，黏土矿物具有极强的吸水能力，它是黏土矿物水化作用的表现。黏土矿物的水化作用可以分为两个阶段。第一阶段是黏土吸附的交换性阳离子的水化，第二阶段是黏土矿物晶体层面的水化。页岩中的蒙皂石吸水膨胀性能最强。

（4）脆性　页岩由于其矿物组成一般由石英、长石、黄铁矿、碳酸盐岩类矿物等组成，在受到外力作用时，一般会在较短时间内发生破裂，或很少通过塑性变形而发生破裂，具有一定的脆性。其脆性程度一般由脆性矿物组成的比例、岩石的力学性质等因素决定。

（5）其他特性　页岩抗风化能力较弱，在地形上往往易受侵蚀形成洼地。

1.2.2　化学特性

页岩的化学特征包括有机地球化学特征和无机地球化学特征两大类。有机地球化学特征包括页岩的有机碳含量、有机质类型及页岩的成熟度，无机地球化学特征是指页岩无机化学成分，包括 SiO_2、Al_2O_3、H_2O。一般情况下，页岩的 SiO_2 含量为 $45\% \sim 80\%$，Al_2O_3 含量为 $12\% \sim 25\%$，Fe_2O_3 含量为 $2\% \sim 10\%$，CaO 含量为 $0.2\% \sim 12\%$，MgO 含量为 $0.1\% \sim 5\%$。页岩的平均化学成分与岩浆岩的平均化学成分相似，而一些单成分的黏土质页岩则彼此相差较大，如高岭石页岩中 Al_2O_3 含量较高，MgO 在海泡石中最为富集，伊利石含量较高的页岩中 K_2O 含量较高，因此黏土矿物的成分对页岩的化学成分影响很大（刘宝珺，1980）。

（1）敏感性

由于页岩特殊的物理性质和矿物组成，储层具有一定的敏感性。一般页岩因流体流动速度变化，会引起页岩储层中微粒迁移而堵塞喉道，导致储层岩石渗透率发生变化。页岩一般会因矿化水的注入而引起储层黏土膨胀、分散、迁移，会使得渗透通道发生变化，导致储层岩石渗透率发生变化。由于含有一定含量的碳酸盐岩成分和黏土成分，页岩与酸液或碱液接触，会发生沉淀或者分散现象，也会导致储层渗透率发生变化。一般,由于构造或者应力作用,页岩会发生应力形变,孔喉通道、裂缝形态等也会发生张开或闭合变化,引起储层渗透性发生变化。

（2）含油气性

页岩中一般含有不同含量的有机质,同时也因有机质含量的不同和物性条件的差异而呈现一定的油气显示。在陆相、海相和海陆过渡相不同沉积环境形成的页岩,有机质的类型和含量一般有所不同。同时,地质年代和热演化过程对页岩有机质的演化和生烃有较大影响。由于含有机质页岩具有一定的生烃能力,同时页岩本身也具有一定的储集性能,一般在页岩中会有烃类残留、显示含油气性。

（3）环境指示性

页岩中的矿物成分及含量对沉积环境、风化和气候环境有指示意义。一般,黏土矿物等易风化矿物含量较高,指示离物源较远;石英等难风化矿物含量较高,指示离物源较近。同时由矿物的颗粒形态、排列方式、胶结程度及特殊矿物的含量等也能判断其沉积环境。

页岩中轻矿物、重矿物、物理风化和化学风化的残余物等都可以判断物源区的岩石类型,以及物源方向、源区位置、搬运距离等。如页岩中的石英,可以根据其形态区分母岩类型。在早古生代深水环境中,岩石TOC含量与石英含量正相关,一般认为这类石英为有机成因。而中新生代沉积的页岩中,石英和TOC之间相关性较差或负相关,形态磨圆度较高,一般认为与碎屑的成因有关。

自生矿物中,同生矿物的种类和含量不同,能指示沉积时期水体介质的物理和化学条件不同。如海绿石为富铁、富钾的含水层状铝硅酸盐岩矿物,现代海绿石形成于陆棚环境,在pH=7～8,Eh=0,水温为10～15℃,水深大于125 m的正常海水中才能形成,而在寒冷地区,水深30 m就能形成。

另如黏土矿物中的高岭石,一般形成于酸性介质中,通常为大陆环境;而水云母、蒙皂石形成于中性或者碱性介质中,多为海洋环境。此外,页岩的颜色也可以指示环境。红色一般为大陆环境,是含铁矿物在温暖、潮湿的气候条件下风化后被氧化形成赤铁矿而显红色。海相红色页岩可由红色化石或干旱气候带下化学风化而成。

化学风化指数（CIA）是指示母源区风化作用的一种常用指标（Fedo等,1995）,计算方法为CIA=[$Al_2O_3/(Al_2O_3+Na_2O+K_2O+CaO^*)$]×100%。其中,氧化物的含量均以物质的量的形式表示，CaO*换算成硅酸盐中的CaO含量，即全岩中的CaO减去化学沉积的CaO的摩尔分数。对于CaO*的计算和校正，McLennan（1993）提出，$CaO^*=CaO-(10/3)\times P_2O_5$，如果校正过的CaO的物质的量小于$Na_2O$的物质的量，采用校正后的CaO的物质的量作为$CaO^*$，反之则采用$Na_2O$的物质的量作为$CaO^*$。CIA指数越高，则表明化学风化程度越强，古气候越湿润；而CIA指数越低，则表明古气候越干燥寒冷，化学风化程度越弱。

1.3　　　页岩矿物岩石学的研究内容与发展趋势

随着世界经济的快速发展，能源消费需求不断攀升，包括页岩气在内的非常规油气资源储量和产量快速增加。美国和加拿大已经实现了页岩气的大规模商业开发，2015年美国页岩气产量达到$4\,250\times10^8\,m^3$，占天然气产量的50%以上；中国页岩气在南方海相、华北陆相层系也相继取得了突破，并已经在重庆涪陵建成了世界第三大页岩气田。国土资源部页岩气资源评价报告指出，中国页岩气资源量达$134\times10^{12}\,m^3$，可采资源量约$25\times10^{12}\,m^3$，在世界上排名第二。

页岩是页岩气、页岩油等非常规油气资源赋存的母体。以往对于页岩的研究是按照沉积岩大类进行特征描述和分类，或以黏土岩类进行叙述。但作为一门学科，尚未有按照页岩油气的赋存规律进行系统叙述的书籍。本书希望在总结近些年来对页岩油、气资源评价和调查实践经验的基础上，综合吸收、分析近年来的相关成果，对页岩的岩石学和矿物学进行描述和分类，为页岩油气相关行业工作提供参考。

1.3.1　　　研究内容

本书主要研究页岩的物质成分、结构构造、岩石类型、微观形态、储集特征、岩石的力学性质，以及页岩的分布规律和发育环境等内容。随着人们对页岩油气资源的认识逐渐深入,对页岩矿物岩石学的研究内容有了极大扩展,主要表现在以下几方面。

(1)将页岩从沉积岩石学的范畴内进一步系统化,对页岩的岩石矿物组成、结构、构造、分类、特征等方面有了深入的研究。

(2)认识到了页岩的矿物组成对页岩油气的形成富集和对压裂改造的双重影响,研究力度不断加大。

(3)在页岩有机地球化学研究的基础上,有机质液化形成的有机孔隙的储集作用越来越受到重视。

(4)页岩的致密细粒,且源储一体,其内发育的纳米孔隙和不连通孔隙可以成为有效储集空间。

(5)对于不同的页岩类型,其内部结构、矿物组成、储集空间与性能对页岩气含气能力的影响作用得到进一步认识。

(6)油气地质工作者已经开始把页岩作为生储盖三位一体,全面系统进行研究和评价。

(7)对我国页岩类型的分类、分布及品质等有了全面认识,为后续页岩油气资源评价奠定了坚实基础。

1.3.2　发展趋势

伴随着页岩气和页岩油这两种主要的非常规资源的不断发现和开发利用,对页岩的研究越来越受到重视。综合国内外页岩矿物岩石学的研究历史和现状,可以对这门学科的发展趋势进行展望。

(1)基础研究系统化,内容综合化,理论成熟化,应用广泛化。对页岩的研究由来已久,但一般作为黏土岩类按照大类划分,油气勘探中钻遇页岩一般按照盖层、烃源岩进行评价,测井研究中一般按照大段划分,很少进行细致分层与描述。页岩气在北美地区蓬勃发展,带动了页岩矿物岩石学基础研究的发展,尤其是页岩的矿物岩石组成对压裂改造过程的影响研究方面发展迅速。近年来,国内外页岩气工业的发展使研究人员逐渐认识到，页岩的形成和发育，与沉积相、构造事件、古生物、气候环境等因素密切相关，如，全球统一性的大洋缺氧事件、凝灰岩沉积事件、冰川活动、生物大爆发或者大灭绝等事件均与页岩的大规模发育有重要的影响。在过去的传统认识中，页岩被认为内部结构复杂，细粒致密孔隙发育程度较低，与油气的储集关系不大。页岩油气的持续开发和微观实验测试技术进步，使人们认识到，页岩中广泛存在有机质微孔隙，是天然气赋存的重要空间，且这种有机孔隙的发育、生长、闭合或消失，都与页岩的埋藏及抬升作用、成岩作用和有机质热演化等密切相关。研究成果和油气发现表明，未来页岩矿物岩石学的研究内容将更综合，理论将更系统。

（2）技术手段更为先进，研究方向朝着微观方向拓展。随着技术手段的不断升级和更新，以往无法直接观察到的内容和细节逐渐变得更为清晰、可靠、可视化。如氩离子抛光后，在高分辨率扫描电镜下，可以直接观察到页岩有机质中孔径小于1 nm的微孔隙和纳米级孔隙，这在以往是无法观察到的，也是比较容易被忽视的。分辨率的级数倍增长，使得页岩微观领域呈级数倍发展。又如医疗学科中广泛应用的CT扫描技术，一般是用来识别生物结构与构造等内容，而在页岩矿物岩石中应用CT扫描技术，将页岩中发育的微观裂缝和孔隙结构提取并立体显示，将孔隙结构研究由定性分析提升到了定量分析的程度。因此，技术手段的发展会进一步引领页岩矿物岩石研究的新方向、微观化和三维可视。

（3）多学科交叉，形成新的分支学科，指导新类型矿产资源的勘查和发现。学科之间的理论交叉、研究方法相互渗透、内容相互影响，是当今学科发展的特点和方向。页岩矿物岩石研究中，不同学科和理论在不断穿插和融汇，并形成了新的研究分支。岩石矿物学、纳米科学、石油地质学、地球物理学、岩石力学、地质力学、石油工程学等学科，已经为页岩矿物岩石学发展提供了基础理论支撑。这些理论和学科的发展与交叉，有助于拓展新领域和新方向，也将引领和促进新的矿产资源的发现。

第 2 章

页岩矿物岩石学特征

页岩属于黏土岩的一种,在粒度大小和物质成分等方面都与黏土岩有共同之处,但也有所区别。页岩的物质成分比较复杂,包括陆源矿物、自生矿物以及有机质等不同类型的物质;黏土岩的矿物成分则以黏土矿物为主,其次为陆源碎屑矿物,化学沉淀的硅酸盐矿物、硅质矿物等,以及有机质含量较少。

2.1 矿物组成

2.1.1 陆源矿物

1. 碎屑矿物

页岩中常含有一些黏土级别的碎屑矿物颗粒,多为石英、燧石、长石、云母,除此之外还会出现炭质碎屑、铁类氧化物、硫化物以及少量的重矿物,其中最主要的碎屑矿物是石英和长石。这些碎屑矿物均是陆源区母岩机械破碎的产物,因此可以根据碎屑矿物的组成推断物源区位置、母岩类型及成分等,这对研究页岩有着非常重要的意义。

在典型的黏土岩中,碎屑矿物的含量极少。据分析统计资料,黏土岩中的石英碎屑含量很少超过0.1%,几乎全是单晶石英,圆度差,边缘模糊,常呈伸长状。

2. 黏土矿物

黏土矿物是一种含水的硅酸盐或铝硅酸盐矿物,按照晶体结构分为结晶质和非晶质(表2-1)。结晶质黏土矿物分为层状和链状两种结构类型,最常见的是层状结构的黏土矿物。非晶质黏土矿物没有确定的晶体结构,成分不固定,如水铝石英。在页岩中常见的黏土矿物是高岭石、埃洛石、蒙皂石、伊利石、绿泥石。

(1)高岭石

高岭石属于高岭石族典型的矿物代表,名称起源于我国江西景德镇的高岭山,主要成分为$Al_4(Si_4O_{10})(OH)_8$,三斜晶系,多为隐晶质致密块状或土状集合体(赵珊茸等,2004)。由于晶体一般较为细小(0.001～0.01 mm),在偏光显微镜下难以鉴别;

结晶质	两层构造的硅酸盐	高岭石族	高岭石、地开石、珍珠陶土等	表2-1 黏土矿物的晶体化学分类
	三层构造的硅酸盐	埃洛石族	埃洛石、铁埃洛石、变埃洛石等	
		蒙皂石族	蒙皂石、拜来石、囊脱石、皂石等	
	混层构造的硅酸盐	伊利石族	伊利石、海缘石等	
		绿泥石族、其他	各种绿泥石、富硅高岭石、单热石等	
	链状构造的硅酸盐	海泡石族	海泡石、凹凸棒石、坡缕缟石等	
非晶质			硅酸水凝胶、水化氢氧化铁、水化氢氧化铝、水铝石英等	

在电子显微镜下，高岭石呈（001）的假六方板状、半自形或其他片状晶体，集合体为鳞片状，通常鳞片大小为 0.2~5 μm，厚度为 0.05~2 μm（图2-1）。高岭石通常为白色，因混有杂质可能出现深浅不同的黄、褐、红、绿、蓝等各种颜色，相对密度为 2.61 g/cm³，硬度在 2.0~3.5。致密土状块体易被捏碎成粉末，黏土，加水具有可塑性。长时间沸腾下能完全溶于 H_2SO_4，不溶于稀盐酸。高岭石加热会脱水失重，其结构水主要在 400~525℃脱失，在 400℃以下和 525℃以上无显著脱水现象。

（2）埃洛石

埃洛石族有埃洛石、铁埃洛石、变埃洛石三种主要矿物（表2-1），和高岭石类似，又名多水高岭石、叙永石，单斜晶系，是一种硅酸盐矿物。埃洛石的化学式为

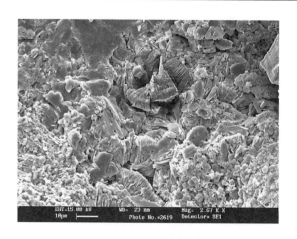

图2-1 电子显微镜下的高岭石晶体形状

$Al_2(Si_2O_5)(OH)_4 \cdot (1 \sim 2)H_2O$，与高岭石类似，但埃洛石的堆积方式不同于高岭石。电镜下其晶体结构是管状、棒状构造（图2-2），高岭石是片状构造，这是由于埃洛石的结构单位层发生卷曲的结果。同时，埃洛石是典型的风化作用的产物，在风化壳中常与高岭石、三水铝石和水铝英石等共生。埃洛石脱水即变成变埃洛石，这一变化过程不可逆，埃洛石脱水后管状体常收缩、崩裂或展开。

图2-2 电子显微镜下埃洛石晶体形状

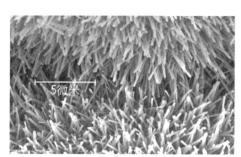

（3）蒙皂石

蒙皂石族（montmorillonite）包括蒙皂石、拜来石、囊脱石、皂石四种主要矿物，又名胶岭石或微晶高岭石，晶体结构属于2：1型层状硅酸盐。其成分为(Al_2, Mg_3) $(Si_4O_{10})(OH)_2 \cdot nH_2O$，其中$nH_2O$为层间水，数量可因外界温度不同而变化，从而使其晶体膨胀或收缩，但晶格并不改变。目前已证明其成分中的Al^{3+}被其他阳离子代换得越少，其晶体的膨胀收缩性越强。在电子显微镜下，蒙皂石呈不规则的细粒状、鳞片状、鹅毛状等，轮廓不清晰（图2-3）。蒙皂石常与伊利石、埃洛石、高岭石共生，另外在基性岩风化壳和其有关的沉积物中还经常与海泡石族矿物共生。

（4）伊利石

伊利石族（illite）包括伊利石、海缘石两种主要矿物。伊利石的成分可写作$K_{<1}(Al, Fe, Mg)_2[(Si, Al)_4O_{10}] \cdot nH_2O$，水白云母的成分可写作$K_{<1}Al_2[(Si, Al)_4O_{10}] \cdot nH_2O$，两者的差别不大，仅仅在伊利石中部分$Al^{3+}$被$Fe^{2+}$、$Mg^{2+}$代换。因此可以把伊利石当作水白云母，或者把水白云母当作白云母与伊利石之间的过渡矿物。在电子显微镜下，伊利石常呈边界圆滑的片状或带有尖角和直边的片状。伊利石主要是在

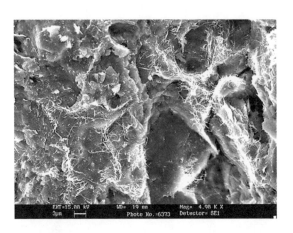

图2-3　电子显微镜下
的蒙皂石晶体形状

气温稍低的条件下由长石、云母等铝硅酸盐矿物化学分解而成。当气候变得湿热的
时候,化学风化作用会进行得更彻底,碱性离子(K^+)会被带走,伊利石将进一步分解
为高岭石。伊利石也可以形成于低温热蚀变作用或成岩、后生作用阶段由其他黏土
矿物转变而来。

伊利石在电镜扫描下常见的单体形态呈丝带状、条片状和羽毛状等吸附于颗粒
表面或充填于粒间孔隙内,集合体形态呈蜂窝状、丝缕状和丝带状。伊利石往往在孔
隙中形成搭桥式生长或构成丝缕状、发丝状网络(图2-4)。片状等微晶把孔隙分割
成许多小孔隙,增加了迂回度使孔隙和喉道变小;丝发状的容易被水冲移,堵塞孔隙
和喉道,降低孔隙度和渗透率。

(5) 绿泥石

绿泥石可分为正绿泥石(富镁绿泥石)和鳞绿泥石(富铁绿泥石)。正绿泥石
的成分可写作$(Mg, Fe)_{6-p}(Al, Fe)_p[(Al, Fe)_pSi_{4-p}O_{10}](OH)_8$,常见的矿物有叶
绿泥石、斜绿泥石、铁绿泥石、脆晶绿泥石、频绿泥石等。鳞绿泥石的成分可写作
$(Fe, Mg)_{n-p}(Fe, Al)_p[(Fe, Al)_pSi_{4-p}O_{10}](OH)_{2(n-2)} \cdot xH_2O$,其中$n$值常为5,$p$值比正
绿泥石的大,常见的矿物有鲕绿泥石、细鳞绿泥石等。绿泥石主要是中、低温热液作
用、浅变质作用和沉积作用的产物,富铁绿泥石主要沉积在铁矿中,海相沉积环境下多
产生鲕绿泥石。绿泥石的单晶形态呈薄六角板状或叶片状,常见粒径为$2\sim3\,\mu m$; 集

图2-4 电子显微镜下
的伊利石晶体形状

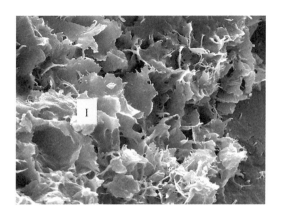

图2-5 电子显微镜下
的绿泥石晶体形状

合体有叶片组成的蜂窝状、玫瑰花朵状、绒球状、针叶状和叠片状(图2-5)。一般针叶状绿泥石多呈孔隙衬垫包于颗粒表面,绒球状和玫瑰花状的绿泥石则充填在孔隙中。

(6)海泡石

海泡石族(sepiolite)包括海泡石、凹凸棒石、坡缕缟石三类主要矿物,海泡石是一种纤维状的含水硅酸镁,斜方晶系或单斜晶系,电镜下具层链状结构。化学式为$Mg_8(H_2O)_4(Si_6O_{16})_2(OH)_4·8H_2O$。干燥状态下脆性强,收缩率低、可塑性好、比表面积大、吸附性强,可溶于盐酸,质轻。海泡石具有极强的吸附、脱色和分散等性能,热稳定性极高,耐高温性可达1 500～1 700℃。海泡石具有非金属矿物中最大的比表面积（最高可达900 m²/g）和独特的孔道结构，是公认的吸附能力最强的黏土矿物。海泡石经常和海相石灰岩伴生。

3. 其他矿物

除高岭石、埃洛石、蒙皂石、伊利石、绿泥石、海泡石外，黏土矿物还包括硅酸水凝胶、水化氢氧化铁、水化氢氧化铝、水铝石英等非晶质矿物。

2.1.2　自生矿物

自生矿物是在沉积岩形成（沉积和成岩）的过程中生成的，主要是铁、锰、铝的氧化和氢氧化物矿物、碳酸盐矿物、硅酸盐矿物、黏土矿物及氧化硅矿物等，也有一些石膏、黄铁矿、磷灰石和石盐等。

1. 自生粒状矿物

页岩中的自生粒状矿物包括铁、锰、铝的氧化物或氢氧化物矿物（赤铁矿、褐铁矿、水针铁矿、软锰矿、水铝石等）、碳酸盐矿物（方解石、白云石、菱铁矿等）、硅酸盐矿物（钾长石、钠长石、斜长石等）、氧化硅矿物（蛋白石、自生石英等）、氯化物矿物（石盐、钾盐等）、硫酸盐矿物（石膏、硬石膏）、磷酸盐矿物（磷灰石）等，矿物形态呈粒状，颗粒直径一般都比较小。矿物生成的形态主要与组成页岩的化学成分、沉积和成岩环境（温度、压力、pH值）有关。如黄铁矿一般呈草莓状、团块状、结合状，或者呈自形相对较好的立方体状发育（图2-6）。

2. 自生黏土矿物

自生黏土矿物是碎屑岩中重要的填隙物，自生黏土矿物的主要类型包括高岭石、蒙皂石、伊利石、绿泥石等。自生黏土矿物的形成主要是页岩在成岩过程中，由于地层中的水体与页岩中所含的黏土矿物或硅酸盐矿物在特定的温压条件下发生化学反应，从而形成了新的黏土矿物，如高岭石、蒙皂石的伊利石化和绿泥石化。自生黏土矿物的赋存状态是指黏土矿物分布特征及其与岩石骨架颗粒之间的相互关系，主要表征黏土矿物在页岩中矿物间或孔隙中的存在位置，以及黏土矿物本身的聚集状态。一般可借助扫描电镜、X射线衍射、电子探针和微区矿物分析仪等表征手段对自生黏土矿物进行分析。

图2-6 寒武
系页岩中黄铁
矿的不同自生
状态

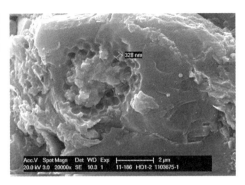 

(a) 贵州黄平地区寒武系牛蹄塘组页岩中发育的草
莓状黄铁矿

(b) 四川盆地威远威201井中自形黄铁矿

黏土矿物随着埋深的增加及温度、压力的升高,会发生一系列规律性变化,包括蒙皂石及伊/蒙混层比的转化、伊利石的结晶指数的变化、高岭石的无序度与多型转变、绿泥石及其多型转变、海泡石族矿物转变等(任磊夫,1984)。目前伊/蒙混层是蒙皂石向伊利石转变的过渡矿物,呈蜂窝状、半蜂窝状、棉絮状等,随埋深加大和温压的升高,蒙皂石层含量减少,伊利石层含量增加(图2-7)。伊/蒙混层矿物通常具有水敏性和膨胀性,其强弱主要取决于蒙皂石层含量的多少。伊/蒙混层中的蒙皂石层

图2-7 扫描电镜下的
伊蒙混层

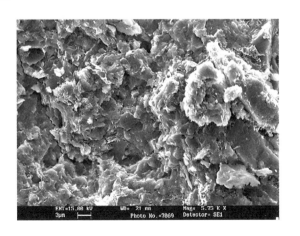

的含量（混层比）目前已成为成岩阶段划分、有机质成熟度研究、盆地模拟和成岩作用数值模拟的一项重要参数。

2.1.3　生物碎屑

生物碎屑是指经过搬运和磨蚀或在沉积盆地形成的生物化石碎屑及完整的生物化石个体，一般也泛指生物死后的骨骼壳体等形成的碎屑，后与沉积物一起沉积成岩，包括有动物碎屑或完整个体、植物碎片或完整个体。在页岩中，生物碎屑既是有机质的组成部分，也是岩石矿物组成的一部分。生物碎屑构成的空间形态的显微结构可归纳为四种类型：粒状结构、纤状结构（柱状结构）、片状结构及单晶结构（戴永定，1977）。

近年来，针对早古生界页岩气评价发现，硅质含量和有机质含量、含气量之间呈正相关，由此推测该部分硅质可能与生物成因有关，生物成因硅（有机硅）也是富有机质页岩重要的组成部分。生物成因硅质成分一般由海绵骨针、放射虫、藻类等生物的遗体构成。在显微镜下也能看到相对完整的生物形态轮廓，保存完好的可以看到放射刺（图2-8）。一般认为，硅质化石未保存完好，可能是因为海水中 SiO_2 不饱和，或是沉积物中孔隙水使得硅质（蛋白石）溶解导致的（Loucks, 2007; Calvert, 1974）。

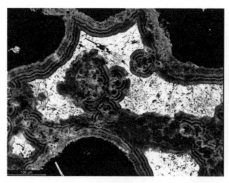 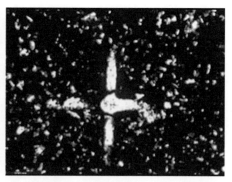

图2-8　页岩中发育的生物碎屑

(a)　下寒武统牛蹄塘组页岩中硅质胶结的鲕粒（黄页1井）　　(b)　下志留统龙马溪组页岩中的放射虫（彭页1井）

生物成因硅在地球化学特征上一般具有高SiO_2、P_2O_5、Fe_2O_3和低Al_2O_3、TiO_2、FeO、MgO的特点,同时SiO_2硅质含量明显过剩,并与Al_2O_3、TiO_2有高度相关性,而与Al_2O_3无相关性,这表明生物成因硅与陆源成因相关性较小(王淑芳等,2014)。

页岩中存在的生物成因硅,对页岩气富集和开发具有非常重要的意义。一方面,生物成因硅质含量与有机质含量之间存在正相关关系(图2-9),由于硅质生物生长发育需要大量的硅,使得生物发育的水体富含硅质,同时由于硅质生物死亡后埋藏和保存,有利于形成富有机质页岩。另一方面,生物成因硅质作为脆性矿物的一种,对页岩岩石力学性质有影响。页岩硅质含量越高,脆性越强,越有利于压裂改造,从而形成复杂的裂缝网络,改善页岩的渗透性。

图2-9 页岩中石英含量与总有机碳含量(TOC)的关系

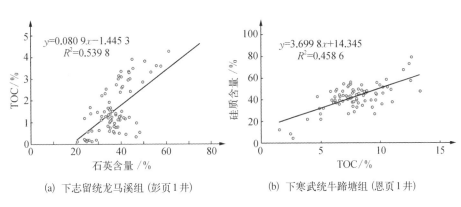

(a) 下志留统龙马溪组(彭页1井)　　　(b) 下寒武统牛蹄塘组(恩页1井)

2.2　　　有机质类型及组成

页岩中常含有数量不等的有机物质,而有机物的丰度以岩石中剩余有机碳含量、氨基酸总量及氨基酸总量/剩余有机碳的比值作为衡量标准。剩余有机碳、氨基酸总量越高,氨基酸总量/剩余有机碳比值越低,则有机质丰度越高,页岩的生烃能力越强,烃源岩品质越好。由于有机物在受限制的环境下易于保存,此类页岩多呈深灰、灰黑、黑色,多形成于安静、低能的还原环境,如潟湖、海湾、海湖深水盆地。这种环境也有利于硫化铁的生成,因此硫化铁矿物(如黄铁矿)常与富有机质的暗色泥页岩共生。但是在现代黑色软泥中,最常见的硫化铁矿物并不是黄铁矿,而是非晶质的FeS(麦坎纳华矿)与Fe_3S_4(格雷格矿),然而在古代形成的页岩中,这些非晶质矿物很少见,黄铁矿是唯一的硫化铁矿物。干酪根是页岩中的主要有机质,占沉积有机质的90%~98%,具有不溶性,干酪根的类型可以根据有机质的显微组分通过TI指数(干酪根类型指数)来判断。显微组分主要包括腐泥组、镜质体组、壳质组、惰性组四大类,腐泥组包括藻质体和无定形体;壳质组包括孢粉体、树脂体、角质体、木栓体、表皮体;镜质组包括结构镜质体和无结构镜质体;惰质组包括丝质体。计算TI指数的公式如下:

$$TI = \frac{100(无定形)+75(藻质体)-100(惰性体)}{无定形+藻质体+壳质组+镜质组+惰性体}$$

其中,TI指数 > 80为Ⅰ型干酪根,TI指数在40~80为Ⅱ$_1$型干酪根,TI指数在0~40的为Ⅱ$_2$型干酪根,TI指数 < 0的为Ⅲ型干酪根。按照有机质中所含干酪根的类型,页岩中有机质可以分为腐泥型、腐殖-腐泥型、腐泥-腐殖型及腐殖型四种类型。

2.2.1 腐泥型

腐泥型有机质中含有Ⅰ型干酪根,TI指数 > 80,富含脂肪结构,其中含许多烷基键状化合物,H/C高、生油气潜力高。腐泥型有机质主要是由藻类等低等水生生物降解而成。四川盆地及周缘的上奥陶统-下志留统龙马溪组页岩,以及下寒武统页岩有机质主要为腐泥型。

2.2.2 腐殖-腐泥型

腐殖-腐泥型有机质是介于腐泥型和腐殖型之间的混合型有机质,所含干酪根也为介于Ⅰ型干酪根和Ⅲ型干酪根之间的Ⅱ$_1$型、Ⅱ$_2$型干酪根,以Ⅱ$_1$型干酪根为主。Ⅱ型干酪根主要由脂肪链和芳香环组成,以脂基为主的杂原子官能团占了很大部分,具有生油、生气的能力。鄂尔多斯盆地三叠系延长组七段湖相页岩有机质主要为腐殖-腐泥型,显微组分以腐泥无定形为主,其次为惰质组和镜质组。

2.2.3　　　腐泥-腐殖型

腐泥-腐殖型有机质是介于腐殖型和腐泥型之间的混合型有机质,所含干酪根介于Ⅱ型干酪根和Ⅲ型干酪根之间的Ⅱ$_1$型、Ⅱ$_2$型干酪根,以Ⅱ$_2$型干酪根为主。四川盆地上三叠统须家河组页岩有机质主要为腐泥-腐殖型。

2.2.4　　　腐殖型

腐殖型有机质中干酪根类型为Ⅲ型,Ⅲ型干酪根主要含有缩合的多环芳香化合物和杂原子官能团,具有少量脂链,H/C潜力低、生油潜力低,主要以生气为主。腐殖质有机质主要是由高等植物的表皮组织、维管组织、基本组织以及可能的少量藻类等低等生物参与,经微生物的强烈生物降解作用改造而形成的异于腐泥型有机质的一种有机质。华北地区上古生界中二叠统山西组页岩有机质主要为腐殖型。

2.3　　　结构构造特征

2.3.1　　　页岩结构特征

页岩结构是指组成岩石的各种组分的形状、大小、结晶程度以及颗粒之间的关系。依据颗粒大小及相对含量,采用"三级命名法"将富有机质页岩的结构分为以下三种。

(1)泥质结构 也称黏土结构,是指几乎全部由极细小(粒径 < 0.003 9 mm)的泥级黏土和碎屑组成,砂级(粒径0.062 5~2 mm)或粉砂级(0.003 9~0.062 5 mm)碎屑小于10%的结构。具有泥质结构的岩石通常致密均一、质地柔软,用手触摸有滑腻感,用小刀切刮时,切面光滑,常呈鱼鳞状或贝壳状断口。

(2)含粉砂泥质结构 这种结构的岩石中泥级颗粒(粒径 < 0.03 9 mm)含量为75%~90%,砂级或粉砂级颗粒含量在10%~25%。含粉砂泥质结构用手触摸具有粗糙感,刀切面不平整,断口粗糙。

(3)粉砂泥质结构 这种结构的岩石中泥级颗粒含量为50%~75%,砂级或粉砂级颗粒含量为25%~50%。粉砂泥质结构用手触摸具有明显的颗粒,肉眼可见砂粒,参差状断口。

2.3.2　页岩构造特征

页岩构造是指组成岩石的各种组分的排列及空间充填方式。与其他碎屑岩类似,页岩的构造可分为宏观构造和显微构造两大类。

(1)宏观构造 宏观构造主要包括各种层理构造以及层面构造。具体来说,前者包括水平层理、水平波状层理、块状层理、纹层状薄互层层理等;后者包括泥裂、雨痕、印痕、虫迹等。

① 水平层理:富有机质页岩中很常见的一种构造,指示静水环境。在炭质泥岩类与硅质泥岩类中,纹层常由黄铁矿组成,单个纹层厚度一般为1~2 mm;在泥灰岩与钙质页岩中,纹层厚度不足0.5 mm,由黑色炭泥质物质组成。

② 水平波状层理:分布在含炭的粉砂岩和泥质岩类中,主要是由粉砂质和炭泥质的含量不同所呈现出来的断断续续的微细水平波状层理,指示弱水动力条件。

③ 块状层理:多见于硅质岩中,层内不显示任何层理特征,也就是说,在块状层

理中岩石的岩性、粒度、颜色很均一,没有变化。这种层理的形成可能有两种情况,一是由于物质的种类和供应长期没有发生变化,沉积速度长期稳定形成;二是由于生物扰动的影响致使砂泥重新分配形成均一的层理。

④ 纹层状薄互层层理:这种层理主要是由于沉积物质粗细不同或有机质含量不同造成的,较粗的质点可达粉砂级,少量可达粗砂级。它们常由呈生物交代结构的黄铁矿显示或由有机质碎屑组成,这种层理可能是由于不同的沉积物组分沉积速度不同所形成的(图2-10)。

图2-10 薄片中纹层状薄互层层理素描(袁选俊等,2015)

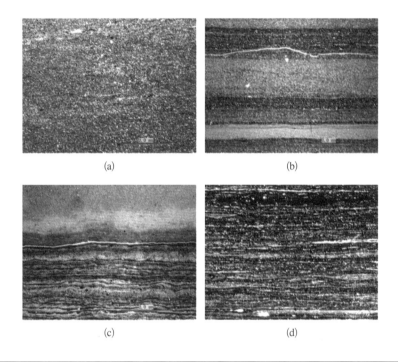

(a)

(b)

(c)

(d)

图2-10(a)中,纹层的有机质含量不同,颜色深浅不同显示,宽为1~2 mm,纹层内有平行显微结构;图2-10(b)中,纹层由星点状黄铁矿显示,宽一般0.5 mm左右;图2-10(c)中,纹层由星点状黄铁矿显示,少量达砂与粗砂级,宽约0.2 mm;图2-10(d)中,纹层由黄铁矿显示,宽为0.2 mm。

(2)显微构造 显微构造是指在显微镜下页岩表现出来的微观构造,通常包括以下两种。

① 显微毡状构造：由极细小的鳞片状或纤维状矿物错综交织杂乱排列而成，正交光下转动载物台，纤体交错消光。

② 显微定向构造：由极细小的鳞片状或纤维状矿物沿层面定向排列而成，正交光下同时消光。

2.4 页岩主要类型及特征

2.4.1 矿物成分分类

1. 北美分类

北美地区页岩的成分分类主要是根据矿物组成的不同而分类，即以石英为主的硅质和黏土矿物的组成百分比，分为硅质泥岩、泥岩、黏土岩、泥质页岩、黏土质页岩等（表2-2）。

	石英∶黏土含量		
	2/3		1/3
分层性较差	硅质泥岩	泥岩	黏土岩
呈层状		泥质页岩	黏土质页岩

表2-2 泥质岩按矿物成分简单分类

据此，北美页岩储层主要分为三种类型，具体如下。

（1）硅质（泥）页岩 ① 以Barnett、Mowry气藏为代表的生物成因石英+黏土质；② 以Mancos、Otter Park、Mowry气藏为代表的碎屑石英+黏土质；③ 以Monterey、Muskwa气藏为代表的硅藻土+燧石。

（2）灰质（泥）页岩 ① 以Eagle Ford、Haynesville、Evie气藏为代表的微晶灰质

泥岩；② 以Niobrara、Eagle Ford气藏为代表的灰质岩；③ 以Niobrara、Eagle Ford气藏为代表的泥灰岩。

（3）混合型储层　① 以B. Combo、Hville、Niob气藏为代表的石英碎屑＋碳酸盐岩；② 以Montney气藏为代表的泥岩夹粉砂岩薄层；③ 以Phosphoria气藏为代表的磷灰石为主。

美国斯伦贝谢等公司按照矿物组成将页岩分为三种类型，具体如下。

（1）硅质页岩：以Barnett气藏为代表，主要以硅质成分为主，石英含量达到45%以上。

（2）泥质页岩：以Marcelluce气藏为代表，主要以硅质和黏土（35%～45%）成分为主。

（3）灰质页岩：以Eagleford气藏为代表，主要以碳酸盐岩（35%～45%）和硅质、泥质成分为主。

2. 建议分类

考虑页岩的成因，兼顾可压性，本文采用的页岩矿物成分分类属于三组分分类体系，按照三角图解中三个端元组分"石英＋长石＋黄铁矿""碳酸盐矿物""黏土矿物"的相对含量划分页岩类型（图2-11）。如"石英＋长石＋黄铁矿"大于75%为硅质页岩，碳酸盐矿物大于75%为碳酸盐质页岩，黏土矿物大于75%为黏土质页岩。根据矿物成分的含量多少，三类页岩按具体界限再划分为亚类（表2-3）。

图2-11　页岩
矿物成分分类

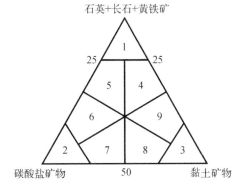

石英＋长石＋黄铁矿

碳酸盐矿物　　　50　　　黏土矿物

1—硅质页岩
2—碳酸盐质页岩
3—黏土质页岩
4—含黏土硅质页岩
5—含碳酸盐硅质页岩
6—含硅碳酸盐质页岩
7—含黏土碳酸盐质页岩
8—含碳酸盐黏土质页岩
9—含硅质黏土质页岩

表2-3 页岩矿
物成分分类

第 2 章

岩类名称	岩石名称	主要碎屑颗粒含量/%		
		石英＋长石＋黄铁矿	碳酸盐矿物	黏土矿物
页岩	硅质页岩	＞75	＜25	＜25
	含碳酸盐硅质页岩	50～75	5～25	＜15
	含黏土硅质页岩	50～75	＜15	5～25
	碳酸盐页岩	＜25	＞75	＜25
	含硅碳酸盐质页岩	5～25	50～75	＜15
	含黏土碳酸盐质页岩	＜15	50～75	5～25
	黏土质页岩	＜25	＜25	＞75
	含硅黏土质页岩	5～25	＜15	50～75
	含碳酸盐黏土质页岩	＜15	5～25	50～75

　　黏土质页岩和硅质页岩一般具有较高的有机质含量，随着热演化过程的进行，大量炭化有机质使页岩呈黑色，其最大的特点是触摸染手，这也是与普通页岩的主要区别。硅质页岩的 SiO_2 含量可达85%以上，随着游离 SiO_2 含量的增加，可过渡为硅质页岩。硅质页岩比普通页岩硬度大，常与铁质岩、锰质岩、磷质岩及燧石等共生。岩石几乎不含铁质和碳酸盐物质，硅质常呈隐晶质或细粒结构。在富含高岭石的硅质泥岩和页岩中，常含有硅藻、海绵和放射虫化石，故一般认为硅质的来源可能与生物有关，有的也可能与海底火山喷发有关。另外，有些硅质页岩也可能为化学成因，黏土矿物的成岩转化能提供溶解性的 SiO_2。硅质页岩多分布于海洋环境，闭塞海湾和淡化潟湖中也可能出现。灰质页岩是指 $CaCO_3$ 含量大于25%的页岩，但其含量不超过25%，遇稀盐酸起泡，如超过25%，则称之为泥灰岩。灰质页岩分布较广，常见于陆相、海陆过渡相的红色岩系中，也可见于海相、潟湖相的钙泥质岩系中。

2.4.2　　有机地球化学分类

1. 有机质类型分类

沉积有机质绝大部分呈分散状态与泥质沉积物相伴生，据统计，页岩所含有的有机碳总量约占沉积岩有机质总量95%以上。按照含有机质的类型分类,可以将页岩划分为腐泥型页岩、腐殖-腐泥型页岩、腐泥-腐殖型页岩和腐殖型页岩(煤系页岩)。其中腐泥型页岩中干酪根主要为 I 型,有机质主要来源于水盆地中的浮游生物和细菌。腐泥型页岩有着较高的原始H/C原子比(0.9～1.4),生烃潜力较高;腐殖-腐泥型页岩的干酪根属于 II₁ 型,H/C原子比为1.2～1.4;腐泥-腐殖型页岩含有 II₂ 型干酪根,H/C原子比为0.9～1.2;腐殖型页岩中干酪根为 III 型,III 型干酪根是由陆生植物组成的干酪根,富含多芳香核和含氧基团,原始H/C原子比低,通常小于0.6～0.9,这类干酪根易于生气。

2. 有机质含量分类

有机质含量分级一直是油气勘探研究与评价工作的重要内容,目的之一是更有效、更科学地评价烃源岩的特征与质量。在本次建立有机质含量分类标准时,更多地引用和沿用了对页岩烃源岩的评价和分类标准。近半个世纪以来,随着对勘探认识的不断提高,针对烃源岩的研究资料越来越丰富,成果也越来越多,对于页岩有机质分类标准的认识也越来越系统。

对于页岩类烃源岩有机质丰度下限的认识,国内外研究者的意见比较一致,一般在0.4%～0.5%。本书采用了金之钧等(2004)提出的烃(气)源岩有机碳含量下限标准,即碎屑岩烃源岩有机碳含量下限为0.5%。这一标准与J.G. Palacas通过对一些具商业性的油气盆地分析后提出的下限值相同,也与梁狄刚(2000)通过国内外已知商业性油气区烃源岩有机碳的统计资料而建议的碎屑岩采用0.5%作为烃源岩有机碳下限标准、马力等(2004)采用的相关标准一致或相近。根据以上学者确定的烃源岩有机碳下限标准,依据近年来的资源调查成果和认识,提示页岩有机碳含量成分标准(表2-4)。

表2-4 页岩有机碳含量分类标准数据

分 类	贫 碳	低 碳	中 碳	高 碳	富 碳
TOC/%	< 0.5	0.5～1.0	1.0～2.0	2.0～4.0	> 4.0
生烃能力	弱	中等		强	

Romov（1958）根据俄罗斯地台研究指出，形成商业石油聚集的烃源岩，其有机质最小丰度值为1.4%，并认为有机质丰度为0.5%的烃源岩仅能生成并排出天然气。Lewan（1987）实验模拟分析表明，岩石的有机质丰度小于1.5%，没有油排出。Bordenave（1992）认为，岩石中有机碳低于0.5%，既不是油源岩，也不是气源岩。Hunt（1996）综合分析认为，油源岩有机质丰度的下限值为1%，0.5%的丰度可以是气源岩。国外一些具商业规模油气产出的盆地，其有机质丰度的平均值一般很少低于2%。这显然不适合我国烃源岩热演化程度高和时代较老的实际情况，对此我国不少研究者也作了大量的研究。

而对于TOC含量大于0.5%的页岩，其分类主要根据近年来针对页岩储层开展的页岩气调查与评价成果，以及油气勘探成果中总结的页岩含气性、孔隙度、有机质含量之间的关系来总结的，其分类具有统计规律。目前商业发现的页岩气藏，其页岩有机质含量一般大于2.0%。页岩气产量与页岩TOC含量、页岩含气量与TOC含量之间一般呈正相关关系，TOC含量达到4.0%被划分为富碳标准，一般预示页岩有较好的储集性能和储集空间，也具有含气的物质基础（图2-12）。

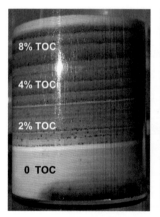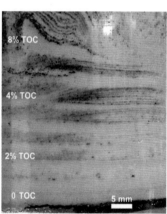

图2-12 水槽实验中加入有机质成分后模拟现代沉积结构的剖面图（Arizona University）

3. 热演化程度分类

有机质的热演化程度，也称成熟度，指有机质的热变质程度，是有机质主要在热力和时间的作用下向油气转化的程度。除热力和时间外，生物化学作用、黏土矿物和有机酵母的催化作用、放射性物质的放射作用以及地层的压力等对有机质向油气转化都有重要的影响。用来确定成熟度的指标大致包括三个方面：有机地球化学、有机岩石学及古地温。确定有机质成熟度的指标有很多种，如镜质体反射率（R_o）、岩石最高热解峰温（T_{max}）、产率指数 $S_1/(S_1+S_2)$（S_1 为热发烃，S_2 为热解烃）、H/C 原子比、红外光谱参数、可溶有机质含量、黏土矿物伊/蒙混层比及生物标记物参数等。镜质体反射率是应用效果最好的指标，其次为 T_{max}，其他指标参数一般作为辅助评价指标。

按照页岩中有机质的热演化程度，可将页岩分为低热演化页岩、中热演化页岩、高热演化页岩和过热演化页岩（表2-5）。低热演化页岩处于成岩作用的早期阶段，$R_o < 0.5\%$，这一时期页岩中的干酪根仅能在特定的条件下低温降解生成未成熟或低成熟的石油，产生的页岩气主要以生物气为主。中热演化页岩和高热演化页岩处于深成（热解）作用阶段，其中的干酪根主要通过热降解生成油气。中热演化页岩 R_o 为 $0.6\% \sim 1.3\%$，此时页岩中的干酪根通过热降解作用主要生成石油。高热演化页岩 R_o 为 $1.3\% \sim 2.0\%$，页岩中的干酪根易形成轻质油和湿气。过热演化页岩处于准变质作用阶段，$R_o > 2.0\%$，此类页岩埋深大，在热裂解作用下生成高温甲烷，干酪根处于热裂解干气阶段。但是对于 R_o 大于 3.5% 之后，页岩内干酪根的演化与影响尚未知晓。从目前页岩气有机质成熟度与含气性之间关系的研究结果来看，R_o 大于 3.5% 之后，会对页岩储层中的孔隙造成影响，从而影响其含气性，因此从含气性和储集性之间的关系出发，将定义 R_o 大于 3.5% 作为成熟度演化的一个阶段之一。

表2-5 页岩有机质热演化程度分类标准数据

热演化程度	低热演化	中热演化		高热演化	过热演化	
成熟度阶段	未 熟	低 热	成 熟	高 熟	过 熟	超 熟
R_o/%	< 0.5	0.5~0.6	0.6~1.3	1.3~2.0	2.0~3.5	> 3.5

2.4.3　结构构造分类

1. 结构分类

（1）按照页岩组成物质的大小和相对含量分类

按照页岩黏土质、粉砂及砂的相对含量,可将页岩的结构划分为泥（页）岩、含粉砂泥（页）岩、粉砂质泥（页）岩（表2-6）。泥（页）岩是具有泥质结构的页岩,泥级物质含量大于90%,粉砂级或砂级碎屑含量小于10%。含粉砂页岩具有含粉砂泥状结构,泥级颗粒含量在75%～90%,粉砂或砂级碎屑含量在10%～25%。粉砂质页岩具有粉砂泥状结构,泥级颗粒含量为50%～75%,粉砂级或砂级碎屑在25%～50%。

表2-6　按照颗粒大小及相对含量分类

结构类型	泥质及粉砂质相对含量/%	
	黏土（< 0.003 9 mm）	粉砂（0.003 9～0.062 5 mm）
泥（页）岩	> 90	< 10
含粉砂泥（页）岩	75～90	10～25
粉砂质泥（页）岩	50～75	25～50

（2）按照黏土矿物的结晶程度及晶体形态分类

非晶质结构:很少见,仅见于水铝英石质黏土岩中。

隐晶质结构:最为常见,在偏光显微镜下难以识别黏土矿物的晶形,电子显微镜下可按照晶形分为超微片状、管状、纤维状、针状、束状、球粒状等结构。

显晶质结构:晶体粗大,偏光显微镜下按照黏土矿物的晶形,可以分为显微鳞片、粒状、纤维状等结构。如高岭石重结晶可形成长20 mm、直径达2～2 mm的蠕虫状结构。

（3）按照颜色分类

灰色、灰黑色、黑色页岩:富含有机质和分散状低价铁的硫化物（如黄铁矿）所致,为还原或强还原环境中形成的一种页岩。

绿色、灰绿色页岩:由Fe^{2+}离子、含海绿石所致,是弱氧化-弱还原环境下形成的页岩。

红色、紫红色页岩：分散状的高价氧化铁（赤铁矿、褐铁矿）所致，是强氧化条件下形成的一种页岩。

2. 构造分类

沉积构造是指沉积物在沉积时或沉积之后，由于物理作用、化学作用及生物作用形成的构造。页岩构造分为原生构造、压实和变形构造以及成岩构造三大类。其中，页岩的原生构造主要形成于沉积物的悬浮搬运过程，后期的压实作用很可能消除这些构造，因此目前纯页岩中普遍发育的构造是水平层理。

页岩的构造分类一般是直接考虑页岩中发育的构造，作为前缀修饰词放在页岩之前，如发育水平层理的页岩，称之为水平层理页岩。页岩中发育的构造与其他碎屑岩相似，本书中不再赘述。

2.4.4　　沉积环境分类

按照页岩形成的沉积环境，可将页岩分为海相页岩、陆相页岩（湖相、湖沼相）以及海陆过渡相页岩三种类型。

海相页岩多形成于浅海、半深海和深海陆棚区，呈黑色或灰黑色，页岩厚度大，岩性单一。多以块状产出，纹层较少，局部地区见浊积砂体，黄铁矿发育，Sr 含量高，奥陶系-志留系页岩富含笔石化石，SiO_2 等脆性矿物含量高，有机质类型以腐泥质为主。岩石类型主要为硅质页岩、灰质页岩、云质页岩。

陆相页岩可细分为湖相页岩和湖沼相页岩。湖相页岩一般呈深灰色、黑色或灰黑色，厚层，层理发育，黏土矿物含量较高，有机质类型以腐殖-腐泥型或腐泥-腐殖型为主。页岩类型主要为泥质页岩、灰质页岩、粉砂质页岩。湖沼相页岩一般发育在煤系地层中，呈灰黑色或黑色，层厚较薄，常与砂岩、碳酸盐岩和煤层形成互层，有机质类型以腐殖型为主，页岩类型主要为粉砂质页岩、富碳泥质页岩、灰质页岩。

海陆过渡相页岩颜色一般为黑色、灰黑色，形成于滨浅海、滨海沼相等海陆过渡环境，常与砂岩、粉砂岩、灰岩和煤层形成互层，有机质类型以腐殖型为主。岩石类型为高炭质页岩、灰质页岩和粉砂质页岩。

2.4.5　有机-无机综合分类

　　页岩有机质含量的多少直接决定页岩的生烃潜力,因此对于页岩的分类除了要考虑页岩的矿物成分外,还要综合考虑页岩的有机质含量。鉴于此,本文采用页岩的有机-无机综合分类法,即在考虑页岩矿物成分分类的基础上,按照有机质含量建立页岩的四端元组分分类法(图2-13)。页岩的命名是首先根据页岩的矿物成分按照图2-11和表2-3的方法获得页岩矿物成分的名称,再考虑TOC的含量,根据表2-7中页岩有机碳含量分类标准将页岩划分为贫碳(0～0.5%)、低碳(0.5%～1.0%)、中碳(1.0%～2.0%)、高碳(2.0%～4.0%)和富碳(＞4.0%)页岩。这种分类方法对于含气页岩综合评价和勘查开发前景分析十分有用。

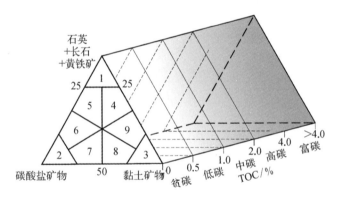

图2-13　页岩有机-无机综合分类

表2-7　页岩有机-无机综合分类表

页岩有机-无机综合分类			TOC含量/%				
			贫碳 (0～0.5)	低碳 (0.5～1)	中碳 (1～2.0)	高碳 (2.0～4.0)	富碳 (＞4.0)
页岩矿物成分	硅质页岩类	硅质页岩	贫碳硅质页岩	低碳硅质页岩	中碳硅质页岩	高碳硅质页岩	富碳硅质页岩
		含黏土硅质页岩	贫碳含黏土硅质页岩	低碳含黏土硅质页岩	中碳含黏土硅质页岩	高碳含黏土硅质页岩	富碳含黏土硅质页岩
		含碳酸盐硅质页岩	贫碳含碳酸盐硅质页岩	低碳含碳酸盐硅质页岩	中碳含碳酸盐硅质页岩	高碳含碳酸盐硅质页岩	富碳含碳酸盐硅质页岩

（续表）

页岩有机-无机综合分类			TOC含量/%				
			贫碳 （0～0.5）	低碳 （0.5～1）	中碳 （1～2.0）	高碳 （2.0～4.0）	富碳 （＞4.0）
页岩矿物成分	黏土质页岩类	黏土质页岩	贫碳黏土质页岩	低碳黏土质页岩	中碳黏土质页岩	高碳黏土质页岩	富碳黏土质页岩
		含碳酸盐黏土质页岩	含碳酸盐黏土质页岩	含碳酸盐黏土质页岩	含碳酸盐黏土质页岩	含碳酸盐黏土质页岩	含碳酸盐黏土质页岩
		含硅质黏土质页岩	含硅质黏土质页岩	含硅质黏土质页岩	含硅质黏土质页岩	含硅质黏土质页岩	含硅质黏土质页岩
	碳酸盐质页岩类	碳酸盐质页岩	贫碳碳酸盐质页岩	低碳碳酸盐质页岩	中碳碳酸盐质页岩	高碳碳酸盐质页岩	富碳碳酸盐质页岩
		含硅碳酸盐岩质页岩	贫碳含硅碳酸盐岩质页岩	低碳含硅碳酸盐岩质页岩	中碳含硅碳酸盐岩质页岩	高碳含硅碳酸盐岩质页岩	富碳含硅碳酸盐岩质页岩
		含黏土碳酸盐质页岩	含黏土碳酸盐质页岩	含黏土碳酸盐质页岩	含黏土碳酸盐质页岩	含黏土碳酸盐质页岩	含黏土碳酸盐质页岩

第 3 章

页岩储集特征

3.1　页岩储集性能

页岩孔隙大小以分布纳米－微米级别为主,比表面积大,孔隙结构复杂。其孔隙度与渗透率具有明显的正相关性,是页岩含气性的重要控制因素。影响页岩储集性能的因素包括内部因素和外部因素。内部因素主要有页岩的储集空间类型(孔隙、裂缝),孔隙结构特征、储集物性参数(孔隙度、渗透率)以及矿物组成等。除此之外,游离气含量内部主控因素有页岩孔隙度和气体饱和度;吸附气含量内部主控因素包括有机质含量和比表面积、有机质成熟度;溶解气含量的内部主控因素包括页岩中残留油的数量和品质等。除了内部因素外,地层深度、温度、压力等外部条件同样控制着三种赋存状态气体的含量。

3.1.1　储集空间类型

页岩的储集空间类型主要分为两大类:孔隙和裂隙,具体介绍如下。

1. 孔隙

页岩中的孔隙具有孔隙直径小、结构复杂等特点,近年来,随着扫描电镜和透射电镜等技术的发展,许多学者在泥页岩中根据孔隙的形状及其与岩石颗粒之间的关系识别出了多种孔隙类型。Slatt和O'Brien(2011)、Loucks等(2012)以及于炳松(2013)均针对页岩储层的孔隙类型进行了分类。Slatt和O'Brien(2011)研究了Barnett和Woodford页岩中孔隙类型,将其中的孔隙划分为黏土絮体间孔隙(Pore spaces between the floccules)、有机孔隙(Organopores)、粪球粒内孔隙(Porous fecal pellets)、粒内孔隙(Intraparticle pores)和微裂缝(Microchannels)。Loucks等(2012)则根据泥页岩储层基质将基质孔隙分为了粒间孔隙、粒内孔隙和有机质孔隙三个大类。于炳松(2013)将页岩气储层的孔隙类型划分为与岩石颗粒发育无关的和与岩石颗粒发育有关的两个大类,前者为裂缝孔隙,后者为岩石基质孔隙。岩石基质孔隙大类又进一步分成了发育在颗粒和晶体之间的粒间孔隙、包含在颗粒边界以内的粒内孔隙以及发育在有机质内的有机质孔隙(图3-1)。

图3-1 页岩孔隙类型(于炳松,2013)

分类依据与类型		孔隙类别													
大类		岩石基质孔隙												有机质孔隙	裂隙孔隙
类		矿物基质孔隙													
亚类		粒间孔隙				粒内孔隙									
孔隙形状与类别 孔隙结构与类别		颗粒间孔隙	晶间孔隙	黏土矿片间孔隙	刚性颗粒边缘孔隙	黄铁矿结核内晶间孔隙	黏土集合体内孔隙	球粒内孔隙	颗粒边缘孔隙	化石体腔孔隙	晶体铸模孔隙	化石铸模孔隙	有机质内孔隙	裂隙孔隙
微孔隙 (<2 nm)		颗粒间微孔隙	晶间微孔隙	黏土矿片间微孔隙	刚性颗粒边缘微孔隙	黄铁矿结核内晶间微孔隙	黏土集合体内微孔隙	球粒内微孔隙	颗粒边缘微孔隙	化石体腔微孔隙	晶体铸模微孔隙	化石铸模微孔隙	有机质内微孔隙	少
中孔隙 (2~50 nm)		颗粒间中孔隙	晶间中孔隙	黏土矿片间中孔隙	刚性颗粒边缘中孔隙	黄铁矿结核内晶间中孔隙	黏土集合体内中孔隙	球粒内中孔隙	颗粒边缘中孔隙	化石体腔中孔隙	晶体铸模中孔隙	化石铸模中孔隙	有机质内中孔隙	少
宏孔隙 (>50 nm)		颗粒间宏孔隙	晶间宏孔隙	黏土矿片间宏孔隙	刚性颗粒边缘宏孔隙	黄铁矿结核内晶间宏孔隙	黏土集合体内宏孔隙	球粒内宏孔隙	颗粒边缘宏孔隙	化石体腔宏孔隙	晶体铸模宏孔隙	化石铸模宏孔隙	有机质内宏孔隙	裂隙宏孔隙
孔隙示例		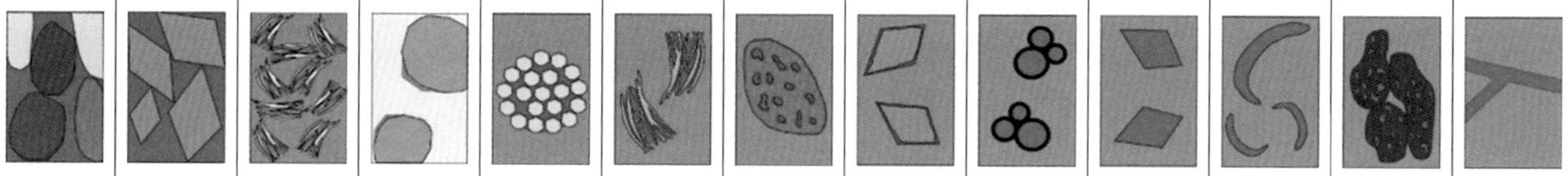												

本书将页岩中的孔隙分为三类,分别为有机质孔隙、黏土矿物孔隙和粒状矿物孔隙。

(1) 有机质孔隙　有机质孔隙是指页岩中有机质颗粒内部发育的孔隙,这是页岩中存在最广泛的孔隙类型之一,一般孔隙大小介于 8～950 nm,主要呈近球形或椭球形,此外也有其他不规则形状,如弯月形和狭缝形等。部分有机质孔附近散布着大量的黄铁矿颗粒,但并不是所有的有机质都发育孔隙。有机质孔隙发育情况与有机质类型和成熟度有关,一般来说腐泥型有机质孔隙较多,随成熟度升高有机质颗粒数量增加。页岩中有机质颗粒内部存在丰富的纳米级孔隙,一块直径为几个微米的有机质颗粒可含有成百上千个纳米孔。含气页岩中的有机孔最早在 Barnett 页岩中被发现,类似的有机孔也被发现存在于其他页岩中,如中国四川盆地的下志留统龙马溪组页岩。有机质纳米孔来源于有机质成藏和热演化过程,在这一过程中,由于地质环境发生改变而发育众多微小孔隙或裂缝,有机质则主要沿微层理面或沉积间断面分布,容易形成相互连通的孔隙网络,渗透性较好。有机质本身的亲油性使有机质纳米孔成为吸附石油天然气的重要存储载体。

(2) 黏土矿物孔隙　黏土矿物是页岩最主要的矿物成分之一,其含量可达 16.8%～70.1%,以伊利石为主。伊利石呈薄层片状或纤维状,片层之间发育明显的狭缝孔或楔形孔。纤维状伊利石沿石英表面生长,或具有一定的黏土桥连接片体孔径为 50～800 nm,分布集中,孔隙中可见石英自生加大充填。有的区域可见多个黏土矿物溶蚀孔呈线状排列,连通有机质孔和矿物质孔,并在某种程度上具有微裂缝的作用。黏土矿物孔隙发育集中,胶结复杂,分选差,粒度小,可塑性强,水化膨胀后易发生运移,堵塞孔道,使储层渗透性降低。成岩后期若无强烈的改造作用,单一的黏土矿物粒间孔隙很难具备较好的油气运移能力。黏土矿物的比表面积大于石英矿物,其粒间孔越发育气体的吸附能力就越强,而且页岩有机碳含量较低时,黏土矿物的吸附作用十分显著,由此可见黏土矿物孔隙储集作用的重要性。

(3) 粒状矿物孔隙　粒状矿物孔隙成因主要与粒状矿物类型、含量和溶蚀有关,包括页岩骨架矿物如石英、长石等溶蚀形成的粒间孔以及矿物解理缝形成的粒内孔、晶间孔等。矿物孔中形成了作为油气储集空间的纳米尺度溶蚀孔、晶间孔和晶间孔等。石英、长石等脆性矿物含量较高时，易形成天然裂缝和诱导裂缝，改造作用可提高矿物孔的渗流能力。

2. 裂缝

裂缝的发育程度和规模是影响页岩气含量和页岩气聚集的主要因素，决定着页岩渗透率的大小，控制着页岩的连通程度，进而控制着气体的流动速度和气藏的产能。按照不同的划分标准，裂缝的分类也不同。按照宽度或规模大小来划分裂缝和微裂缝，其中，裂缝一般指宽度大于 100 μm，而微裂缝宽度一般小于 100 μm。同时，微裂缝也是泥页岩中常见的裂缝种类。微裂缝在页岩气体的渗流中具有重要作用，是连接微观孔隙与宏观裂缝的桥梁。页岩中的有机质颗粒、骨架矿物、黏土矿物都能发育微裂缝。按照构造特征划分可以分为张裂缝和剪裂缝。张裂缝是由张应力形成的裂缝，多分布于背斜构造的轴部，垂直于最大应力方向，平行于压缩方向，裂缝面较粗糙、不平整，裂缝被矿脉所填充，裂缝延伸距离较短，常成组出现，分布疏密不均。剪裂缝是由剪切应力形成的裂缝，多成对成群出现，裂缝面平整、光滑，裂缝面两壁常闭合，裂缝延伸较远，分布疏密规则。按照裂缝是否充填可以划分为未充填缝和充填缝，未充填缝是指未被热液作用交代物所充填的裂缝，在页岩气储集空间中占有非常重要的地位。充填缝虽然已被热液矿物充填，失去了孔渗性，但这些裂缝易被水力压裂压开，极大地提高了页岩渗透性，对开发有非常重要的影响。

石英含量高低是影响裂缝发育的重要因素，富含石英的页岩段脆性好，裂缝的发育程度比富含方解石的泥页岩更强。除石英外，长石和白云石也是泥页岩中的脆性成分。我国海相页岩、海陆过渡相炭质页岩和湖相页岩均具有不同的脆性特征，无论是野外地质剖面还是井下岩心观察，发现其均发育较多的裂缝系统。如上扬子地区寒武系筇竹寺组、志留系龙马溪组黑色页岩性脆、质硬、节理和裂缝发育，在三维空间呈网络状分布。薄片显示，微裂缝细如发丝，部分被方解石、沥青等次生矿物充填。鄂尔多斯盆地上古生界山西组岩心切片可看到呈网状分布的微裂缝，中生界长7段黑色页岩页理发育，风化后呈薄片状。

3. 储集空间综合分类

根据页岩储集孔隙的类型，本书采用三单元分类方案，按照有机质孔隙、黏土矿物孔隙和粒状矿物孔隙三者的相对含量划分页岩储集空间类型(图3-2)。如有机质孔隙大于75%划分为有机质孔类；粒状矿物孔大于75%划分为粒状矿物孔类；黏土矿物孔大于75%划分为黏土矿物孔类。根据孔隙类型相对含量的多少，按具体界限再划分为亚类(表3-1)。

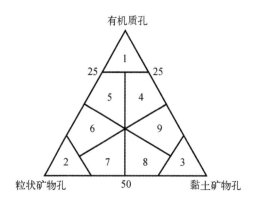

图3-2 页岩储集空间分类

1—有机质孔类
2—粒状矿物孔类
3—黏土矿物孔类
4—含黏土矿物孔有机质孔类
5—含粒状矿物孔有机质孔类
6—含有机质孔粒状矿物孔类
7—含黏土矿物孔粒状矿物孔类
8—含粒状矿物孔黏土矿物孔类
9—含有机质孔黏土矿物孔类

表3-1 页岩矿物成分分类

储集空间类型	主要孔隙类型含量/%		
	有机质孔	粒状矿物孔	黏土矿物孔
有机质孔类	> 75	< 25	< 25
含粒状矿物孔有机质孔类	50～75	5～25	< 15
含黏土矿物孔有机质孔类	50～75	< 15	5～25
粒状矿物孔类	< 25	> 75	< 25
含有机质孔粒状矿物孔类	5～25	50～75	< 15
含黏土矿物孔粒状矿物孔类	< 15	50～75	5～25
黏土矿物孔类	< 25	< 25	> 75
含有机质孔黏土矿物孔类	5～25	< 15	50～75
含粒状矿物孔黏土矿物孔类	< 15	5～25	50～75

将页岩储集空间中裂缝的发育程度分为裂缝不发育、裂缝较发育和裂缝发育,进一步提出了页岩储集空间类型的综合划分方案(图3-3)。

图3-3 页岩储集空间综合分类方案

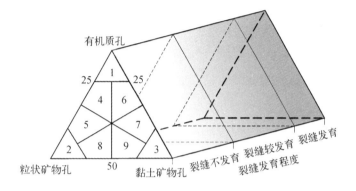

3.1.2　孔隙结构特征

孔隙结构是指岩石所具有的孔隙和喉道的几何形状、大小、分布及其连通关系。孔隙结构实际上是岩石的微观物理性质,对于页岩这类低渗透性的岩石,单纯的孔隙度和渗透率不能正确评定储集层的性质,需要通过岩石的孔隙结构来进行研究。作为细粒黏土岩储层,页岩具有致密、低渗透等黏土岩所共有的特征,页岩的性质决定了页岩储层的孔隙结构较小,因此页岩储层为特低孔、渗储层,以发育多类型微米甚至纳米级孔隙为特征,包括颗粒间微孔、黏土片间微孔、颗粒溶孔、溶蚀杂基内孔、粒内溶蚀孔及有机质孔等。

按照页岩孔隙直径可将孔隙结构划分为纳米孔隙(< 2 nm)、微孔隙(2～10 nm)、中孔隙(10～50 nm)和宏孔隙(> 50 nm)。页岩孔径分布复杂,既含有大量的中孔,又含有一定量的微孔(< 10 nm)和大孔(> 50 nm);孔径小于50 nm的微孔和中孔提供了大部分比表面积和孔体积,是气体吸附和存储的主要场所,中孔对气体渗流起到了明显的贡献作用,微孔则主要起储集作用。

3.1.3 孔隙度

孔隙的形状、大小、连通性与发育程度决定了储集层的储集性能。岩石的孔隙空间按照形状可以划分为孔、洞、缝，通常分为孔隙和裂缝两大类。孔隙度可以表示岩石孔隙的发育程度，可分为总孔隙度和有效孔隙度。由于能够连通的有效孔隙度在油气储层评价中才有意义，习惯上将有效孔隙度简称为孔隙度。页岩具有源储一体特征，一些不连通孔隙也储集有油气，成为有效孔隙，可以通过压裂连通。页岩作为一种超致密油气储层，其孔隙远远小于砂岩和碳酸盐岩储层孔隙，孔径大小达到纳米量级。页岩孔隙直径从 $1\sim3$ nm 至 $400\sim750$ nm 不等。北美几大页岩气产区储层的孔隙尺度都在纳米级：Haynesvill 盆地页岩平均孔径为 20 nm；Fort Worth 盆地 Barnett 页岩孔隙直径在 $5\sim100$ nm，平均值约为 80 nm；Appalachian 盆地页岩孔隙直径在 $7\sim24$ nm。加拿大 Beaufort-Mackenzie 盆地浅层页岩孔径为 $7\sim45$ nm，深层页岩孔径为 $2.5\sim25$ nm；Scotia 盆地页岩孔隙直径在 $8\sim17$ nm。中国四川盆地成熟页岩孔隙直径一般约为 100 nm。

对于致密油/气、页岩气、煤层气为代表的非常规油气资源来说，储集层的基本特征为：孔隙度小（主体小于10%），渗透率小（小于 0.1×10^{-3} μm^2）[①]，孔喉以微孔、纳米孔为主。一般页岩的基质孔隙度为 $0.5\%\sim6.0\%$，其中多数为 $2\%\sim4\%$。中国南方高过成熟海相页岩有机质纳米孔与粒内孔大小为 $20\sim890$ nm。四川盆地华蓥山红岩煤矿龙马溪组和威远地区筇竹寺组页岩实测结果表明，龙马溪组页岩孔隙度为 $2.43\%\sim15.72\%$，平均为 4.83%；筇竹寺组页岩孔隙度为 $0.34\%\sim8.10\%$，平均为 3.02%。

海相页岩储层中纳米级孔隙以干酪根纳米孔、颗粒间纳米孔、矿物晶间纳米孔、溶蚀纳米孔为主，喉道呈席状、弯曲片状，孔隙直径为 $10\sim1\,000$ nm，主体范围为 $30\sim100$ nm，纳米级孔是致密储层连通性储集空间的主体。按孔径大小，可将页岩储集空间分为5种类型：裂隙（孔径 > 10 000 nm）、大孔（孔径为 $1\,000\sim10\,000$ nm）、中孔（孔径为 $100\sim1\,000$ nm）、过渡孔（孔径为 $10\sim100$ nm）、微孔（孔

---

① $1\,\mu m^2$=1 000 mD=1 D。

径 < 10 nm)。美国海相页岩孔隙度为4%～14%，其中Appalachian盆地Ohio海相页岩孔隙度约为4.7%，Michigan盆地Antrim页岩孔隙度约为9%，Illinois盆地页岩孔隙度为10%～14%，Fort Worth盆地Barnett页岩孔隙度为4%～5%，San Juan盆地Lewis页岩孔隙度为3%～5.5%。

陆相泥页岩孔喉类型为有机质孔与基质孔，主体在30～200 nm。四川盆地须家河组泥页岩的孔隙类型主要有粒间微孔、粒缘微缝、有机质气孔、粒间溶孔、黏土矿物晶间隙以及微裂缝等。川西上三叠统陆相页岩平均孔隙度为4.03%，最大值可达5.03%，川东北下侏罗统陆相页岩平均孔隙度为4.03%，最大可达6.77%。鄂尔多斯盆地中生界陆相页岩实测孔隙度为0.4%～1.5%，渗透率为 $(0.012～0.653) \times 10^{-3} \ \mu m^2$。

海陆过渡相泥页岩孔喉类型为晶间孔、晶内孔、粒间孔、溶蚀孔、粒缘孔、印模孔、有机质孔等。我国南方湘中拗陷二叠系龙潭组泥页岩实测孔隙度分布在0.7%～16.7%。

3.1.4　渗透率

储集层的渗透性是指在一定的压差下，岩石允许流体通过其连通孔隙的性质。渗透率是表征气体运移能力一个重要的物理量，是影响气井高效开发极为重要的一个因素。页岩的渗透率通常很低，从亚纳达西到微达西不等。Soeder 的研究表明，页岩渗透率是一个关于页岩类型、样品类型、孔隙度、围压和孔隙压力的函数，同时指出，页岩裂缝的渗透率一般在 $(0.001～0.1) \times 10^{-3} \ \mu m^2$，基质渗透率在 $(10^{-9}～10^{-5}) \times 10^{-3} \ \mu m^2$。Cluff等的研究表明，富含有机质的页岩渗透率值通常在亚纳达西到几十微达西。

由于页岩气藏渗透率在数量级上远低于常规气藏，测量其渗透率存在许多问题（如传统稳态测试渗透率需要时间较长）。目前测量页岩气渗透率的常用技术包括压力脉冲衰竭、压力衰减、解吸测试、压汞曲线分析和破碎岩样法，其中，破碎岩样法测页岩渗透率技术是Luffel 等在排除自然裂缝和钻井诱导增加裂缝的情况下，测量其基质渗透率而设计的。尽管因钻井而增加裂缝很普遍，但他们可通过在没有钻井裂缝的指定段取芯的方法来将该影响最小化。因为有机质中的孔隙网络通常经过微孔隙连通起来,在压碎样品中的有机质的孔隙连通性会显著减小。尽管有机质中的孔隙网络和自然微裂缝是页岩储层的重要组成部分,同时又是页岩气增产的重要因素,但由于它们太小而无法在实验室进行油藏数值模拟将其分别定量化。简单而又比较实用的方法是将它们都包含在岩心渗透率中,作为一个统一的整体渗透率值计算。这种集中计算的渗透率值比真正的基质渗透率值更能有效地用来表征页岩的渗透率。

在页岩储层中,页岩气在有机质中的渗透率明显高于在无机质中的渗透率,从而在很大程度上提高了页岩气藏的渗透率。除此之外,有机质中的孔隙网络比裂缝中的孔隙网络大,当自然裂缝和水力压裂裂缝与有机质孔隙网络连通起来时,就会大幅提高页岩储层的整体渗透率,同时,有机质可能成为页岩气产层高产的潜在区域。所以,生产实践中通常采用水力压裂技术来改造储层的渗透性,从而达到高产的目的。

含气页岩渗透率很低,一般在 $(0.000\ 1 \sim 0.1) \times 10^{-3}\ \mu m^2$,致密砂岩层的渗透率为 $(0.001 \sim 0.1) \times 10^{-3}\ \mu m^2$。

将含气页岩的渗透率与致密砂岩层的渗透率进行比较可以看出,致密含气砂岩和更加致密的含气页岩之间有不同的渗透率(图3-4)。页岩与致密砂岩储层有相近的孔隙度,但页岩的渗透率不足砂岩的 $\frac{1}{10}$。由于储层孔隙度与渗透率有一定的关系,因此,页岩中的粉砂岩是高初始流速的主要原因。目前,页岩气的采收率在8%~15%,并会随着井距的减小和压裂设计效率的提高而不断升高。水力压裂

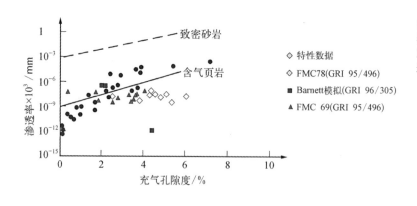

图3-4 致密砂岩(虚线)和含气页岩(实线)的渗透率差异

后,会大幅提高垂直方向和水平方向的渗透率。高TOC值也会增加原地渗透率,极大地提高最终采收率。美国采用GRI页岩岩心测定法研究认为,其渗透率一般小于$0.1 \times 10^{-3}\ \mu m^2$,平均喉道半径不到$0.005\ \mu m$。

3.1.5　　　比表面积

岩石比表面积是指单位质量内岩石总表面积,即岩石内部的内表面积和外部的外表面积之和,它是岩石颗粒大小、孔隙发育程度、压实程度、胶结程度的综合反映,而这些影响因素正是评价泥岩盖层封盖性能所必需的几个重要方面。一般而言,岩石的内表面积远大于岩石的外表面积。比表面积分析测试方法有多种,其中气体吸附法因其测试原理的科学性、测试过程的可靠性及测试结果的一致性,在国内外各行各业中被广泛采用,并逐渐取代了其他比表面积测试方法,成为公认的最权威的测试方法。气体吸附法的原理是,依据气体在固体表面的吸附特性,在一定的压力下被测样品颗粒(吸附剂)表面在超低温下对气体分子(吸附质)具有可逆物理吸附作用,并对应一定压力存在确定的平衡吸附量。通过测定出该平衡吸附量,利用理论模型来等效求出被测样品的比表面积。氮气因其易获得性和良好的可逆吸附特性,成为最常用的吸附质。测定方法有容积吸附法、重量吸附法、流动吸附法、透气法、气体附着法等。页岩孔隙特征主要表现为少量的游离气存储于有机质孔隙之中、大量的吸附气吸附于有机质和黏土矿物表面,因此测定出页岩比表面积是评价页岩储层的一个重要参数。

3.1.6　　　吸附能力

页岩的含气能力能够通过等温吸附曲线来反映。等温吸附曲线是描述页岩吸附气体能力的曲线,在恒温下页岩吸附气量是压力的函数。在页岩气勘探开发初期,常用等温吸附实验获得吸附气含量来定量评价含气页岩的品质和资源潜力。

控制游离态气体含量的孔隙和控制吸附态气体含量的孔隙比表面积是一定的。一般情况下,随着压力增大,无论以何种赋存方式存在的气体,其含量都是增大的,当压力上升到一定值时,吸附能力达到饱和,随后压力继续增加吸附气含量则不再增加。页岩等温吸附实验证实,随着压力的增加,吸附气含量不是一直增加的,而是出现一个最大值,然后下降,呈现降低的趋势,甚至出现负值,即页岩等温吸附曲线的负吸附现象。负吸附现象广泛存在于页岩等温吸附实验中,主要是采用氦气作为标定自由空间体积的气体和采用最高压力条件下的自由空间体积来计算吸附气含量,导致自由空间体积较大,随着压力增大,页岩真实吸附气含量降低,这种差值越来越明显,从而导致页岩等温吸附曲线表现为负吸附现象。

目前等温吸附实验主要采用静态吸附法的体积法,根据吸附质在吸附前后的压力、体积和温度等条件变化,通过质量平衡方程、静态气体平衡和压力测定来模拟吸附过程,计算不同压力下的吸附气含量。有机碳含量是决定页岩吸附气含量的主要因素,有机碳含量和吸附气含量成正比。有机碳含量高的页岩等温吸附负吸附现象较弱;有机碳含量较低的页岩等温吸附负吸附现象明显,在较高压力条件下吸附气含量甚至为负值。真实吸附气含量大小是决定页岩负吸附现象的主要因素之一,低有机碳页岩的真实吸附气含量较小,导致等温吸附曲线负吸附现象比较明显;高有机碳含量页岩的真实吸附气含量较大,负吸附现象不明显。

页岩吸附天然气不完全符合Langmuir方程所要求的条件,但是实测页岩气吸附的等温线与单分子层的等温线形式相同,所以目前国内外学者大都采用Langmuir模型来计算吸附气含量。Langmuir单分子层吸附数学模型如下:

$$V = V_L \times \frac{b_p}{1+b_p}$$

式中,V是压力为p时每克吸附剂的吸附气体量,cm^3/g;b为Langmuir压力常数,与吸附剂和吸附质的特性及温度有关,为吸附速率常数与解吸速率常数之比,反映吸附剂吸附气体的能力,$1/MPa$;p为气体压力,MPa;V_L为Langmuir体积,是给定温度下吸附剂表面所有吸附点均被吸附质覆盖时的吸附量,即饱和吸附量,cm^3/g。Langmuir等温吸附线见图3-5。

在压力足够低或吸附较弱时,$b_p < 1$,则$V = V_L b_p$,这时V与p近似为直线关系;当

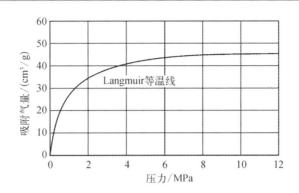

图3-5 Langmuir
等温吸附线

压力足够大或吸附较强时，$b_p > 1$，则$V=V_L$，这时V与压力p无关，吸附达到饱和，即图3-5中的压力较高部分；当压力适中时，V与p是曲线关系，即图3-5中的弯曲部分。在恒温条件下，测试不同压力下气体的吸附量，由压力和吸附量绘制出的关系曲线就是吸附等温线，从而可以建立吸附气量与压力、温度的关系模型。

页岩微观孔隙构成是决定页岩负吸附现象的另一主要因素，由于氦气和甲烷分子直径的差异，氦气能充填的微观孔隙甲烷充填不进去，从而导致计算的自由空间体积较大，而吸附气含量偏小，等温吸附曲线表现为负吸附现象。无论何种因素影响导致的页岩负吸附现象，均导致吸附气含量比真实吸附气含量小，是我们低估了页岩的赋存能力，页岩的实际吸附能力可能比我们实验获得的数据大得多。即使没有负吸附现象的高有机碳含量的页岩，其实际吸附能力也是被低估的。

3.2 页岩气赋存方式与储集类型

Curtis（2002）提出，页岩气在本质上就是连续生成的生物化学成因气、热成因气或两者的混合气，它具有隐蔽的聚集机理、多种类型的岩性封闭、相对较短的运移距离以及有普遍的地层饱和含气性，可以在天然裂缝和孔隙中以游离状态存在、在干酪根和黏土颗粒表面上以吸附状态存在，甚至在干酪根和沥青质中以溶解状态存在。

富有机质泥页岩作为一种非常规储集体储层,国际上尚没有对其储集类型统一的分类方案。本书根据页岩气在储层中的富集与赋存状态及储集介质,将页岩储集类型分为游离型储集类型、吸附型储集类型以及溶解型储集类型。

3.2.1　游离储集类型

游离储集类型是游离态赋存的天然气主要储集空间,包括孔隙和裂缝两部分,这是决定页岩储量和产能的关键因素。游离储集型中的页岩气赋存方式与常规油气类似,储集于岩石的孔隙及裂缝这一类传统的储集空间。

3.2.2　吸附储集类型

吸附储集类型是吸附态赋存的天然气主要储集空间,主要是指有机质表面与黏土矿物表面,通常有机质表面对油气的吸附能力比黏土矿物大。由于黏土矿物自身的结构特点和集合特性,所吸附有机质按赋存空间可分为三种类型,即表面与团聚孔隙吸附的有机质、结构边缘孔隙吸附的有机质和内部层间域吸附的有机质。黏土矿物与所赋存的有机质相互作用形成结构复杂的有机质-黏土复合体。不同赋存类型有机质与黏土矿物的结合关系有差异,有物理吸附和化学吸附之分。物理吸附以分子间范德瓦尔斯力为主,而化学吸附则包括离子交换、阳离子桥、水桥和离子偶极力等多种机制,从而导致所吸附有机质的热稳定性存在差异,进而引起各赋存态有机质生烃门限的差异,致使源岩生烃过程表现出多阶、连续的特点。

3.2.3　溶解储集类型

溶解储集类型是指溶解态赋存的天然气主要储集空间,对于页岩气来讲,主要是指溶解在有机质以及水介质中的天然气,处于热解阶段的页岩、页岩油也可以溶解大量页岩气。页岩孔隙水中天然气溶解度受孔隙水盐度、地层温度和地层压力三者共同作用的影响,随孔隙水盐度的增大而降低,随页岩埋深的加大而升高。在超压条件下,其溶解能力大幅增加,更有利于天然气的保存。陈晓明和李建忠等(2012)通过对川西南威远地区下古生界含气页岩的实例分析,发现在静水压力条件下,该套页岩孔隙水中甲烷溶解度可达3.79~11.34 m^3/t,页岩中溶解气含量可达0.018~0.054 m^3/t。

第 4 章

页岩可压性

页岩气具有多种赋存方式：游离方式、吸附方式和溶解分式；多种储集空间类型：孔隙、微裂缝、有机质表面、黏土矿物表面、页岩油和孔隙水等。受黏土矿物发育的影响，页岩储层的孔隙度低，孔隙半径小（纳米至微米级），连通性差，孔隙结构复杂，渗透率极低（一般为纳达西级），因此，页岩气钻井无自然产能，页岩"超低孔低渗"的储集条件需要大规模压裂才能具备一定的产能和经济效益。在水力压裂过程中，可压性是评价页岩能否被有效压裂的关键参数，是页岩地质、储层特征的综合反映。可压性受到页岩脆性、天然裂缝、成岩作用、括地应力、内部构造等因素影响。

与常规油气系统不同，页岩系统主要由富含黏土矿物的致密泥页岩构成，部分层段含碎屑岩和碳酸盐岩夹层。页岩中的矿物主要为黏土矿物和石英，含少量方解石和白云石，页岩中的矿物直接控制页岩孔隙和微构造的发育，对页岩含气性和储集物性有重要影响。黏土矿物是层片状硅酸盐矿物，比表面积与孔容比值较大，能够吸附气态分子，有助于页岩气的保存。但黏土矿物含量并非越高越好，在富含地层水的情况下，黏土矿物吸附过多的地层水会导致吸附气含量降低。虽然有机质能够生成、保存页岩气，但是必须通过压裂手段连通页岩中孤立的微孔储集单元才能获得可观的产气量。脆性矿物在外部应力作用下易产生裂缝，因此，矿物组成与岩石脆性评价是页岩气勘探开发的重要研究内容。

4.1　　页岩的脆性

对于脆性没有一个准确的定义，很多学者对脆性的定义不同，但很多指示脆性的参数可以由实验室和现场获取（Holt等，2011）。Hucka等（1974）和Andreev（1995）分析了各类脆性的定义和计算公式，总结了高脆性的几个表现特征和脆性的计算方法。页岩的脆性是页岩水力压裂和提高低渗透储层渗透率的一个重要参数。据美国早期页岩气井统计结果，40%的井初期裸眼测试无气流，55%的井初始无阻流量无工业价值，所有井都需要实施储层压裂改造作业（左中航等，2012）。页岩基质渗透率非常低，一般小于 $0.1 \times 10^{-3}\ \mu m^2$，平均孔道半径不到 $0.005\ \mu m$，具有超低孔、超低渗的特征,需要大规模的压裂才能形成工业产能。在储层改造过程中,被压裂层段不但含气性好、有机碳含量高,还必须脆性好,具有双"甜点"特征。影响页岩脆性最重要的因素就是页岩中的石英等脆性矿物的含量和分布特征,脆性矿物含量越高,页岩的脆性越强,越有利于人工压裂。

4.1.1 脆性矿物

脆性矿物含量是影响页岩基质孔隙度和裂缝发育程度、含气性及改造方式的重要因素(邹才能等,2010;李新景等,2007)。一般认为,石英、长石、碳酸盐矿物等含量越高,蒙皂石等含量越低,岩石脆性越强,在外力作用下就越容易形成天然裂缝和诱导裂缝,从而才有利于天然气的渗流,并增大游离态页岩气的储集空间。可以说,脆性矿物的高含量是页岩气富集高产的重要影响因素。Sondergeld等(2010)、Britt等(2009)认为页岩气藏脆性矿物含量应大于40%才具备商业开发条件,好的页岩气藏往往是脆性高且天然裂缝较少的页岩层。脆性矿物不但影响页岩气的储集,还决定页岩的压裂改造效果,进而影响页岩气的产量。

不同页岩的岩性和矿物组分不同,页岩气储层所含的石英矿物、碳酸盐岩矿物和黏土矿物也不同,储层岩石的脆性程度就也不同。脆性矿物由石英、长石、方解石、白云石、黄铁矿等物质组成,一般认为,只有黄铁矿才具有导电性,但黄铁矿因质量分数一般低于10%,且主要呈星点状分布,因此对页岩的导电性贡献不大。

目前已开发生产的页岩气区块的岩石中一般黏土矿物含量较少,脆性矿物含量较多,尤其是硅质矿物,比如北美Barnett页岩中的硅质含量占到40%~60%,碳酸盐岩矿物含量低于25%,黏土矿物含量通常小于50%(蒋裕强等,2010),局部常见碳酸盐岩和少量的黄铁矿和磷灰石。研究者们认为,富含大量脆性矿物是Barnett页岩能够通过压裂造缝获得高产的关键因素,从而进一步论证了压裂的效果与岩石矿物组成密切相关。

页岩的矿物组成和分布主要受沉积环境、物源及成岩作用等因素的控制。页岩中的石英按其来源主要包括碎屑石英与生物石英,其中以碎屑石英为主。碎屑石英源于沉积作用阶段沉积的母岩风化产物,生物石英则源于生物分泌的沉积物。碎屑石英与孔隙率呈正相关性,而生物石英和自生石英与孔隙率呈负相关性。此外,一些石英还可以形成于成岩作用过程中。蒙皂石向伊利石以及伊利石向白云母的转化过程中可以释放出大量游离硅,这两种反应产生的二氧化硅的质量分别可以达到反应矿物质量的17%～28%和17%～23%,表现出一种去硅富铝的趋势。由于泥页岩致密封闭,反应释放出的二氧化硅会在原地或者邻近渗透性更好的页岩中形成自生石英,从而造成石英边缘次生加大的现象。

4.1.2 塑性矿物

塑性矿物主要由蒙皂石、伊/蒙混层、伊利石、绿泥石等具有附加导电性的矿物组成,是形成碎屑岩低阻油气层的主要介质之一。塑性矿物具有较强的比表面积和表面自由能,可塑性和吸水膨胀性较强,外来流体侵入地层后会发生敏感性物理和化学反应,在一定程度上抑制压裂,影响人工造缝,从而不利于页岩气的开采。北美地区页岩气田的塑性矿物中主要以伊/蒙混层为主,含极少量的伊利石和绿泥石,而我国南方页岩气勘查开发地区塑性矿物中伊利石含量最高,其次为伊/蒙混层和绿泥石(图4-1)。

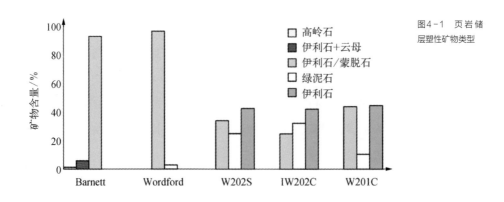

图4-1 页岩储层塑性矿物类型

4.1.3 矿物脆性指数

根据国外对页岩气储层可压裂性的评价经验,脆性指数可以表示压裂的难易程度,并提出目前页岩脆性指数的计算方法主要包括矿物组成含量法和岩石力学参数法(唐颖等,2012年;赵金洲等,2015)。脆性指数高的页岩在压裂过程中,储层中易形成复杂的裂缝网络,能提高天然气的渗流能力,为形成较高的天然气产能提供基础;而脆性指数低的页岩,黏土矿物含量一般较高,在压裂过程中不易形成复杂的缝网体系,并且已经形成缝网体系易被黏土矿物充填,从而导致天然气产能较低。

页岩矿物脆性指数是页岩气储层评价中的一个重要的参数。Rickman 等(2008)和 Sondergeld 等(2010)提出采用下式计算脆性指数:

$$矿物脆性指数 = 石英/(石英 + 方解石 + 黏土矿物) \times 100\% \qquad (4-1)$$

根据我国南方古生界海相页岩的矿物组成特征,把硅质矿物、长石、方解石、白云石等都归为脆性矿物,对于矿物成分复杂的页岩,其脆性指数应按照下式计算(郭旭升,2014):

$$矿物脆性指数 = (硅质矿物 + 长石 + 碳酸盐矿物)/(硅质矿物 +$$
$$长石 + 黄铁矿 + 碳酸盐矿物 + 黏土矿物) \qquad (4-2)$$

由于我国地质情况复杂,页岩矿物成分多样,式(4-2)更符合我国的地质特点,能够准确计算矿物脆性指数,从而为后期储层改造提供技术支撑。

根据式(4-2)的计算方法,焦页1井矿物脆性指数平均达到了56.3%,这反映出涪陵焦石坝区块五峰-龙马溪组一段脆性指数较高,可压裂性较好。

矿物脆性指数的计算涉及矿物成分的确定,这可以由实验手段测定和测井方法计算获取。其中,实验手段测定矿物含量法属于直接的方法,也是比较准确的方法,主要包括矿物分析,如薄片鉴定、X射线衍射分析;元素分析法,对页岩进行全岩分析、元素扫描分析等。测井方法为元素俘获测井。

以武陵山地区慈页1井为例,该井钻探目的层位为下古生界寒武系牛蹄塘组,利用钻井岩心,在实验室通过XRD方法测定页岩的全岩矿物组分,获取了石英、长石、方解石、白云石、黄铁矿和黏土矿物的成分含量(图4-2),其中储层中的脆性矿物(一般为石英、长石、石灰石、白云石等)含量为66.7%~78.5%,黏土矿物含量为21.5%~33.3%,脆性矿物含量较高,从而利于后期储层压裂改造。

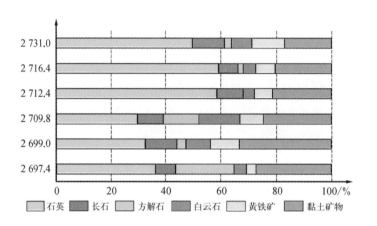

图4-2 慈页1井富有机质页岩全岩矿物分析

此外,还可以通过元素俘获测井(ECS)和伽马能谱测井(NGS)及岩性密度测井等方法来计算页岩的矿物组分,识别泥页岩中黏土、石英、长石、碳酸盐矿物、黄铁矿等的化学成分的含量,再根据室内实测数据校正,建立黏土矿物和脆性矿物的纵向分布规律。

针对不同评价阶段测井资料录取情况,可以采用多元回归和交会统计等方法开展矿物组分定量计算。

在利用元素俘获测井计算矿物含量的过程中多利用斯伦贝谢的元素俘获测井进行计算,利用ECS元素测井与分析测试的矿物含量进行多元回归,建立适合一个地区的矿物计算模型,定量计算黏土矿物、脆性矿物、碳酸盐岩的体积含量。该方法适用于重点探井评价,以涪陵焦石坝地区志留系龙马溪组为例:

$$W_{黏土矿物}=3.104-6.791\times W_{Si}-8.09\times W_{Ca}-9.974\times W_{Fe}-0.858\times W_{S} \tag{4-3}$$

$$W_{碳酸盐岩}=0.508-1.194\times W_{Si}+0.438\times W_{Ca}-3.28\times W_{Fe}-0.28\times W_{S} \tag{4-4}$$

$$W_{脆性矿物}=-2.605+7.969\times W_{Si}+7.634\times W_{Ca}+13.205\times W_{Fe}-0.738\times W_{S} \tag{4-5}$$

式中，$W_{黏土矿物}$为地层中黏土矿物含量，%；$W_{碳酸盐岩}$为地层碳酸盐岩含量，%；$W_{脆性矿物}$为地层脆性矿物含量，%；W_{Si}、W_{Ca}、W_{Fe}、W_S分别为ECS测井得到的Si、Ca、Fe、S元素含量，%。

多元线性回归法是基于分析测试资料与主要反映岩性特征的无铀伽马、光电吸收截面指数以及三孔隙度曲线建立多元线性回归，定量解释矿物成分。该方法适用于评价井。

$$V_{黏土矿物}=43.604 \times AC+1.512 \times DEN+2.005 \times CNL+0.009 \times Pe+$$
$$0.095 \times KTH-113.242 \tag{4-6}$$

$$V_{硅质}=-0.543 \times AC-96.455 \times DEN+0.075 \times CNL-2.834 \times Pe-$$
$$0.05 \times KTH+352.252 \tag{4-7}$$

$$V_{钙质}=0.345 \times AC+49.59 \times DEN-1.394 \times CNL+0.826 \times Pe-$$
$$0.051 \times KTH-121.141 \tag{4-8}$$

$$V_{铁质}=0.189 \times AC+3.262 \times DEN-0.193 \times CNL+0.003 \times Pe+$$
$$0.006 \times KTH-17.87 \tag{4-9}$$

式中，$V_{黏土矿物}$为黏土矿物含量，%；$V_{硅质}$为脆性矿物含量，%；$V_{钙质}$为碳酸盐岩含量，%；$V_{铁质}$为铁质矿物含量，%；ρ为密度测井值，g/cm³；AC为声波测井值，ft/μs（1 ft=0.304 8 m）；CNL为中子测井值，%；Pe为光电吸收截面指数；KTH为无铀伽马测井值，API。

上述基于脆性矿物计算脆性指数的方法只适用于单井的岩石脆性计算（Jarvie等，2007）；另一种是利用岩石力学方法杨氏模量和泊松比综合计算（Rickman等，2008），可以分为动态法和静态法两种方法获得。其中，动态法是通过岩石力学实验直接测量得到，难度在于岩石样品的加工钻取，尤其是对于泥页岩，岩石样品容易破碎；静态法是通过波速测量能较好地反映岩石在水力作用下裂缝扩展能力的参数，主要是断裂韧性和裂缝扩展速率因子，可以通过双扭法测量。由于泊松比和杨氏模量的单位有很大不同，为了评价每个参数对岩石脆性的影响，应将单位进行均一化处理，然后平均产生以百分比表示的脆性指数。根据岩石力学参数中弹性模量与泊松比的大小，分别取0.5的权值进行计算。根据学者Rickman（2008）的研究，北美地区FortWorth盆地Barnett页岩储层的脆性指数计算公式如下：

$$E_B=[(E-10)/(80-10)] \times 100 \tag{4-10}$$

$$\mu_B=[(0.4-\mu)/(0.4-10)] \times 100 \tag{4-11}$$

$$B=0.5E_B+0.5\mu_B \tag{4-12}$$

式中，E_B为归一化的弹性模量，GPa；μ_B为归一化的泊松比；B为脆性指数，量纲为1；E为实测弹性模量；μ为实测泊松比。$B>40$，表明具有脆性；$B>60$，表明脆性很强。

利用上述公式对焦石坝地区岩石力学脆性指数进行了计算，结果表明，焦石坝地区岩石力学脆性指数达到了47.33%～63.62%，这反映了焦石坝地区五峰组-龙马溪一段脆性指数总体较高，具有较高的脆性（表4-1，郭旭升，2014）。

表4-1 焦页1井五峰组-龙马溪组一段实测岩石力学参数及脆性指数计算

井深/m	方　向	围压/MPa	杨氏模量/GPa	泊松比	抗压强度/MPa	脆性指数 B/%	取　值				计算脆性指数B过程数据	
							杨氏模量/GPa	泊松比	抗压强度/MPa	B	μ_B	E_B
2 367.98～2 368.15	水平0°	20	32.66	0.22	174.65	52.38	29.87	0.23	149.45	47.33	32.37	72.4
	水平45°	20	33.41	0.24	171.57	48.72					33.44	64.0
	水平90°	20	23.56	0.24	102.14	40.88					19.36	62.4
2 372.7～2 372.88	水平0°	20	34.38	0.25	198.22	48.01	33.00	0.23	179.98	51.09	34.83	61.2
	水平45°	20	33.57	0.23	189.74	51.04					33.68	68.4
	水平90°	20	31.04	0.20	151.99	54.23					30.06	78.4
2 389.18～2 389.29	水平0°	20	34.69	0.22	202.65	53.24	32.39	0.21	212.92	53.46	35.27	71.2
	水平45°	20	33.87	0.22	246.46	52.85					34.10	71.6
	水平90°	20	28.61	0.20	189.65	54.29					26.58	82.0
2 413.21～2 413.28	水平0°	20	26.00	0.13	207.66	65.63	24.49	0.13	159.50	63.62	22.86	108.4
	水平45°	20	22.56	0.11	76.86	66.37					17.94	114.8
	水平90°	20	24.91	0.16	193.98	58.85					21.31	96.4

4.2　　岩石力学性质

4.2.1　　泊松比

泊松比是材料力学和弹性力学中的名词,定义为材料受拉伸或压缩力时,材料的横向变形量与纵向变形量的比值。当页岩在一个方向被压缩时,它会在与该方向垂直的另外两个方向伸长,这就是泊松现象,泊松比是用来反映泊松现象的量纲为1的物理量。

4.2.2　　杨氏模量

杨氏模量(Young's modulus)是表征在弹性限度内物质材料抗拉或抗压的物理量,它是沿纵向的弹性模量。根据胡克定律,在物体的弹性限度内,应力与应变成正比,其比值被称为材料的杨氏模量,是表征材料性质的一个物理量,仅取决于材料本身的物理性质。杨氏模量的大小标志了材料的刚性,杨氏模量越大,越不容易发生形变。

4.2.3　　破裂压力

井中暴露出的地层,在承受压力达到某一极限时会使地层破裂,此压力极限值被称为地层的破裂压力。页岩压裂过程中,破裂的压力的高低,也能从侧面反映页岩的脆性和压裂的难易程度。但一般该破裂压力值还与地应力状态有关。

压裂是低渗油气层改造的关键技术,通常,破裂压力高将造成地面施工压力过高,有的甚至超过地面设备的承载能力而不得不终止施工。因此低地层破裂压力和低施工压力是压裂施工顺利实施的关键。

我国重庆涪陵焦石坝页岩气田的焦页1HF井水平井段分15段进行大型水力压裂,岩石破裂压力分布于57.2～86.3 MPa,平均为67.82 MPa;施工压力一般在

40～90 MPa,最高施工压力分布于53.2～91.4 MPa,平均为69.07 MPa。其中,穿过五峰组-龙马溪组一段一亚段的水平段(5～14段),岩石破裂压力和钻井施工压力相对较低,岩石破裂压力主要分布于57.2～67.9 MPa,平均为62.57 MPa;施工压力主要分布于53.2～77.3 MPa,平均为63.79 MPa;另外,焦页1-3HF等开发水平井施工压力同样主要分布于40～90 MPa(表4-2)。以上特征显示焦石坝地区地层破裂压力和钻井施工压力相对较低,总体反映出了五峰组-龙马溪组一段可压裂性较好。

序号	井号	层位	井深/m	三主应力大小/MPa		
				垂向主压力	水平最大主应力	水平最小主应力
1	丁页1	龙马溪组	2 044.87～2 045.04	48.73	48.59	43.6
2	丁页2		4 353.05～4 362.55	145	121.6	109
3	焦页1		2 380.7	58.62	63.50	47.39

4.2.4　地应力分布与页岩可压性

地下某一深度下的岩石所处的应力状态可以用垂直主应力σ_z(z为垂直深度)、最大水平主应力σ_H(H为最大水平深度)、最小水平主应力σ_h(h为最小水平深度)三组应力进行分解表示(图4-3)。

水力压裂后,人工裂缝方位与最大主应力方位基本一致。依据水平井筒方位与最小主应力方位的关系,水平井水力压裂后的裂缝形态具有三种类型:横向裂缝、纵向裂缝、复杂裂缝。水平井压裂后形成的裂缝形态,取决于地应力状态与水平井井筒方位的相互关系。如果井筒与最小主应力方向垂直,则产生与井筒方向延伸平行的纵向裂缝;如果井筒平行最小主应力方向,则产生与井筒相垂直的横向裂缝(图4-4)。

可压裂性可表征页岩储层能被改造的难易程度。Chong等(2010)认为,可压裂性是页岩储层具有能够被有效压裂从而增产能力的性质,不同可压裂性的页岩在水力压裂过程中形成不同的裂缝网络,可压裂性与可生产性、可持续性是页岩气井评价

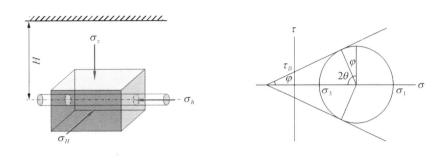

图4-3 水平井井筒周围三维地层应力模式图解与摩尔应力圆

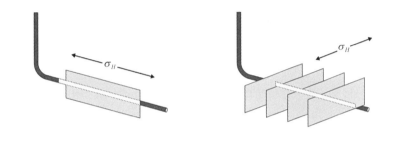

图4-4 水平井筒方位与主应力方位不同夹角条件下压裂后裂缝的形态示意图

的关键参数。Breyer 等（2010）和 Enderlin 等（2011）认为，页岩可压裂性与材料的脆性和韧性有关，可以通过杨氏模量和泊松比来表征，除此之外，还可以使用无侧限抗压强度和内摩擦角来反映。国外学者通过页岩的脆性矿物含量或岩石力学参数来表征可压裂性，为可压裂性的定量评价提供了思路，但研究结果仅仅反映了页岩在矿物组成或岩石力学单一因素方面的特征，难以全面反映页岩在水力压裂过程中的综合特征。可压裂性是页岩地质、储层特征的综合反映，其主要影响因素包括沉积构造、地层性质、矿物成分与分布、天然弱面（天然裂缝、沉积层理、解理、断层）的发育及产状等（Mullen，2012）。

　　岩石被压裂时，裂缝在地层中总朝着最大应力的方向延伸，对于页岩地层来说，人们希望压裂时储层中能产生较多的裂缝，并能形成缝网，这样可以得到较好的改造效果，因为缝网能最大限度地沟通地层中的天然裂缝和孔隙。然而，如果地层中最大水平应力和最小水平应力的差值过大，地层中的水力裂缝就会沿着同一方向延伸，缝网就难以形成。一般应用水平应力差异系数来评价缝网的产状，计算公式如下：

$$水平应力差异系数 = \frac{\sigma_{水平最大主应力} - \sigma_{水平最小主应力}}{\sigma_{水平最大主应力}} \qquad (4-13)$$

水平应力差异系数的评价标准为：水平应力通常在0～0.3，能够形成充分的裂缝网络；0.3～0.5时，在高的净压力时能够形成较为充分的裂缝网络；大于0.5时，难以形成裂缝网络(图4-5)。

焦页1井7个样品的地应力大小测试结果显示(图4-6)，水平地应力差异系数在0.06～0.14，相对较小，能够形成充分的裂缝网络，这反映出焦石坝地区地应力场特征适合水力压裂形成复杂的缝网。另外，根据焦页1井实验测试结果，水平主应力大于垂向应力，地层易形成垂直缝。以上特征表明，焦石坝地区五峰组-龙马溪组一段储层形成复杂裂缝的可能性较大。

另外，地应力大小也是影响页岩可压裂性的重要因素，地应力越小可压性越好；反之越差。丁页2井龙马溪组页岩埋深大，上覆岩层压力大，其三个方向的地应力是

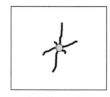 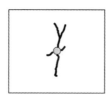 

应力差异系数=0　　应力差异系数=0.13　　应力差异系数=0.25　　应力差异系数=0.5

图4-5
水平应力
差异系统
与裂缝形
态关系

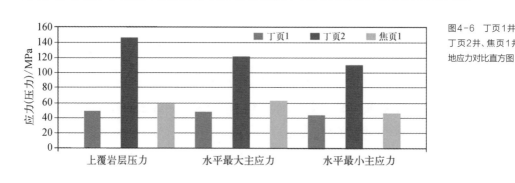

图4-6 丁页1井、丁页2井、焦页1井地应力对比直方图

丁页1井和焦页1井的2倍多,且顶2井的垂向应力大于水平最大主应力(表4-2),因而可压裂难度更大,容易形成水平裂缝。

4.2.5　脆性与可压裂性

岩石的脆性是指岩石在外力作用下直至破碎而无明显形状改变的性质,是反映岩石破碎前不可逆形变中没有明显吸收机械能量,即没有明显的塑性变形的特征(Beugelsdijk等,2000)。页岩的脆性能够显著影响井壁的稳定性,是评价储层力学特征的关键指标,对压裂的效果影响更为显著。岩石的脆性是页岩缝网压裂所考虑的重要岩石力学特征参数之一,页岩的脆性越高,储层形成复杂裂缝网络的概率越大,天然气的产能就越大。塑性页岩泥质含量较高,压裂时容易产生塑性变形,进而形成简单的裂缝网络;脆性页岩中石英等脆性矿物含量较高,压裂时容易形成复杂的裂缝网络。因此,页岩脆性越高,压裂形成的裂缝网络越复杂,可压裂性就越好。脆性特征同时也决定了页岩压裂设计中压裂液体系与支撑剂用量的选择。根据北美页岩压裂实践经验,Rick Richman等(2008)给出了岩石脆性与压裂裂缝形态的关系,同时建议压裂设计中根据岩石脆性优选压裂液体系和支撑剂(图4-7)。

图4-7
岩石力学
脆性与压
裂体系选
择关系

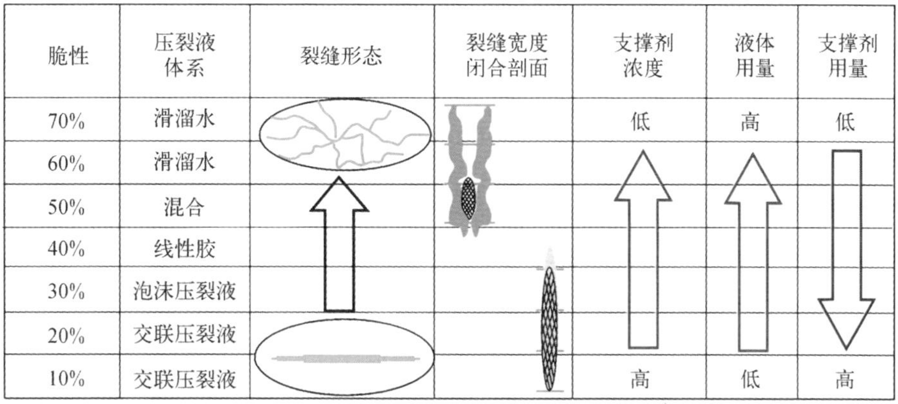

脆性	压裂液体系	裂缝形态	裂缝宽度闭合剖面	支撑剂浓度	液体用量	支撑剂用量
70%	滑溜水			低	高	低
60%	滑溜水					
50%	混合					
40%	线性胶					
30%	泡沫压裂液					
20%	交联压裂液					
10%	交联压裂液			高	低	高

4.2.6　　　　岩石力学与可压裂性

目前岩石力学已广泛应用于石油工程的许多领域,是油气藏工程、油气勘探、钻井、完井等方案设计不可缺少的基础数据,在开发井网部署、钻井过程井壁稳定性分析及水力压裂等方面起着非常重要的作用。

页岩储层一般具有岩性致密、少量微裂缝和层理发育等特征,不同类型的页岩,脆性矿物和塑性矿物含量不同。页岩的力学性质与一般的致密砂岩、碳酸盐岩相比具有一定的特殊性,一般具有较高的三轴抗压强度及弹性模量,属中硬地层。

岩石力学参数包括岩石的弹性模量和岩石强度,是地应力计算、井眼稳定性分析和压裂模拟的基础。杨氏模量反映了页岩被压裂后保持裂缝的能力,泊松比反映了页岩在压力下破裂的能力。页岩杨氏模量越高,泊松比越低,脆性越强,压裂越容易产生裂缝,改造效果越好。一般认为,平均杨氏模量 > 24 GPa,平均泊松比 < 0.25,页岩易于压裂。页岩杨氏模量一般为10~80 GPa,泊松比一般为0.20~0.40。Julia等(2007)、Rijken等(2001)综合分析,美国Barnett页岩T.P.Sims井杨氏模量为33.0 GPa,泊松比为0.2~0.3,美国其他含气页岩杨氏模量为4.5~65.0 GPa,泊松比为0.1~0.48;重庆涪陵焦石坝页岩气田的焦页1井五峰组-龙马溪组一段岩石力学特性参数测试结果显示,页岩总体显示出较高的杨氏模量以及较低泊松比的特征,其中杨氏模量为25~49 GPa,泊松比为0.192~0.245,总体显示页岩具有较好的脆性(郭彤楼,2013)。四川盆地东南部的丁页1井、丁页2井杨氏模量、泊松比基本相当,平均杨氏模量 > 24 GPa,平均泊松比 < 0.25,因此,焦页1井的压裂效果优于丁页1井、丁页2井,页岩气日产量(20.3 × 10⁴ m³/d)高于丁页1井(10.5 × 10⁴ m³/d)和丁页2井(图4-8)。

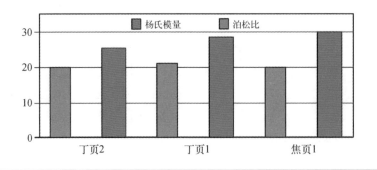

图4-8　焦页1井、丁页1井、丁页2井五峰组-龙马溪组一段平均杨氏模量、泊松比对比

第 5 章

页岩储层综合评价方法

作为非常规油气资源赋存的页岩储层相对于常规油气储层具有特殊性,体现在富含有机质、富含黏土矿物、细小的矿物粒度、极低的孔隙度和渗透率、纳米级孔喉结构、较大的矿物表面积、复杂的成岩改造、大比例的天然气吸附赋存等方面(于炳松,2012)。目前国内外对页岩气储层评价方法尚无统一标准,多借鉴煤层气和常规油气储层的评价方法。

5.1　　　评价方法

页岩气是一种自生自储的典型的非常规天然气。自生自储的特性不仅要求页岩载体含有丰富的有机质确保生成油气的物源基础,同时页岩作为储层也必须具备良好的储集条件。页岩气主要以吸附态和游离态两种形式存在于页岩储层中,与常规储层气相比,页岩储层具有源储一体、渗透率极低和封闭性强的特点,一般无自然产能或者低产。为了实现页岩气的工业开发,必须进行储层压裂增产改造,使人工诱导裂缝与天然裂缝和孔隙连接形成裂缝网络,增加渗流面积及储层渗透率。

对于页岩储层,评价时既要评价其储集性能,又要评价脆性条件,双因素法是一种相对简单可靠的评价方法。储集性能的评价包括页岩储层厚度、孔渗特征、孔隙度、渗透率、比表面积等,可以通过对页岩进行基本物性分析,通过相关岩心实验、测井数据和压力测试(微压裂测试)等方法来获得页岩储层物性参数并进行评价(董丙响、程远方等,2013)。就孔隙结构表征而言,有显微观察法、射线探测法、气体吸附法及流体贯入法等实验方法(陈尚斌、夏筱红等,2013),通过扫描电镜、核磁共振等手段来呈现页岩的微观形貌,从而评价页岩的孔隙结构及孔隙度。在纳米级孔隙渗透率方面可以采用非稳定态的压力脉冲和瞬态脉冲法来测量(胡昌蓬、徐大喜,2012);脆性条件的评价包括页岩储层的岩石矿物组成、矿物类型、顶底板条件、岩石结构和夹层、岩石力学条件等,可以通过X射线衍射法、电镜扫描法、测井法等实验手段获取。测井也是一种间接的研究手段,通过实测分析数据标定后的测井数据,可以得到岩性识别、气层解释、裂缝、岩性的定性与定量识别、孔隙度、储层渗透率、泥岩的组分、流体及储层的敏感性,并分析测试TOC值和脆性等(张卫东、郭敏等,2011)。目前大部分实验室仍然使用美国天然气研究协会(GRI)提出的致密岩心分析方法来测量孔隙度、颗粒密度、含水饱和度和渗透率(张晓玲、肖立志等,2013)。

5.2   评价参数

5.2.1   有机地球化学条件

1. 页岩厚度

具有一定厚度的富有机质页岩层既有利于烃类的生成和储存,也有利于生成烃类的自我封存,从而对于大规模连续成藏更为有利。国内外页岩气储层评价时,页岩发育的厚度是重要的评价参数,但目前并没有关于页岩厚度下限的明确定论。

美国五大盆地开采区净厚度从几十米到数百米不等,Fort Worth 盆地的 Barnett 页岩30 m的厚度就能够生产商业性气流,而密歇根盆地的Antrim 页岩因为TOC 含量远高于Barnett 页岩,其储层厚度10 m 即可达到生产下限。

中国发育多套页岩层系,但并不是厚层页岩就具备页岩气储集条件,也不是全套页岩都具备储集条件。目前就页岩气资源勘探开发条件来看,无论是下志留统龙马溪组页岩,还是下寒武统牛蹄塘组页岩,获得页岩气开发成功的页岩储层往往位于厚层页岩之中的小部分"甜点"层段。如焦石坝地区焦页1井钻遇245 m黑色页岩,但通过三年来的深入评价发现,其中含气页岩厚度为88 m,富含气页岩(甜点段)厚度只有38 m。

从油气生排烃模拟实验结果来看(图5-1),页岩气纵向上,向上排烃的厚度为7.6～21 m,向下排烃的厚度为6～14 m(陈安定等,2005)。该实验结果说明,页岩气作为大规模滞留在页岩储层中的天然气,在没有发生逸散或保存条件极好的情况下,厚度至少要在13～28 m。考虑到中国地质条件的复杂性,页岩沉积在生烃和储存过程中经历多期复杂构造运动,认为页岩发育的厚度越大越好,至少要在30 m以上。

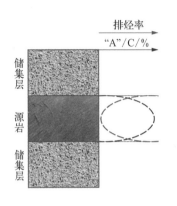
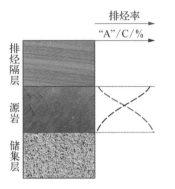

图5-1 页岩储层中的微孔排烃模式图［根据陈安定等（2010）修改］

2. 有机质类型

页岩中的有机质类型不但决定生烃量大小和油气比,而且影响有机质孔隙的发育和页岩储集性能。通常情况下,Ⅰ、Ⅱ$_1$型干酪根生烃能力强,可形成大量有机质孔隙。Ⅲ、Ⅱ$_2$型干酪根生气能力相对较强,生成有机孔隙的能力相对较差。

3. 有机质含量

由于页岩储层具有"自生自储"的特点,统计数据表明,页岩含气量与TOC含量之间呈正相关关系。TOC含量越高,在一定热演化条件下,页岩生烃能力越强,含气性越好。有机碳的含量会影响页岩储层厚度的评价,有机碳含量越高,储层厚度的下限越低;有机碳含量越低,储层厚度的下限越高。从国内外页岩气勘探经验来看,TOC含量大于0.5%基本具备页岩气生成条件,TOC含量大于2%的层段可以成为页岩气的"甜点"层段。

4. 热演化程度

一般认为,页岩有机质中大量生成的有机质孔隙是页岩气富集的重要场所。有机质孔隙的发育程度除与有机质类型和有机碳含量的高低有关之外,还受有机质在热演化过程中的阶段影响。随着热演化程度的增大,有机质消耗,形成微孔,烃类生成,气态烃储集到微孔中,支撑并进一步扩大微孔。R_o在成熟阶段,有机质孔隙最为发育,R_o大于3.5%之后,由于深埋压实作用或成岩作用,孔隙逐渐减少并呈现定向排列,从而不利于页岩气的储集。

5.2.2　　　储集性能

（1）孔隙度

页岩储层是典型的超低孔超低渗储层,其孔隙结构与常规储层差异极大,孔隙度和渗透率数值比常规低渗储层还要低几个数量级,而页岩孔隙性的好坏关系到储层的含气量,直接决定了储存油气的能力,良好的储层条件是页岩气实现富集高产的重要条件。

美国八套主力页岩气产层的孔渗条件显示,富有机质页岩的孔隙度一般大于4.0%；我国南方地区下寒武统筇竹寺组富有机质页岩的有效孔隙度一般为1.2%～6.0%,平均为4.0%；南方地区下志留统龙马溪组富有机质页岩的有效孔隙度一般为1.1%～7.9%,平均为4.4%（王社教、杨涛等,2012）。

（2）渗透率

渗透率是表征气体运移的能力,同样也是页岩储层评价至关重要的参数。含气页岩渗透率极低,介于$(0.000\ 01\sim0.001)\times10^{-3}\ \mu m^2$。美国主要产气页岩的渗透率一般小于$0.1\times10^{-3}\ \mu m^2$,平均喉道半径不足0.005 mm。于炳松等（2012）认为,上扬子地区下寒武统筇竹寺组富有机质页岩的渗透率介于$(0.001\ 8\sim0.056)\times10^{-3}\ \mu m^2$,平均为$0.010\ 2\times10^{-3}\ \mu m^2$；下志留统龙马溪组富有机质页岩的渗透率主要分布在$(0.001\ 3\sim0.058)\times10^{-3}\ \mu m^2$,平均为$0.010\ 2\times10^{-3}\ \mu m^2$。

（3）比表面积

比表面积是表征岩石内部表面大小的值,比表面积越大,其内部的表面积越大。比表面积的大小与岩石组分构成、孔隙结构及其连通性均有密切关系。泥页岩由于粒度细孔喉小,从而导致其相对于固相岩石中的大孔隙具有更大的内表面积。泥页岩中黏土矿物含量较高,而黏土矿物由于粒度细小从而具有较大的比表面积,尤其是蒙皂石矿物其外表面积类似于其他黏土矿物和细粒矿物,但是其特殊的2 : 1型层状结构层内的表面积可比外表面积高1～2个数量级。高岭石的比表面积通常小于$10\ m^2/g$,而蒙皂石的比表面积可高达$900\ m^2/g$。因此,若沉积物中含有中等含量的蒙皂石,总的矿物比表面积中蒙皂石的表面积将是主要贡献者（于炳松,2013）。

（4）裂缝发育条件

裂缝主要包括成岩裂缝、构造裂缝和构造－成岩裂缝,它是页岩储层主要的储集空间之一。页岩储集性能评价过程中不能忽略裂缝带来的影响,所以预测裂缝在横向和纵向上的分布规律就显得尤为重要。构造裂缝是构造应力作用于岩石之上、使岩石超过其弹性限度后发生破裂而形成的,往往成组分布,同一组系的裂缝一般方向一致。对裂缝储集性能的评价首先要分析纵向上物性的分布规律,采用孔隙类型、孔隙度和渗透率数据,结合岩心、地震、测井等资料,预测裂缝在纵向上的分布特征,综合评价潜在的有利泥页岩储层。其次,分析横向上物性的分布规律,主要是在层序地层的格架内,结合沉积和构造特征,利用岩心、地震、测井等资料分析孔隙度、渗透率和裂缝体系在横向上的变化规律。最后分析平面上物性的分布规律,主要以体系域或准层序组为单元,同样也是运用岩心、测井等资料计算孔隙度和渗透率,结合平面上的裂缝发育特征,制作有利的泥页岩储集空间平面分布图,从而全面评价页岩储集性能(董大忠、程克明等,2009;胡昌蓬、徐大喜,2012)。

5.2.3 　　含气性

(1)页岩气显示　　页岩气显示是页岩含气性最直接的表现,主要通过气测全烃和甲烷等异常检测出来。由于页岩自生自储的特性,在有机质向烃类转化的过程中,滞留在页岩内部的烃类,在钻井过程中页岩发生破碎,由于受到压力降低作用的影响,会由孔隙、裂缝等通道向外释放,由此可以检测到页岩气。一般情况下,页岩气显示越丰富,则表明页岩的含气性越好。但是页岩含气性好,其气测显示却不一定明显,这主要是由于页岩极低的孔隙度和渗透率等物性条件决定的,另外地层压力系数和泥浆密度等对气测显示也有明显影响。

(2)等温吸附能力　　等温吸附代表了页岩对页岩气的吸附能力。等温吸附能力越强,即表示页岩中容纳甲烷分子的能力越强,进而表明页岩的储集性能越强。从实验数据来看,等温吸附能力和页岩的TOC含量、热演化程度和黏土矿物含量与类型等有明显关系。TOC含量越高,等温吸附能力越强;热演化程度过高(一般大于3.5%),等温吸附能力变差;黏土矿物含量越高,蒙皂石比例越高,等温吸附能力越强。

（3）含气量 含气量是页岩含气性最直接的指标。其获取方法有两种,一是现场岩心通过解析法获取,二是可以通过页岩测井评价模块进行计算。现场解析含气量的高低,一方面可以表示页岩含气性能的好与坏,此外还能通过解析曲线的斜率和速率来评价孔隙压力值、页岩气含量丰度的大小。斜率越高,含气性越好,孔隙压力值越大。但是现场解析气由于取心过程存在暴露的可能,对割心过程、提心过程中损失的含气量无法精确计量,只能通过解析曲线进行回归。此外,提心过程中的损失气大小可以看作是页岩气显示的一部分。页岩的总含气量包括解析气量、损失气量和残余气量。

5.2.4　可压裂性

页岩储层是低孔-超低渗致密储层,为实现经济开发必须进行压裂增产作业,而储层的可压裂性评价对于优选压裂井段、预测经济效益具有重要意义。此外,页岩气中很大一部分产量是来自游离气的贡献,除了页岩基质孔隙外,成岩作用和构造运动中产生的裂缝也是游离气的主要存储空间。页岩的脆性不但影响天然裂缝的发育,还能决定压裂改造的效果。而决定页岩脆性的因素包括其岩石矿物组成和力学性质,具体介绍如下。

（1）矿物组成 一般认为,脆性较大的岩石更容易被压裂。如Barnett页岩气能获得较高产量的重要原因之一就是因为该页岩脆性较大而容易被压裂从而提高了本身的渗透率。与脆性直接相关的就是岩石脆性矿物的含量。一般石英、黄铁矿、钾长石等矿物含量较高,页岩的脆性越强,可压裂性就越好。黏土矿物、云母等矿物含量越高,页岩的塑性就越强,可压裂性就越差。

页岩矿物由石英、长石等脆性矿物和伊利石、蒙皂石等黏土矿物组成,对页岩气藏物性有两方面的作用。一是高脆性矿物含量容易产生天然裂缝和应力诱导裂缝,后期人工压裂时,高脆性矿物含量更易造成裂缝的形成和延伸,且石英作为支撑物易维持渗流通道;二是黏土矿物是页岩中除有机质外另一吸附气体的储集和赋存场所,在其他条件相近的情况下,吸附气量随黏土矿物含量增加而增加,但是黏土矿物颗粒易堵塞渗流通道,且不利于后期储层改造。通常,脆性较好的页岩储层中石英等脆性矿物含量大于40%,黏土矿物含量小于30%。

(2)杨氏模量　杨氏模量是表征物质抵抗弹性变形能力大小的一个物理量,是"杨氏模量""剪切模量"及"体积模量"的总称,即反映岩石的刚性大小。杨氏模量的值越大,使材料发生一定弹性变形的应力也就越大,即材料刚度越大,亦即在一定应力作用下,发生弹性变形越小。页岩的弹性模量越大,说明页岩越不容易发生形变。在页岩水力压裂过程中,杨氏模量反映岩石破裂后保持裂缝的能力。

(3)泊松比　泊松比是岩石横向应变与纵向应变的比值,也叫横向变形系数,它是反映岩石横向变形的弹性常数。泊松比的大小反映了岩石弹性变形的大小。

不同的杨氏模量和泊松比组合表示岩石具有不同的脆性,杨氏模量越大,泊松比越低,页岩脆性越高(图5-2)。因此水力压裂应选择高杨氏模量、低泊松比、富含有机质的脆性页岩。四川盆地东北地区钻井声波测井显示,侏罗系大安寨段泥页岩泊松比平均为0.317 5,杨氏模量平均为29.25 GPa;而大安寨段顶、底部纯灰岩泊松比平均为0.328 3,杨氏模量平均为70 GPa,远远大于泥页岩杨氏模量值,因此其顶、底段纯灰岩适合作为页岩油气的顶底板。泥页岩杨氏模量值普遍小于30 GPa,易于压裂(表5-1)。

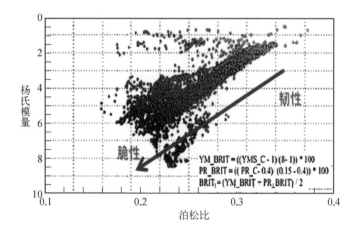

图5-2　杨氏模量与泊松比交汇图(Rickman、Mullen等,2008)

表5-1 涪陵地区测井解释岩石泊松比、杨氏模量数据

井 号	福石1井		兴隆101井		兴隆1井		兴隆3井	
层段/力学参数	泊松比	杨氏模量/GPa	泊松比	杨氏模量/GPa	泊松比	杨氏模量/GPa	泊松比	杨氏模量/GPa
大安寨顶部灰岩	0.29~0.36 (0.33)	64~75 (70)	0.28~0.35 (0.32)	67~78 (74)	0.31~0.37 (0.33)	65~81 (71)		
大安寨泥页岩	0.21~0.34 (0.29)	22~46 (33)	0.28~0.37 (0.34)	21~44 (28)	0.29~0.38 (0.34)	18~43 (25)	0.19~0.38 (0.30)	18~51 (31)
大安寨底部灰岩	0.27~0.35 (0.32)	52~76 (66)	0.31~0.37 (0.33)	55~77 (71)	0.31~0.37 (0.34)	51~74 (68)		

5.3　综合评价分类

　　鉴于页岩生储一体、超低孔超低渗、多种储集空间类型和多种赋存方式的特点，以及压裂改造的需要，选取页岩生烃条件、储集条件、含气量和可压裂性等四方面的评价参数进行综合评价。基于页岩岩石矿物学特征，突出不同类型页岩的生烃（气）条件、储集条件、可压裂条件，建议利用双因素法进行定量评价，从而考虑页岩层的物性特征、储集空间特征、储层含气性、储层岩石组成特征与空间分布、储层岩石力学性质和储层含气性等。

　　根据中国页岩的地质条件，结合北美地区页岩气评价方法，针对页岩储集性能和可压裂性，页岩储层划分为Ⅰ类储层、Ⅱ类储层和Ⅲ类储层（表5-2），其中页岩作为储层的厚度下限为30 m，R_o > 1.1，脆性矿物（石英、方解石）含量 > 40%，黏土矿物含量 < 20%，膨胀性强黏土矿物含量低，渗透率 > 10^{-7} μm^2，含水饱和度 < 40%或更低，Ⅰ、Ⅱ类储层的有机碳含量需 > 2%，Ⅲ类储层的有机碳含量 > 1%。孔隙度方面，Ⅰ类储层需 > 4%，Ⅱ类储层为2%～4%，Ⅲ类储层为1%～2%。泊松比方面，Ⅰ类储层需 < 0.1，Ⅱ类储层为0.1～0.2，Ⅲ类储层为0.2～0.25。杨氏模量方面，Ⅰ类储层 > 40 GPa，Ⅱ类储层为30～40 GPa，Ⅲ类储层为20～30 GPa。

表5-2
页岩储层
评价分类

评价参数			综合评价分类		
			I 类	II 类	III 类
生烃条件	厚度	连续页岩厚度/m	> 60	30~60	< 30
		TOC平均含量大于0.5的页岩厚度/m	> 30	10~30	< 10
	有机质含量TOC/%		> 3%	> 2%	> 1%
	有机质热演化程度R_o/%		$2.0 < R_o < 3.5$	1.3~2.0	$1.1 < R_o < 1.3$
储集条件	物性	孔隙度/%	> 4%	2%~4%	1%~2%
		渗透率×10^6/μm²	> 10	0.1~10	0.001~0.1
		含水饱和度	不含水或含水率低		含水或含水性未知
	储集类型	空间类型	有机质孔为主	有机质孔占比高,发育裂缝	裂缝、颗粒矿物孔和粘土矿物孔为主
		孔隙结构	以中-大孔为主,孔隙连通性好	中孔为主,有一定连通性	微孔为主,少含大孔
	吸附性	等温吸附气量/(m³/t)	> 2	1~2	< 1
含气性	气测显示	最高值/基值	> 10	5~10	2~5
		全烃异常值/%	> 10	5~10	1~5
		浸水实验	沸腾状	连续线装气泡	断续气泡
		总含气量/(m³/t)	> 4	2~4	1~2
		甲烷含量/%	> 95	75~95	50~75
可压裂性	矿物组成	石英+长石+黄铁矿/%	> 55	40~55	< 40
		黏土矿物含量/%	< 20	< 25	< 35
		黏土矿物组成	伊利石为主,或膨胀性黏土矿物较少	伊利石和蒙皂石	蒙皂石等膨胀性黏土为主
	岩石力学	泊松比	< 0.1	0.1~0.2	0.2~0.25
		杨氏模量/GPa	> 40	30~40	20~30
		同等应力条件下的破裂压力/MPa	低(20~30)	较低(30~40)	较高(40~55)
	顶底板条件	岩性	致密、抗压强度大、岩石物理性质相异性强,如致密砂岩、灰岩等	致密、抗压强度较大的岩层	黏土类岩层为主,岩性与页岩相近
		力学性质差异	差异性极大	有较大差异	有差异
		顶底板岩石含水性	不含水	弱含水	可能含水或含水性未知

第 6 章

页岩实验测试技术

6.1　　　矿物岩石学分析技术

6.1.1　　　偏光显微镜

　　岩石薄片分析技术包括普通和铸体薄片两类,使用的仪器均为偏光显微镜,该方法是石油地质研究过程中最简捷、最基础也是应用最广泛的方法(图6-1)。

　　普通薄片分析技术是将岩石磨制成标准薄片,利用偏振光原理在偏光显微镜下观察岩石成分、结构、显微构造等特征。铸体薄片分析技术是将染色树脂或液态胶(国际通用为蓝色,我国多使用蓝色、红色,也有绿色及黄色)在真空下灌注到掩饰的孔隙空间中,在一定的温度和压力下使树脂或液态胶凝固,然后磨制成岩石薄片,进而在偏光显微镜下观察孔隙、喉道及其相互连通、配合的二维空间结构等。铸体薄片相比常规薄片的最大优点是其孔隙空间被染色的树脂或液态胶所灌注,能够方便直接地观察孔隙空间,避免人工诱导孔隙和裂缝;目前已发现其缺点是,经过洗油和灌注,粒间一些细小松散的黏土杂基可能失去,从而影响了对部分孔隙喉道的认识和测试,此时应结合普通岩石薄片分析结果,综合分析填隙物和孔隙。通过在偏光显微镜下对岩石薄片的观察统计,能够获得岩石结构构造(主要粒径范围、颗粒分选磨圆、

图6-1　偏光显微镜(a)及镜下黑色炭质泥页岩(b)(下寒武统牛蹄塘组)照片

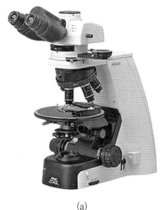

(a)　　　　　　　　　　　　　　　　(b)

岩石胶结类型等基础信息）、粒间填隙物类型、孔隙类型、相对含量、孔隙发育程度以及岩石定名等。

铸体图像分析根据体视学理论，三维空间内特征点的特征可以用二维截面内特征点的特征值来表征，用图像分析方法对二维图像进行扫描，并对特征点的像素群进行检测和编辑处理，从而得到孔的二维图像分形分布特征；还可以获得平均孔隙直径、面孔率、孔隙分选系数、均质系数、平均比表面积、形状因子、平均喉道宽度、孔喉比、配位数、裂缝宽度、密度及裂隙率等。

样品要求：薄片主要由载玻片、盖玻片及岩石样品组成，要求岩石样品标准厚度为0.03 mm，超薄片厚度要求小于0.02 mm，黏合剂一般采用环氧树脂，折射率$n=1.54$。

6.1.2　　　　X射线衍射仪

X射线衍射分析是利用衍射原理，精确测定物质的晶体结构、织构及应力，精确地进行物相分析、定性分析和定量分析。

X射线的波长和晶体内部原子面之间的距离相近，晶体可以作为X射线的空间衍射光栅，即一束X射线照射到物体上时，受到物体中原子的散射，每个原子都产生散射波，这些波互相干涉，从而产生了衍射现象。衍射波叠加的结果使射线的强度在某些方向上加强，而在其他方向上减弱。分析衍射结果即可获得晶体结构。对于晶体材料，当待测晶体与入射束呈不同角度时，那些满足布拉格衍射的晶面就会被检测出来，体现在XRD图谱上就是具有不同的衍射强度的衍射峰。对于非晶体材料，由于其结构不存在晶体结构中原子排列的长程有序，只是在几个原子范围内存在着短程有序，因此非晶体材料的XRD图谱为一些漫散射馒头峰。

X射线衍射仪的形式多种多样，用途各异，但其基本构成很相似，主要部件包括四部分。一是高稳定度的X射线源：提供测量所需的X射线，改变X射线管阳极靶材质可改变X射线的波长，调节阳极电压可控制X射线源的强度；二是样品及样品位置取向的调整机构系统：样品须是单晶、粉末、多晶或微晶的固体块；三是射线检

图6-2　便携式X
射线衍射仪

测器：检测衍射强度或同时检测衍射方向，通过仪器测量记录系统或计算机处理系统可以得到多晶衍射图谱数据；四是衍射图的处理分析系统：现代X射线衍射仪都附带安装有专用衍射图处理分析软件的计算机系统，它们的特点是自动化和智能化。便携式XRD衍射仪（图6-2）无须专业制样，测试时间短，5～10 min即可完成一个样品测试。

6.1.3　电子探针

电子探针（Electron Microprobe）是一种用来分析岩石薄片中矿物化学组成的仪器，全名为电子探针X射线显微分析仪，又名微区X射线谱分析仪。该仪器通过将高度聚焦的电子束聚焦在矿物上，激发矿物所包含元素的特征X射线。同时用分光器或检波器测定X射线的波长，将检测到的强度与标准样品进行对比，或根据不同强度校正直接计算出元素的含量。除了H、He、Li、Be等几个较轻元素和U元素以后的元素以外，都可以进行电子探针定性和定量分析（图6-3）。

电子探针应用于矿物鉴定研究的基本原理是，不同元素的特征X射线都具有各自确定的波长，通过探测分析不同类型的波长，可以确定该样品中所含有的元素，从而实现电子探针的定性分析。而将被测样品与标准样品中元素的衍射强度进行对

图6-3 电子探针仪

比,就能进行电子探针的定量分析。

从Castaing奠定电子探针分析技术的仪器、原理、实验和定量计算的基础以来,电子探针分析作为一种微束、微区分析技术在20世纪50—60年代蓬勃发展,至70年代中期已比较成熟。近年来,随着计算机、网络技术的迅猛发展,相关应用软件的开发与使用逐步加快,装备有高精度波谱仪的新一代电子探针仪具有了较强的数字化特征、人工智能和自动化的分析程序、网络功能以及高分辨率图像的采集、分析及处理能力。电子探针技术具有高空间分辨率(约$1~\mu m$)、简便快速、精度高、分析元素范围广($^4Be\sim^{92}U$)、不破坏样品等特点,从而使其很快在各研究领域得到广泛应用。在地质学研究中,电子探针可以应用于地质体年龄测定、矿物鉴定、系列矿物研究、固溶体分离矿物、矿物环带结构研究以及蚀变矿物晕研究等方面。

电子探针对试样制备的要求包括:(1)试样表面必须进行精细抛光,在100倍反光显微镜下观察时能比较容易找到$50~\mu m \times 50~\mu m$的无麻坑或擦痕的区域;(2)试样的大小应适于装入所用电子探针的样品座内,常用的光片尺寸小于$20~mm \times 20~mm \times 10~mm$,常用的光薄片尺寸为$26~mm \times 500~mm$;(3)试样表面应清洁,无磨料、尘埃等外来污染物质;(4)试样的导电性良好,不致影响分析结果,即试样吸收电流达到正常值。

6.1.4 　　　X射线能谱仪

能谱仪(Energy Dispersive Spectrometer, EDS)是用来对材料微区成分元素种类与含量进行的分析,一般配合扫描电子显微镜(Scanning Electron Microscope, SEM)与透射电子显微镜(Transmission Electron Microscope, TEM)使用(图6-4)。

图6-4　X射线能谱仪

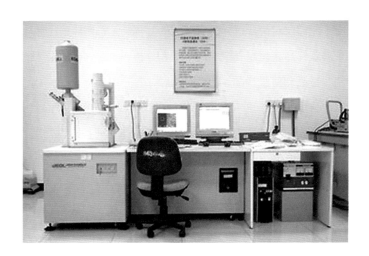

SEM-EDS在定性、定量分析时,是利用束径 < 1 μm的高能电子束,激发出试样微米范围的各种信息,进行成分、形貌等分析。SEM-EDS在应用过程中具有显微结构分析(微区)、元素分析范围广、定量分析准确度较高、不损坏试样、分析速度快、不平试样分析等特点。成分分析的空间分辨率是几个立方微米范围,因此,显微结构分析(微区)是能谱仪的重要特点之一,它能将微区化学成分与显微结构对应起来,是一种显微结构的原位分析。

能谱仪的工作方式是电子轰击待测样品产生X线,能谱仪接收并处理激发产生的X射线并加以处理,最终在输出设备上显示出相应元素的脉冲曲线。其原理是,不同元素具有特定的X射线特征波长,特征波长的大小取决于能级跃迁过程中释放出的特征能量,能谱仪就是利用不同元素X射线光子特征能量不同这一特点来进行成分分析的。在检测过程中,当X射线光子进入检测器后,在Si(Li)晶体内激发出一定数目的电子空穴对。产生一个空穴对的最低平均能量ε是一定的(在低温下平均为3.8 eV),而由一个X射线光子造成的空穴对的数目为$N=\Delta E/\varepsilon$,因此,入射X射线光子的能量越高,N就越大。利用加在晶体两端的偏压收集电子空穴对,经过前置放大器转换成电流脉冲,电流脉冲的高度取决于N的大小。电流脉冲经过主放大器转换成电压脉冲进入多道脉冲高度分析器,脉冲高度分析器按高度对脉冲分类进行计数,从而在输出设备上就能显示出脉冲数-脉冲高度的曲线。

射线光电子能谱仪对待分析样品有特殊的要求,通常情况下只能对固体样品进行分析。由于涉及样品在超高真空中的传递和分析,样品一般都需要经过一定的预处理。对于块状样品和薄膜样品,要求其长宽均小于10 mm,高度小于5 mm;对于粉体样品有两种制样方法,一种是用双面胶带直接将粉体固定在样品台上,另一种是将粉体样品压成薄片,然后再固定在样品台上;而对于含有挥发性物质的样品,在样品进入真空系统前必须清除掉挥发性物质。

6.1.5　　岩石微区矿物成分分析仪

岩石微区矿物成分分析仪(Quantitative Evaluation of Minerals by Scanning Electron Microscopy, QEMSCAN)是一种综合自动矿物岩石学检测方法的仪器,即扫描电镜矿物定量评价(图6-5)。这种检测方法能够应用于岩石、风化产物(风化层、土壤)及大部分人造材料的矿物定量。QEMSCAN 已于2009年成为FEI公司的注册商标。整套系统包括一台带样品室的扫描电镜、四部X射线能谱分析仪以及一套能够自动获取并分析处理数据的专用软件(iDiscover)。

QEMSCAN 能够通过沿预先设定的光栅扫描模式加速的高能电子束对样品表面进行扫描,并得出矿物集合体嵌布特征的彩图。该仪器能够发出X射线能谱并在每个测量点上提供元素含量的信息。通过背散射电子(Back-Scattered Electron, BSE)图像灰度与X射线的强度相结合能够得出元素的含量,并转化为矿物相。QEMSCAN 数据包括全套矿物学参数以及计算所得的化学分析结果。通过对样品

图6-5 QEMSCAN
岩石矿物分析仪

表面进行面扫描,几乎所有与矿物结构特征相关的参数都能通过计算获得:矿物颗粒形态、矿物嵌布特征、矿物解离度、元素赋存状态、孔隙度及基质密度等。在数据的处理方面包括将若干矿物相整合成矿物集合体、分解混合光谱(边界相处理)、图像过滤及颗粒分级等。定量分析结果能够对任意所选样品、独立颗粒及具有相近化学成分或是结构特征(粒级、岩石类型等)的颗粒生成。

QEMSCAN 通常应用在岩石、矿物分析中。样品的制备要求包括粒级、干燥的样品表面、表面导电涂层(如镀碳)。样品的测试条件必须是稳定的高真空度环境下,需要15~25 kV的电子束。通常情况下,需要将待测岩屑、矿石、土壤制成30 mm的树脂浸渍块或光薄片。诸如大气粉尘之类非常微小的颗粒,须在碳带或滤纸上进行检测。煤炭的样品通常用加诺巴蜡(Carnauba Wax)处理,加诺巴蜡的作用是提供足够的参照,并使样品易从处理介质中分离。

6.1.6　便携式元素扫描仪

便携式元素扫描仪是利用仪器释放出高能X射线轰击样品,元素原子核外电子

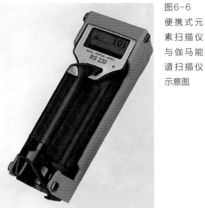

图6-6
便携式元
素扫描仪
与伽马能
谱扫描仪
示意图

地层			深度 /m	岩性	Si/% 0~100	Al/% 0~40	Ca/% 0~30	Mg/% 0~10	K/% 0~5	Th×10⁶/% 0~30	U×10⁶/% 0~40	TOC/% 0~10
系	统	组										
寒武系	下统	牛蹄塘组	2 700 2 710 2 720									

图6-7
慈页1井
（2 695～
2 726 m
井段）岩心
元素扫描
及伽马能
谱扫描柱
状图

释放出电子空位,此时高能态电子会跃迁到低能态来填补电子空位,同时释放出特征X射线并被仪器接受识别。根据物质元素的指纹效应,特征X射线是某一种元素固有的,它与元素的原子序数Z有关。因此,可通过分析特征X射线的能量和波长判断某种元素的质量分数。

便携式元素扫描仪具有便携、可直接测试、对样品制备要求非常少、快速、无破坏性、可同时测量多种元素(包括常用的常量元素和微量元素)、连续测试、准确度高等优点(图6-6)。应用便携式元素扫描仪可直接对岩心、岩屑、露头等岩石样品进行测试分析,从而获得岩石多种元素的质量分数,元素主要包括Mg、Al、Si、P、S、Cl、Ar、K、Ca、Sc、Ti、V、Cr、Mn、Fe、Co、Ni、Cu、Zn、As、Se、Rb、Sr、Zr、Mo、Ag、Cd、Ba等(图6-7)。

6.1.7　　便携式伽马仪

便携式伽马能谱测量主要是指在地面用伽马能谱仪测量土壤和岩石中的天然放射性元素铀、钍、钾的放射性强度并以此计算出其含量。由于铀、钍的衰变核素和钾的放射性同位素核素其放射出的伽马射线有不同的特征能谱,能用伽马能谱仪分辨出并探测到,因而可以实现土壤和岩石的现场伽马能谱测量(图6-6)。

伽马能谱仪主要可应用于勘查铀、钍矿及钾盐矿等放射性矿产,还可用于岩性分类与地质填图、勘查水资源以及工程地质中确定裂隙、断层,此外还可以寻找非放射性矿产、放射性环境评价及勘查油气藏等方面。

6.1.8　　阴极发光显微镜

阴极发光(Cathodo Luminescence, CL)显微镜技术是在普通显微镜技术基础上发展起来用于研究岩石矿物组分特征的一种快速简便的分析手段(图6-8)。该方法在快速准确判别石英碎屑的成因和方解石胶结物的生长组构、鉴定自生长石和自生石英以及描述胶结过程等方面得到了广泛的应用。通过对砂岩的阴极射线致发光

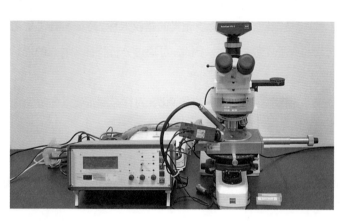

图6-8　阴极发光显微镜

的观察和研究,可以深入了解砂岩的原始孔隙度和渗透率,并获得一系列有关蚀源区地质体的组成、产状、成因等信息。

　　阴极发光是阴极射线致发光现象的全称,即由阴极射线激发而使矿物发光。自然界中已发现具有阴极射线致发光的矿物200多种,其中常见矿物有锡石、蜡石、萤石、白钨矿、方解石、尖晶石、独居石、磷灰石、长石、石英、辉石、橄榄石、云母等。普通的光学显微镜和扫描电镜技术对辨别不同形态的颗粒边界及某些情况下辨别颗粒和胶结物都无法满足,只有阴极发光能揭示出胶合的石英颗粒的碎屑形状,可观察到次生加大胶结、多期胶结、破裂愈合胶结、压溶嵌合式胶结等现象,对石英的次生加大级别的强弱、石英溶蚀程度的强弱也极易作出判断。碳酸盐类矿物方解石和白云石特别适合用阴极发光来研究,因为这一类矿物都能发光。由于碳酸盐矿物是砂岩中最常见的孔隙充填胶结物,一般会含有多个阶段的矿物生长世代,而且容易发生重结晶作用和蚀变作用。阴极发光相比其他技术能更快,而且通常能更成功地鉴定出成岩成矿作用事件的序列,具有不同的阴极发光颜色环带的方解石胶结物可以被用来指示成岩孔隙水物理化学条件随时间的变化,能帮助推断出成岩过程中矿物的替代。此外,阴极发光能够"看穿"重结晶作用前的原岩结构,它是测定碳酸盐的蚀变历史和成矿序列的唯一切实可行的方法。

　　阴极发光辅助EDS能谱分析系统是一种基于冷阴极的阴极发光仪器,像

RELIOTRON CL仪器,能作为EDS分析应用的基础设备。在冷阴极系统中,可以观测很多典型的材料,例如金属、矿物、玻璃、陶瓷和一些塑料等都可进行研究。冷阴极放电是在离子、电子、放射和辐射的一种复杂环境中。在这种环境中,样本不会形成静电,因此,不需要在其表面涂上一层导电物质。另一优势在于,对大多数无机样品(陶、玻璃、矿物)来说,能同时观察它们的阴极发光特性。与其他EDS电子束系统相比,在RELIOTRON中的电流更大,因而分析时间相对更少。阴极发光基本的分析功能与其他EDS系统同样使用。

6.1.9　　岩石硬度刻蚀仪

　　岩石硬度是指岩石抵抗其他物体表面压入或侵入的能力。岩石及矿物硬度的测定与表示方法有很多种。一般石油钻井中常用到的岩石压入硬度,是根据苏联学者提出的史氏硬度发展而来的。目前常用的岩石硬度刻蚀仪就是根据苏联学者史立涅尔提出的压头静压法原理设计研制的。其结构如图6-9所示,通过手摇泵将液压传

图6-9　岩石硬度刻蚀仪

给液缸,推动液压缸的活塞上升,使液缸活塞上的岩样与装在仪器台架下的压模和位移传感器同时接触,随着手摇泵加压,压模将逐渐压入岩样。岩样压入的深度由位移传感器测出,压力载荷由载荷传感器测出,测出的信号传给无纸记录仪,无纸记录仪便自动记录下岩石的载荷和压入深度的数据。再将无纸记录仪中存储的数据导入计算机中进行数据处理,从而得出岩石的硬度。

岩石硬度刻蚀仪的具体应用是:首先按试验步骤完成一个点岩石硬度试验,然后将无纸记录仪中存储的载荷、压入深度(位移)数据取出导入计算机,利用计算机绘制压入深度及载荷数据曲线图。再根据所作出的曲线,由式:$P_y=p/S$ 计算出岩石硬度。式中,P_y 为岩石硬度;p 为所加最大载荷,kg;S 为压模面积,mm^2。由式 $K=A_F/A_E$ 计算岩石塑性系数。式中,K 为岩石塑性系数,A_F 为破碎前的总功;A_E 为弹性变形功。需要说明的是,在实际的研究工作中,一般要在同一个岩样上多选几个点进行硬度试验,将试验所得各点的 P_y 值及 K 值进行平均得出该岩样准确的岩石硬度及塑性系数。

6.2 储集性能分析技术

6.2.1 纳米CT

三维立体成像显微镜是美国Xradia公司独家开发和生产的,目前世界上还没有同类产品,它是目前世界上唯一可以对页岩微孔隙进行三维成像的技术。作为页岩气实验室的标志性设备,三维立体成像显微镜通过岩心中微孔隙的空间分布、各类矿物空间分布的成像,可以对孔隙度、渗透率、弹性模量等参数进行分析,这对页岩气藏的敏感性评价、渗透性、力学性质和成岩作用研究有着非常重要的意义。三维立体成像显微镜在页岩气研究过程中起着关键性的作用,是页岩气实验室的标志性设备,它所提供的实验数据是研究页岩气藏的基础资料,对页岩气藏的评价和开发有着重要意义。

　　纳米CT三维立体成像显微镜系统在原有设计的基础上引入了菲涅尔波带片，即一些细小（直径约为80 μm）的圆衍射光栅，通过反射聚焦X光，从而克服了传统的投影式X光显微系统应用的局限。正是菲涅尔波带片的应用，样本在空间位置上始终处于光源和检测器的中间，同时配合旋转轴，能够收集样本几乎所有层面的二维影像的数据，这样空间分辨率不再受到点光源大小的限制，从而实现真正的三维成像。所以，纳米CT系统的三维图像分辨率达到了60 nm以下。

　　纳米CT三维立体成像显微镜主要用于岩心中微孔隙的空间分布、连通性和渗透性分析，各类黏土矿物空间分布，混层黏土矿物混层比计算以及自生矿物的空间分布与分析。三维立体成像显微镜是页岩气储层评价和实施压裂工程的重要关键设备。该仪器的主要特点有：一是保持岩心样品原始状态的无损三维成像，并可对任意断层虚拟成像展示；二是独特的X光学成像系统（显微镜结构，不同于传统CT）；三是具有超高三维空间分辨率（500 nm），是目前世界上唯一可以对页岩微孔隙进行三维成像的技术，可表征油气在纳米孔喉系统中的赋存状态；四是利用独有的相位衬度技术，可以无染色分辨低原子序数材料（气、煤、石油、聚合物等）。

6.2.2　　　　微米CT

　　微米CT是一套高分辨率显微CT系统，它不像扫描电镜等需要对样本进行复杂的前期处理，从而可以避免对完整样品甚至是观察的内部信息的损坏。系统以点投影方式、微米级的分辨率和最短的曝光时间得到物体内部无创伤的各个层面结构信息、特点以及缺陷等三维图像。微米CT系统的整个操作和成像过程完全通过电脑控制，通过友好的图形用户界面，以标准的120 V AC电压，对目标物体进行全程三维自动扫描，期间不需要任何辅助装置，完全替代了以往耗时、耗力的样本制备以及再处理过程。分辨率可达0.5 μm，三维样品的收集时间根据样本的对比度一般在5 min到几小时，数据收集后在数分钟内可完成三维虚拟图像的重建。

　　微米CT系统与传统的二维或三维CT成像技术相比具有以下优势：一是可以实

现二维或三维虚拟图像的快速成像以及目标定位；二是无创伤、可视化、微米级水平的特征识别；三是可以对低轴向生物样本实现高对比成像。

6.2.3　聚焦离子束FIB+扫描电镜SEM

聚焦离子束-电子束（FIB-SEM）双束系统充分发挥了聚焦离子束和电子束的优点，成为目前聚焦离子束系统发展的一个重要趋势（图6-10）。在FIB-SEM双束系统中，可以利用场发射扫描电子显微镜来实现高分辨率成像，由于采用电子束作为一次束，不但大大提高了成像的质量，而且将观察中对样品的损伤降到了最低限度，同时还避免了FIB反复变换束流强度所带来的误差。可以在高分辨率SEM像监控下发挥FIB的微细加工能力，充分利用离子束和电子束的优点，有效地避免两者的缺陷。

双束系统主要应用在块状样品的3D观察和分析；在地质方面，FIB-SEM双束系统主要应用于纳米层面的岩石物性分析。可通过3D微结构和孔隙度测定判断页岩微孔隙和微裂缝分布，推测储气性能。

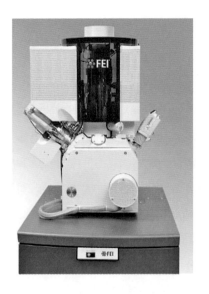

图6-10　聚焦离子束
扫描电镜照片

页岩微结构由微粒大小（通常 $< n \times 100 \ \mu m$）和组成决定，与黏土的微粒大小接近。采用双束背散射扫描电镜系统可测定页岩孔隙、微结构和干酪根三维图像，分辨率可达到纳米级水平。微结构测定结果对评价储层产能有重要意义。

透射电镜的样品限制条件是透射电镜应用的一大难题，通常透射电镜的样品厚度需控制在 0.1 μm 以下。传统方法是通过手工研磨和离子溅射减薄来制样，不但费时而且还无法精确定位。聚焦离子束在制作透射电镜样品时，不但能精确定位，还能做到不污染和损伤样品。

6.2.4　　　岩石密度和比表面积测定

密度仪是利用称重传感器称出岩矿石标本在空气中的质量 P_1 和水中的质量 P_2、将其转换成电信号送到处理器进行数据处理并最终显示出测试结果的过程。

固体密度测试装置由荷重传感器及其支架、测量电路、微处理器、键盘、显示器、接口电路等部分组成。其中，荷重传感器采用两个以上的荷重传感器与测量电路连接，两个以上的荷重传感器采用置换的方法，提高被测物体的质量范围和密度测量精度；测量电路采用放大、模数转换一体的集成电路，简化了模拟处理电路的成本，提高了模拟测量电路的测量精度；微处理器采用芯片内具有大容量存储器的低功耗、高性能单片机，芯片内的大容量存储器可保存大量的测量结果，省略了每次测量需要人工记录的过程，减少了人工记录的人为偏差；键盘、液晶显示器是该测量装置的监控部分，显示器采用点阵液晶显示器，处理过程使用菜单方式；采用USB接口将微处理器芯片内保存的大量测量结果传送给计算机，以便计算机进行数据处理。

比表面积（m^2/g）是指每克物质中所有颗粒总表面积之和，其大小与颗粒的粒径、形状、表面缺陷及孔结构密切相关。目前国际上通用 BET 静态容量法。

BET测试理论是根据希朗诺尔、埃米特和泰勒三人提出的多分子层吸附模型，并推导出单层吸附量 V_m 与多层吸附量 V 之间的关系方程，即著名的 BET 方程。比表面积分析仪工作时，一般采用的气体是氦氮混合气，氮气为被吸附气体，氦气为载气。当样品进样器进行液氮浴时,进样器内温度降低至 -195.8℃,氮分子能量降低,在范德瓦尔斯力作用下被固体表面吸附,达到动态平衡,形成近似于单分子层的状态。由于物质的比表面积数值和它的吸附量成正比,通过一个已知比表面积物质(标准样品)的吸附量,和未知比表面积物质的吸附量做对比就可推算出被测样品的比表面积。

6.2.5　　核磁共振孔渗测试仪

核磁共振孔渗测试仪(Nuclear Magnetic Resonance, NMR)是一种有效的岩心实验分析手段,利用 NMR 直接观测到岩心孔隙流体信号,从而可以得到岩石孔隙度、孔径分布、渗透率以及流体饱和度等岩石物性参数。核磁共振岩心分析与常规岩心分析相比具有无损检测、一机多参数、一样多参数、检测迅速、无污染、成本低、操作简单等特点,特别适合现场应用。

6.2.6　　脉冲式岩石孔渗测试仪

脉冲式岩石孔渗测试仪采用美国岩心公司最早发明的非稳态法,即压力脉冲衰减法,测量速度快、测量范围宽(图6-11)。通过测量压力衰减与时间的关系曲线,由软件直接计算给出克氏渗透率,而不需要进行数据后处理。将仪器安装在一个坚固的便携式仪器箱内,与笔记本电脑和测量探头一起使用,便于野外携带和操作。仪器配备有一个小气瓶,由一个 24 V 的可充电的锂离子电池块供电,可以独立在野外工作。野外现场测试时,只需要将测试探头压紧在岩石表面,首先施加一个 241 kPa 的气体压力,随着气体流入岩石表面内,气体压力下降,记录压力衰减与时间的关系,从压力衰减曲线即可计算渗透率。其工作原理是通过给岩心一个孔隙压力,然后通过岩心传递一个压差脉冲,随着压力瞬间传递通过岩心,计算机数据采集系统记录岩心两端的压力差、下游压力和时间,并在电脑软件屏幕上绘制出压差和平均压力与时

图6-11 脉冲式
岩石孔渗仪照片

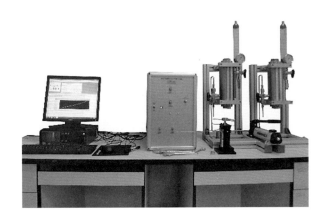

间的对数曲线,软件通过对压力和时间数据的线性回归计算渗透率,改变孔隙压力进行多点测量即可得出克氏渗透率。

　　脉冲式岩石孔渗测试仪可以在岩石露头、岩心柱、片状岩石或其他类型的样品上测量渗透率,测量结果以表格形式存储到电脑中。该仪器也可以连接220 V交流电在室内工作。其渗透率测试范围为$(0.1\sim5)\times10^{-3}$ μm^2,主要用于野外现场测量岩石样品的渗透率。

6.2.7　氮气吸附仪

　　氮气吸附仪是用于分析样品比表面积的仪器,其原理是放到气体体系中的样品,其物质表面(颗粒外部和内部通孔的表面积)在低温下将发生物理吸附(图6-12)。当吸附达到平衡时,测量平衡吸附压力和吸附的气体量,可以根据 BET方程式求出试样单分子层吸附量,从而计算出试样的比表面积。BET方程式如下:

$$\frac{p/p_0}{V(1-p/p_0)}=\frac{C-1}{V_\mathrm{m}C}\times p/p_0+\frac{1}{V_\mathrm{m}C}$$

图6-12 氮气吸附仪

式中，p 为吸附质分压；p_0 为吸附剂饱和蒸气压；V 为样品实际吸附量；V_m 为单层饱和吸附量；C 为与样品吸附能力相关的常数。BET方程建立了单层饱和吸附量 V_m 与多层吸附量 V 之间的数量关系，为比表面积测定提供了很好的理论基础。

通常认为氮气是最适宜的吸附气体，运用氮气吸附仪测定泥页岩样品的比表面积通常有容量法、质量法和气象色谱法。其中最常用的方法是静态质量法，通常采用弹簧天平或电子天平来称量被吸附物的质量。测量之前，必须对试样进行脱气处理，对于纳米级固态物质尤为重要。通过脱气除去试样表面物理吸附的物质，但要避免其表面发生不可逆的变化。对于完成脱气的样品，让已知量的吸附气体逐步进入样品室中。样品每次吸附气体之后，压力保持不变，直到样品的质量达到一个恒定值为止。通过测量样品质量的增加量从而得到所吸附的气体的质量。在连续式质量法中，用一个灵敏的微量天平测量吸附的气体质量同压力的关系，而且在测量前需要测量天平和样品室温下在吸附气体中的浮力。借助平衡臂设备，采用致密的与样品密度相同的平衡重补偿，可以消除天平和样品的浮力，测量过程中温度保持恒定。

测量泥页岩样品的比表面积,可以得到泥页岩矿物颗粒等固态物质的表面积,从而进一步对泥页岩储层的吸附能力进行评价。

6.2.8 氩离子抛光仪+扫描电镜/背散射电子成像

氩离子抛光仪+扫描电镜/背散射电子成像分析法可用来观察页岩纳米级孔隙(尤其是小于100 nm的孔隙)及其孔隙大小、形态、分布特征等(图6-13)。

氩离子抛光仪是针对预磨好的页岩样品,利用氩离子束轰击其表面,除去样品表面凹凸不平的部分及附着物,得到一个非常平的平面;然后将抛光好的样品用导电胶固定在样品台上,喷金处理,之后可以利用扫描电镜/背散射电子成像观察页岩纳米级孔隙与微裂缝的结构特征。背散射电子成像方式的特点是利用原子序数衬度成像,原子序数越高,亮度越大。金属矿物在背散射电子像里亮度最高,有机质亮度最低,而页岩里主要成分黏土矿物、石英、方解石和白云石等则亮度适中。采用背散射电子信号成像,可以很容易区别有机质和无机矿物质,也能利用亮度差异判断一些典

图6-13 氩离子抛光仪(a)及场发射扫描电镜(b)

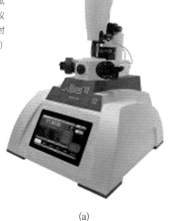

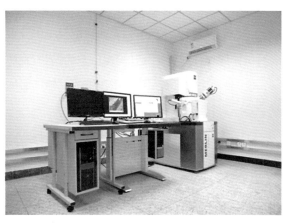

(a)   (b)

型矿物,如黄铁矿等。由于样品表面很平整,孔隙的大小、形态、分布状况等信息能得到直观反映。背散射电子像的缺点是图像立体感较差,再加上样品表面经过氩离子抛光,矿物的晶形受到破坏,很难仅凭形貌识别矿物,需要借助能谱仪来完成矿物识别和鉴定。

6.3 岩石力学性质分析技术

6.3.1 岩石三轴应力应变仪

岩石三轴应力应变的试验数据是研究岩石力学的一个重要参数。岩石三轴应力应变仪是研究岩石(土)力学特性的新型试验设备,它能比较完整地模拟岩土在原始地应力状态下的力学性能,是工程设计的重要依据。由于深部岩石的应力状态较复杂,采矿工程中所遇到的岩体或矿体多处于三向应力状态,本身又是一种十分复杂的天然材料。在很多情况下,简单应力状态下的岩石应力试验不能完全反映工程实际中的岩体应力状态,必须充分认识复杂应力状态下岩石的力学性质。因此,开展三轴状态下的岩石试验研究显得十分重要。该仪器可以配置围压系统、岩石引伸计、高低温系统、孔隙水压系统、岩石直剪试验系统及岩石剪切、劈裂夹具等,还可自动完成岩石在不同围压下的三轴压缩试验、孔隙渗透试验及高低温环境试验等。

6.3.2 岩石三轴应力压裂模拟仪

与三轴应力应变仪的原理和用途基本相同,岩石三轴应力压裂模拟仪也能比较完整地模拟岩土在原始地应力状态下的力学性能。该仪器可以进行静态三轴试验,也可以进行水压致裂、钻孔稳定和岩石渗透试验。仪器主要由四个立柱式的加载架、伺服控制液压助动器、不锈钢压力室、油/气压力增压器和压力传感器组成。伺服压力增压器可以进行静态和动态控制流体注入，压力可达到70 MPa，也可以控制围压或反压。加热系统可以使测试温度达到230℃。

6.4　页岩含气性分析技术

6.4.1　页岩含气量分析仪

页岩含气量分析仪是通过测量钻井获取的岩心中天然气的解析气含量，计算和恢复原地含气量的仪器。这项测量一般可以在现场开展，也可以对获取的岩心进行密封处理后在室内测量。现在普遍使用的页岩解析气量测量装置主要由解析罐、集气量筒和恒温设备3部分组成（图6-14）。

图6-14　YSQ-Ⅲ
型岩石解吸气测定仪

页岩含气量分析仪器根据工作原理主要分为体积法和质量法。根据这两种测量原理,国内外市场存在多种用于现场页岩解析气体体积测量的测试仪器。无论采用哪种工作原理的岩石含气量解析仪,其测定的岩石含气量都包括3大部分:(1)钻井岩心样品封装到解析罐之前解析出来的无法计量的气体部分,称为损失气。这部分气量通常依据前两小时的解析资料推测,通过计算求得缩短取心时间是准确计算逸散气损失气的有效途径之一;(2)岩心装罐密封后可以直接解析并计量的气体。这部分从页岩样品中解析出来的气体,称为解析气;(3)自然解析到最后,仍然残留在岩样中,需要通过粉碎样品的方法使其解析释放出来的气体,称为残余气。

以排水取气法为例,介绍其中解析气的测量操作过程。当取出岩心并进行快速清洁处理及称重后,迅速将其装入充满饱和盐水的解析罐,或将岩心装入解析罐后使用细粒石英砂填满解析罐空隙后密封,要求岩心体积不低于解析罐体积的50%。然后放入模拟钻井循环液温度和地层温度的恒温设备中,在一定升温率条件下将温度升高至地下预设温度。实验过程中,要求温度稳定、避免震动,并在规定的时间内按一定的时间间隔记录解析出来的气体体积。在解析过程中,需准确记录钻遇目的层、提钻、岩心到达井口及装罐结束等时刻。现场快速解析终止时间:快速解析视样品气体释放情况而定,一般至少需要12个小时,或连续5小时内每小时平均解析量不大于0.2 cm³,才可以结束现场解析测定。

6.4.2　　岩石等温吸附分析仪

等温吸附仪是基于Langmuir理论,通过测量不同组分气体在不同压力下的等温吸附曲线,描述在恒定温度下岩石对气体吸附特征随压力的变化关系,以及页岩的总含气量和储层达到饱和状态时最多能吸附的气体量,进而评价岩石理论的最大吸附天然气量的技术。仪器如图6-15所示。

实验方法是将页岩样品(一般为岩心,或者40～60目粒度的粉末样)置于密封容器中,测定在相同温度、不同压力条件下达到吸附平衡时所吸附的甲烷等气体的体

图6-15 美国麦克HPVA200-4型等温吸附仪

积。根据Langmuir单分子层吸附理论,通过理论计算出表征泥页岩对甲烷等试验气体吸附特性的吸附常数——Langmuir体积、压力以及等温吸附曲线。

试验步骤主要包括:(1)平衡水试验(模拟地下实际页岩样品温度);(2)试样装缸(迅速装缸);(3)气密性检查;(4)自由空间体积测定(通过校准需测量3~4遍);(5)等温吸附试验(按一定时间间隔测量不同压力下的气体吸附量)。

第二部分

应　用　篇

我国页岩层系地理分布极广,含油气盆地在构造演化过程中发育了海相、海陆过渡相及陆相三类页岩,其中海相页岩主要分布于南方古生界(震旦系、寒武系、奥陶系、志留系、泥盆系、石炭系)和天山-兴蒙-吉黑地区上古生界(石炭-二叠系),海陆过渡相页岩主要分布于华北地区上古生界及南方地区二叠系。陆相页岩主要分布于四川盆地及其周缘中生界、鄂尔多斯盆地上叠系、西北地区侏罗系、东北地区白垩系和东部断陷盆地古近系。我国页岩发育地区包括南方、华北、东北、西北、扬子地区等,涉及三大相九大领域十六个层系(下图)。

图 中国富有机质页岩分布(林腊梅、张金川等,2013)

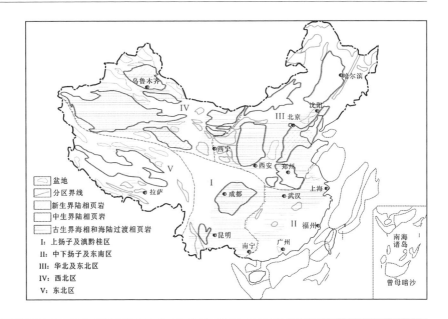

图例
盆地
分区界线
新生界陆相页岩
中生界陆相页岩
古生界海相和海陆过渡相页岩
I:上扬子及滇黔桂区
II:中下扬子及东南区
III:华北及东北区
IV:西北区
V:东北区

1. 海相页岩

中国海相页岩主要发育下寒武统、上奥陶-下志留统、上二叠统3套区域性泥页岩,面积约为$(60 \sim 90) \times 10^4 \text{km}^2$。中国南方、华北地区及塔里木地区发育的古生界海相黑色页岩多形成于水深200 m左右、生物化石丰富、强还原环境的深水陆棚相,如四川盆地发育的寒武系筇竹寺组、志留系龙马溪组黑色页岩为受大陆边缘坳陷控制的深水陆棚相沉积(邹才能、董大忠等,2010)。我国南方扬子地区下寒武统页岩分布广,厚度大,主要发育暗色页岩、黑色炭质页岩、黑色粉砂质页岩以及石煤层，厚度约为50～500 m，TOC含量为0.5%～5%（马立桥、董庸等，2007）。上奥陶–下志留统主要分布在苏南和苏北地区，为深水陆棚沉积，有机碳含量较低。上二叠统为滨海沼泽环境，主要发育煤系地层和浅海碳酸盐岩，其中TOC 平均值为1.85%，主要集中在0.5%～2.0%，镜质体反射率R_o在1.5%～2.3%（潘继平、乔德武等，2011）。

西北地区，上古生界页岩在塔里木盆地、柴达木盆地、准噶尔盆地、吐哈盆地均有分布，含页岩层主要为寒武系、奥陶系、石炭系和二叠系。塔里木盆地存在较厚的寒武系–奥陶系页岩沉积，盆地东部该暗色泥岩厚度可达1 500 m，主要包括下寒武统玉尔吐斯组、中下奥陶统黑土凹组、中上奥陶统萨尔干组、上奥陶统印干组及上奥陶统良里塔格组，沉积环境多为深水陆棚、海湾、台缘斜坡等。柴达木盆地下奥陶统石灰沟组的泥页岩主要分布在由赛什腾山–绿梁山–阿木尼克山西南–南侧地和鱼卡–大柴旦–宗务隆山带所夹持的柴北缘范围内，厚度约为220 m（曾维特、丁文龙等，2013）。

2. 陆相页岩

我国陆相页岩分布广泛，在华北、东北、中部及西部地区均有发育，页岩累计厚度大、有机质类型多样、储集空间丰富。其中，东部地区有东部断陷盆地的古近系及东北的白垩系，中部包括四川盆地及周缘的上三叠统–下侏罗统和鄂尔多斯盆地的三叠系，西部主要为西北地区的侏罗系，面积约为$(20～25) \times 10^4$ km²。

华北及东北区中–新生界陆相富有机质页岩层系多、分布广。中生界陆相泥页岩主要分布于鄂尔多斯及松辽两大坳陷型湖盆中。松辽盆地白垩系富有机质泥页岩平面分布相对稳定，主体厚度在100～300 m，有机质类型以腐泥型和混合型为主，TOC为0.7%～2.5%，R_o为0.7%～2.0%。鄂尔多斯盆地三叠系湖相泥页岩发育，主体厚度在50～120 m，TOC为0.5%～6.0%，R_o主体为0.7%～1.5%。此外，二连盆地下白垩统暗色泥页岩主体厚度在200～600 m，TOC主体分布在1.35%～2.06%；南华北盆地下白垩统暗色泥岩厚度为200～1 000 m，TOC为0.09%～1.56%，R_o为0.5%～3.4%。新生界陆相泥页岩主要发育于断陷湖盆，渤海湾盆地古近系陆相富有机质泥页岩分布受坳陷控制，局部累计厚度逾1 000 m，TOC为0.3%～3.0%，R_o为0.5%～1.5%。有机质类型多样，其中，辽河坳陷古近系湖相泥岩厚度在1 000～

1 600 m，局部地区厚度达 2 000 m，TOC 为 0.3%～2.8%，R_o 为 0.4%～2.2%（林腊梅、张金川等，2013）。

西北区陆相泥页岩发育在上古生界至中生界。塔里木盆地内三叠系－侏罗系为一套湖泊、沼泽相腐殖型暗色泥岩。准噶尔盆地二叠系泥页岩累计厚度超过 200 m，为半深－深湖相，TOC 在 4.0%～10.0%，有机质类型主体为偏腐泥混合型，R_o 在 0.5%～1.0%，侏罗系湖沼相泥页岩主体厚度在 200～500 m，TOC 变化较大，主体在 0.98%～5.16%，R_o 在 0.48%～0.74%，干酪根类型以偏腐殖混合型－腐殖型为主。柴达木盆地陆相泥页岩为一套湖相暗色泥岩和煤系地层，在平面上呈带状沿北西－南东向展布，最大厚度在 900 m 左右，TOC 在 0.28%～5.89%，R_o 在 0.4%～2.18%，古近系富有机质泥页岩主要分布在柴西地区，厚度可达 2 000 m，TOC 为 0.29%～0.89%，R_o 为 0.25%～1.2%；吐哈盆地侏罗系湖相泥岩主体厚度在 50～600 m，TOC 在 0.2%～6.4%，R_o 在 0.4%～2.5%，以偏腐殖混合型干酪根为主。

南方地区上扬子及滇黔桂区中生界陆相泥岩主要分布在四川盆地及其周缘的上三叠统－下侏罗统，有机质类型复杂，有机质热演化程度适中，累计厚度大，夹层发育。中扬子地区江汉盆地以下侏罗统和古近系的陆相地层为主。下扬子地区陆相页岩主要发育在上白垩统和古近系。东南地区浙江、三水盆地也发育较有利的陆相暗色泥页岩层系。

中－新生代陆相煤系炭质页岩主要发育在坳陷和断陷湖盆中，如鄂尔多斯盆地和准噶尔盆地侏罗系、四川盆地上三叠统陆相页岩层段厚 150～1 000 m、吐哈盆地侏罗系陆相页岩厚 50～400 m，最厚达 1 200 m。

3. 海陆过渡相页岩

我国海陆过渡页岩主要分布于西北地区、华北地区的石炭系－二叠系以及南方地区的二叠系，其中西部－北部主要发育在天山－兴蒙海槽，面积为（15～20）× 10^4 km^2。鄂尔多斯盆地海陆过渡相山西组－太原组－本溪组页岩厚 40～120 m，单层厚度不大，多数与煤层、致密砂岩甚至薄层灰岩交互出现。准噶尔盆地石炭系滴水泉组炭质页岩最厚达 249 m，二叠系芦草沟组黑色页岩累计厚度超过 200 m，主要为浅海、半深海、潟湖、浅湖－半深湖沉积。中国南方扬子地区海陆过渡相页岩多为砂质页岩和炭质页岩，二叠系龙潭组海陆过渡相炭质页岩厚 20～200 m，最厚达 670 m。滇黔桂地区上二叠统龙潭组海陆过渡相页岩厚度为20～60 m,四川盆地上二叠统页岩厚10～125 m,川中和川西南一带厚80～110 m,四川盆地西北缘、北缘及东北缘较薄,多小于20 m。

在以下章节中,按照地区和领域,将我国发育的页岩分为三大类共九个地区,以九章内容就发育的页岩岩石矿物、主要类型和特征进行分类描述。

南方地区古生界
海相领域

　　中国南方一般指长江以南的广大地区,地理上包括川、渝、滇、黔、桂、鄂、湘、赣、苏、浙、皖、闽、沪、琼、粤、台16省(自治区、直辖市),处于东经97°30′~122°50′、北纬18°10′~35°10′,面积约为227×10⁴ km²,构造边界一般被认为是:北为商丹断裂带-南秦岭构造带;西为金沙江-哀牢山构造带、澜沧江构造带、昌宁-孟连构造带。

　　以印支运动为转折,中国南方结束了长达4亿年的海相沉积历史,进入了一个以陆相沉积叠加覆盖或长期抬升剥蚀为主要特征的新的地质历史阶段。在多期原型盆地的并列叠加控制作用下,南方地区发育了多套含页岩层系(表7-1)。由于不同地域的古构造环境、古气候、古生物繁荣程度等的差异,以及后期构造改造等的差异,使得海相页岩的分布、发育程度、有机质类型等均存在较大的差异。

表7-1 中国南方海相震旦系-下三叠统主要页岩层系发育层位与分布

发育层位	岩 石 类 型	分 布 区 域
下石炭统	灰黑色-黑色泥质岩	滇东、南盘江、桂中地区,为地区性页岩
上泥盆统榴江组	深灰色硅质泥岩为主,其次为泥质硅质岩、泥灰岩、黑色页岩	滇东、黔南、桂西和十万大山地区地区性分布
中泥盆统罗富组	深灰色泥灰岩、硅质页岩、泥质硅质岩、黑色页岩	滇东、黔南、桂西和十万大山地区地区性分布
下志留统	以深灰-灰黑色页岩为主,下部以黑色炭质页岩为主	南方扬子区广泛发育,中上扬子区为下志留统龙马溪组,下扬子地区为高家边组
上奥陶统五峰组	以黑色炭质、硅质泥岩为主	南方扬子区发育,区域上厚度普遍较薄,但层位稳定;在浙西北、苏皖南部及苏北地区厚度较大
下寒武统	以黑色炭质页岩为主,下部夹石煤层	南方广泛发育,中扬子区为牛蹄塘组,下扬子为幕府山组下部,浙赣区为荷塘组下部
上震旦统陡山沱组	以黑色页岩为主,其次为黑色炭质页岩、炭质灰岩、硅质页岩	为中扬子区发育的泾源岩,属地区性分布

　　根据各地区、各层系页岩的有机碳含量统计(图7-1),按有机碳含量下限标准(0.5%),并依据各层系达到有机碳含量下限标准的页岩分布范围,确定中国南方海相共发育4套区域性页岩和四套地区性页岩(图7-2)。其中,早古生代被动大陆边缘盆地相($\in_1$)、克拉通边缘滞流盆地相(O_3w-S_1l)及晚古生代克拉通内坳陷盆地相(P_1q)、滨岸海陆交互相(P_2l)控制发育了南方海相4套区域性页岩,分布面积广泛。Z_2ds烃源岩在局部分布;D、C含页岩层系主要在黔南湘桂地区分布,T_1含页岩层系

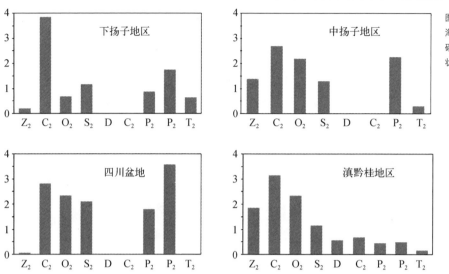

图7-1 南方海相页岩有机碳丰度对比柱状图

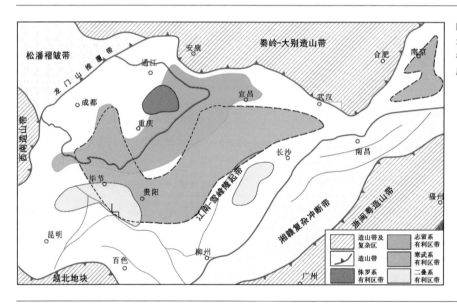

图7-2 南方地区主要含有机质页岩发育层系分布

在下扬子区分布,这4套含页岩层系分布限于局部地区,分布范围不广,具有地区性发育的特点。

中国南方海相页岩具有发育层系多、分布面积大、沉积连续稳定等特点。按照页岩储层综合评价方法(第5章),与北美地区页岩储层相比,中国南方海相发育的5套页岩层系,分别与其Barnett、Marcelluce、Eagleford页岩在岩石成因、储层特征方面具有可比性。不同层系的不同页岩类型有较大差异,在后期储层改造方面的工艺技术也有所不同。

7.1　　上震旦统陡山沱组

上震旦统陡山沱组沉积时,伴随早震旦世冰消后的海平面上升,南方地区大部分被海水淹没,暗色泥页岩分布范围广,在全区皆有分布,是上震旦统最重要的烃源岩层系。受海平面升降变化影响,陡山沱组页岩的发育特征和分布有所差异。

7.1.1　　展布特征

上震旦统陡山沱组泥页岩在我国南方整个扬子地区均有分布,其中在中扬子的湘鄂西地区及下扬子的钱塘地区页岩厚度分布较高。主要岩性为黑色富炭页岩、硅质含炭页岩、含磷结核高炭页岩等。

晚震旦纪-早奥陶世南方中扬子区总体为裂谷拉张环境,西北部为扬子陆块内克拉通盆地,东南部为扬子陆块大陆边缘盆地。上中扬子地区从西北到东南,由台地相到台缘斜坡相到海盆相过渡变化,鄂西北为局限台地相、开阔台地相,到湘西北为台缘斜坡相,湘中为海盆相。鄂西北的宜昌-京山东北一带发育局限台地相,形成碳酸盐岩和磷酸岩组合。宜昌-京山以南以西发育开阔台地相,形成碎屑岩和碳酸盐岩组合。宜昌秭归、长阳、壶瓶山、走马、杨家坪一带在开阔台地相中发育台间局限坳陷相,陡山沱组主要发育炭质页岩、炭泥质灰岩和灰质白云岩三套岩性,以发育黑色炭泥质、硅质板岩和炭泥质黑色页岩为标志层。湘西北为台缘斜坡相,同时,在广阔的台缘斜坡相区,发育众多局限坳陷相,主要有咸宁、岳阳、慈利、石门、古丈、凤凰、铜仁等台缘斜坡水下局限坳陷,以发育黑色硅质岩和炭泥质黑色页岩为标志层。自晚震旦世陡山沱期开始,地壳普遍下降,全区广泛海侵。陡山沱组在许多地区形成明显的超覆。

陡山沱组暗色泥页岩在中扬子地区发育分布不均,不同地区发育厚度差距较大(图7-3)。其中,鄂西地区暗色泥页岩发育最厚,一般分布于11.0～377 m,其平均厚度为72 m,最厚可达到377 m。洗1井钻井揭示陡山沱组暗色泥页岩厚度在100 m以上,2014年最新钻井秭地1井揭示陡山沱组陡二段暗色泥页岩厚度在100 m以上,河2井为龙马溪组钻井。湘西北东部杨家坪、走马一带,厚度为323 m,赋存于陡山沱组下部,其中生油层厚度为256 m,占地层总厚度的79.43%。岩性主要为灰黑色-黑色及深灰色炭质页岩、含碳硅质岩、含炭泥-微晶白云岩、藻砂屑灰岩、含炭灰岩。鹤峰地区厚度亦相对较大,一般为50～200 m,鹤峰白果坪最厚为347.43 m;利川-彭水以西地区厚度均小于10 m,平原区厚度一般均小于20 m(戴少武,2002;马永生,

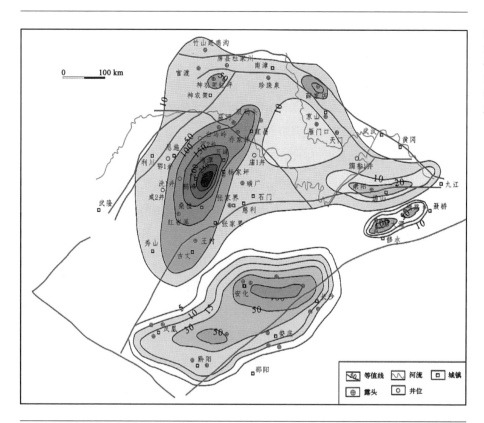

图7-3
南方中扬
子地区陡
山沱组暗
色泥页岩
厚度分布

2007；朱定伟，2012）。湘鄂西地区北部平原区含有机质页岩发育较薄，一般在50 m以下，仅在神农架武山地区可达到50 m以上，南漳朱家峪地区陡山沱组地层厚度非常薄，仅30 m左右，含有机质页岩发育在中下部，厚度仅为12 m左右，其上部为鲕粒碳酸盐岩，下部为鲕粒白云岩。随州薛家店附近较厚，含有机质页岩厚度可达到100 m以上。

鄂东南地区含有机质页岩发育最薄，一般在20 m以下，部分地区在20 m以上，仅在蕲参1井附近厚度较大。崇阳双港、通山高草坪地区的野外地质调查揭示，鄂东南地区陡山沱组地层整体发育亦较薄。通山高草坪地区陡山沱组地层厚度仅为28 m左右，泥页岩基本不发育，仅发育一套暗色硅质岩。崇阳双港地区陡山沱组地层厚度在64 m左右，上部为碳酸盐岩地层，下部黑色、灰黑色炭质泥页岩与白云岩互层发育，其中含有机质页岩累积厚度为25 m左右。

湘中地区含有机质页岩厚度平均在20 m以上，修武盆地可达到30 m以上，部分地区在50 m以上。在凤凰、铜仁地区，黔阳地区，娄底地区，长沙、湘潭地区，野外露头剖面揭示的暗色泥页岩厚度在5～30 m，在安化县松子坳、桃江县马颈坳、古丈县下潭溪、韶山谭家冲、宁乡县磨子潭、江西萍乡市东桥－大沙江、沩山－黄材水库等地区陡山沱组含有机质页岩厚度可达到50 m以上，部分地区在80 m以上。

7.1.2　矿物岩石学特征

1. 页岩类型及结构构造

上震旦统陡山沱组页岩岩性主要为黑色富炭页岩、硅质含炭页岩、含磷结核高炭页岩等，少量页岩为含灰/白云质硅质页岩。

陡山沱组页岩颜色以黑色、灰黑色为主，含较多炭质，野外露头岩石可见染手现象，其中具有纹层及有页理构造为炭质页岩［图7-4(a)］，而无纹层、无页理构造为炭质泥岩，泥/页岩均为显微晶质结构。暗色炭质页岩水平层理较为普遍，纹理的显示是由于岩石内颗粒成分不同、粒度和有机质含量的变化等原因引起的。页岩通常含有数量不等的石英、长石和黄铁矿等脆性矿物。其中，黄铁矿可以反映当时缺氧的沉积环境,黄铁矿在野外的形态主要以结核和条带为主,扫描电镜下可以观察到草莓状和颗粒状的黄铁矿结核。局部地区在陡山沱组底部泥页岩段,发育"石香肠"构造 [图7-4(c)]。

图7-4
暗色炭质
泥/页岩

第7

(a) 灰黑色炭质页岩

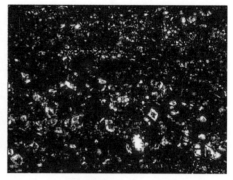

(b) 页岩镜下薄片(可见石英与环带白云石)

(c) 页岩"石香肠"构造

(d) 泥页岩中磷结核

(e) 硅质泥页岩

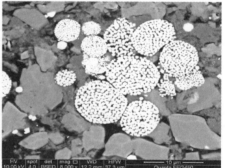

(f) 扫描电镜下黄铁矿

在野外露头可见陡山沱组暗色泥页岩中发育磷结核,颜色为深灰色-灰黑色,一般磷硅质结核的形状主要为椭圆状、球状、透镜状、扁平状或不规则状,直径大小为0.5～5.0 cm[图7-4(d)]。通过观察发现,围岩层理多数绕过这些结核,由此可推断,这些结核的形成期为成岩早期。结核内部结构均匀,磷灰石、石英为主要矿物成分,其次还含有少量黏土矿物、有机质、黄铁矿和方解石。由岩石组合和沉积层理可推测结核形成的水动力环境为弱水动力,一般为台盆或较深水潟湖环境。

陡山沱组中含量较少的硅质岩在研究区展布非常有限,主要见于城口地区、大庸向斜、龙鼻嘴、默戎地区陡山沱组的底部和顶部。主要为灰黑色-黑色层状硅质岩,以薄层-中层为主,致密坚硬,普遍具有条纹、条带状构造,且方解石脉石英脉发育。主要成分为微晶-隐晶石英以及玉髓矿物,石英含量大于85%,其中也常见有机质、泥质、白云质、黄铁矿和黏土矿物等杂质。其中城口明月剖面底部[图7-4(e)]和默戎、龙鼻嘴底部泥岩硅质含量较高,其上下岩层均为黑色页岩,推测其主要形成于水体相对较深的斜坡环境和陆棚环境。

2. 矿物组成及特征

湘西北地区典型剖面样品X衍射全岩及黏土矿物分析结果表明,陡山沱组暗色泥页岩以脆性矿物为主(图7-5),含量较高,含量一般分布在21%～78.7%,脆性矿物以石英为主要成分,钾长石、斜长石含量较少;黏土矿物含量一般在11.1%～40.1%,平均25.8%;碳酸盐岩矿物一般低于20%,部分样品为泥质白云岩,含有较多的碳酸盐岩矿物。

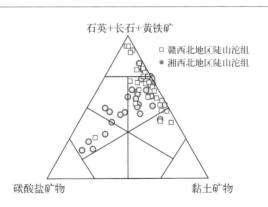

图7-5 南方地区陡山沱组矿物组分分析

石英+长石+黄铁矿

□ 赣西北地区陡山沱组
● 湘西北地区陡山沱组

碳酸盐矿物　　　　黏土矿物

黏土矿物中伊利石和伊蒙混层含量最高,其次为绿泥石,高岭石含量较少。其中,伊利石含量一般为18%～56%,伊蒙混层含量一般在20%～69%,绿泥石含量一般在4%～20%,个别样品绿泥石含量可达到20%以上。

鄂西地区城口明月地区X射线分析结果表明,黏土的质量分数平均值为14.6%,石英+长石+黄铁矿+磷酸岩的平均质量分数为43.1%,碳酸盐岩矿物的平均质量分数为42.3%。宜昌九龙湾地区黏土的质量分数平均值为21%,石英+长石+黄铁矿+磷酸岩的平均质量分数为35.6%,碳酸盐岩的矿物的平均质量分数为43.4%。其中,B段黑色页岩段共28个样品,其中石英含量为29.2%,黏土含量为21%,碳酸盐为46.8%,黄铁矿为0.9%。

赣西北地区陡山沱组岩石X射线衍射分析结果表明,样品所含主要矿物为石英和黏土矿物,其次为长石、黄铁矿,部分样品含有少量方解石和白云石。其中,石英含量最小值为8.3%,最大值为91.2%,平均值为53.49%;黏土矿物含量最小值为4%,最大值为56.6%,平均值为29.72%;长石含量较小,基本在5%以下;碳酸盐岩矿物含量较少,一般在10%以下(图7-5)。该地区岩石总体表现为脆性矿物偏多,黏土矿物偏少,从而有利于压裂改造。黏土矿物中主要为伊利石,其次为伊蒙混层,高岭石、绿泥石含量很低。其中,伊利石含量在9%～98%,平均值为66.91%;伊蒙混层含量在4%～74%,平均值为20.29%;高岭石仅部分样品含量在7%～39%,平均值为7.53%;绿泥石仅部分样品含量在4%～24%,平均值为4.29%。

3. 有机地球化学特征

(1) 有机质丰度

湘西北地区的壶瓶山地区陡山沱组暗色泥页岩有机碳含量相对较低,一般在0.5%以上,主分布区间为0.7%～4.0%,最大可达5.09%;中扬子地台西南部桑植-石门复向斜中的慈利次向斜地区有机碳含量较高,一般在1.0%～4.2%;张家界地区大庸向斜地区暗色泥页岩发育,有机碳含量较高,一般在1.5%～8.0%;吉首市默戎古丈向斜地区,有机碳含量一般在0.5%～8.0%,炭质页岩有机碳含量较高,最高可达12.48%。

宜昌地区有机碳含量一般为0.5%～5.22%,但部分地区也较低,在该区官庄坪剖面上,陡山沱组有机碳含量一般在0.6%～3.6%,主要分布在1.0%～3.2%,少数样品的有机碳含量可以达到5.0%以上,岩性以灰黑色泥页岩为主,有机碳含量高值区一般分布在本组中下部。鹤峰白果坪页岩有机碳含量平均为2.6%，一般为1.0%～3.0%，京山地区一般在1.5%～5.0%。桑植－古丈一带基本在1.2%～8.0%，利川－彭水一线以西地区有机碳含量一般小于1.0%。

鄂西黄陵背斜及长阳复背斜地区陡山沱组暗色泥页岩比较发育，区域厚度较大，典型野外露头样品揭示有机碳含量分布不均，变化较大，一般含量在0.5%～6.12%，平均含量在2.1%左右；其中典型剖面雾河地区有机碳含量整体较高，一般在分布在0.54%～2.82%（图7-6），主体分布在1.0%～2.0%。

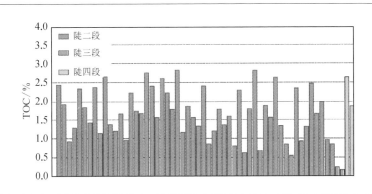

图7-6　鄂西雾河地区陡山沱组页岩实测有机碳分布直方图

西北部平原区神农架地区保康－房县－竹山一带陡山沱有机碳含量较高，一般为0.7%～6.2%，平均值为3.49%，神农架阳日湾最高可达15.72%（为炭质沥青）。在东北缘大洪山地区的随州薛家店剖面上，陡山沱组较发育，岩性为黑色炭质泥岩，有机碳含量大于1.0%的占87.5%，最高可达3.5%以上。嘉鱼－通山地区陡山沱组页岩有机碳含量也较高，一般为1.5%～6.84%。

湘中地区陡山沱组页岩以黑色灰黑色泥页岩为主，部分为黑色炭质页岩，有机碳含量较高，一般在0.5%～3.85%，局部地区有机碳含量可达11.14%。

赣西北地区陡山沱组页岩实测有机碳含量也较高，主体分布在0.6%～7.1%，其中龙石村剖面露头样品有机碳含量最高可达12.4%，为黑色炭质泥页岩，官莲乡剖面露头样品有机碳含量最高可达10.5%，其岩性也是黑色炭质泥页岩。

（2）有机质类型

上震旦统陡山沱组层位比较老，在寒武纪生物大爆发之前，不发育高等植物，镜下观察以低等水生生物、浮游生物等为来源的腐泥无定形体为主。

显微镜检结果表明,上震旦统陡山沱组有机质显微组分以腐泥组组分为主,其含量在90%以上,其中腐泥无定形体含量占到70%以上;仅含有微量的镜质组组分。有机质类型为Ⅰ型有机质(图7-7)。

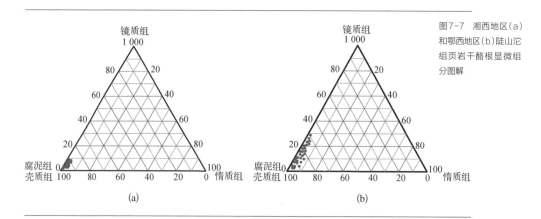

图7-7 湘西地区(a)和鄂西地区(b)陡山沱组页岩干酪根显微组分图解

(a)

(b)

干酪根元素分析结果表明,湘鄂西地区陡山沱组页岩干酪根H/C原子比分布在0.27～0.82,O/C原子比在0.01～0.05,灯影组页岩干酪根H/C原子比在0.24～0.70,O/C原子比在0.03～0.05。湘鄂地区震旦系陡山沱组和灯影组有机质类型以Ⅰ型为主,部分发育Ⅱ型有机质。

(3)有机质成熟度

上震旦统陡山沱组沉积期高等植物不发育,主要发育藻类、浮游生物等,且由于地质历史时期埋深较大,热演化程度高,有机质成熟度测定的为沥青反射率,然后换算为等效的镜质体反射率。

湘西地区暗色泥页岩中有机质经历了较高的热演化过程,有机质成熟度高,经换算的镜质体反射率主要在2.0%～4.0%,最高可达3.7%;仅在壶瓶山地区东山峰背斜的杨家坪剖面,暗色泥页岩有机质成熟度在2.0%左右(图7-8)。

滇黔桂地区的镜质体反射率R_o值在2.0%～6.0%,处于过成熟-变质阶段。在鄂西宜昌、鹤峰、恩施附近,暗色泥页岩有机质热演化程度也较高,但相对于湘西地区其热演化程度较低,测定的等效镜质体反射率R_o在1.8～2.1%,平均在2.0%左右。江汉平原区,海9井R_o仅为1.87%。

图7-8
湘西地区
(a)和鄂西
地区(b)有
机质成熟
度柱状图

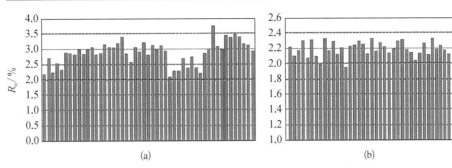

7.1.3   储集性能

7.1.3.1   储集空间及赋存方式

通过氩离子抛光-扫描电镜FIB-SEM实验,对湘鄂西地区陡山沱组暗色泥页岩镜下的孔隙结构进行了观察。陡山沱组页岩中发育颗粒矿物孔隙、黏土矿物孔隙、有机质孔隙等多种类型的孔。

粒间孔主要是由方解石、石英、长石等矿物颗粒、岩屑颗粒支撑形成的微米级孔隙,在开始沉积时,在软的和塑性的以及硬的和脆的各种颗粒间接触处存在粒间孔。扫描电镜下观察到暗色泥页岩中发育各种碎屑颗粒堆积形成的孔隙,孔隙大小从几微米到几十微米,形态复杂,连通性好[图7-9(a)]。另外,镜下还可见自生方解石和石英颗粒间形成的孔隙,孔隙结构与矿物晶体形态相关,多呈三角形、多边形和长条形,大小多为3~10 μm。

黏土矿物孔径相对较小,从几纳米至几十纳米。陡山沱组泥页岩样品中,黏土矿物以伊利石为主,伊利石呈现为薄层片状或纤维状,片层之间发育明显的狭缝形孔或楔形孔[图7-9(b)],另外,部分纤维状伊利石沿石英表面生长,形成的层间粒内孔分布比较集中,孔径为50~800 nm。黏土矿物层间粒内孔发育集中,胶结复杂、分选差,而且黏土矿物粒度小,可塑性强,水化膨胀后易发生运移,堵塞孔道,使储层渗透性降低,成岩后期若没有强烈的改造作用,单一的黏土矿物粒内孔隙很难具备较好的油气运移能力。黏土矿物的比表面积大于石英矿物,其粒间孔越发育,气体的吸附能力就越强,而且页岩有机碳含量较低时,黏土矿物的吸附作用十分显著。由此可见,黏土矿物粒内孔主要起储集作用。

陡山沱组页岩有机质孔具有不规则状、气泡状、椭圆状等形态,在二维平面呈孤立状,但在三维空间上它们却是互相连通的。一个有机质片内部可含几百到几千个纳米孔[图7-9(g)],孔径多在微孔和中孔范围内,少量孔径可达大孔级,孔隙之间连通性较差,孔喉狭小,多为单边封闭型孔隙。处于微孔和中孔范围内的有机质孔隙提供了页岩主要比表面积,由于这些分散有机质的表面是一种活性非常强的吸附剂,从而也能极大地提高页岩的吸附能力,并且伴随着成熟度的增加,有机质热生烃演化还会形成一些微孔隙[图7-9(g)],成为吸附天然气的重要赋存场所。

电镜镜下观察陡山沱组页岩样品中发育一定程度的微裂缝。微裂缝主要有两种类型:一种发育在颗粒内部,另一种发育在碎屑颗粒边缘。颗粒间的微裂缝呈锯齿状弯曲,裂缝间距可达50 nm以上[图7-9(h)],颗粒内部的微裂缝一般比较平直,曲折度较小,少有胶结物充填。微裂隙的宽度虽小,但已足够为气体分子提供渗透途径。另一方面,存在微裂缝的区域,岩石脆性指数较高,易形成微裂缝网络,从而成为页岩中微观尺度上油气渗流的主要通道。

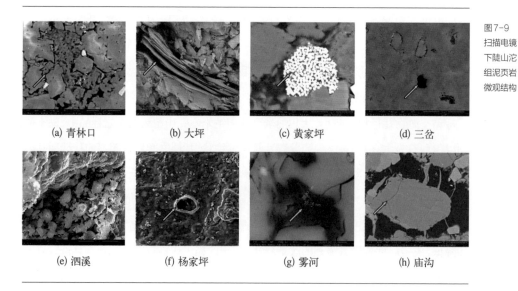

图7-9
扫描电镜
下陡山沱
组泥页岩
微观结构

(a) 青林口	(b) 大坪	(c) 黄家坪	(d) 三岔
(e) 泗溪	(f) 杨家坪	(g) 雾河	(h) 庙沟

7.1.3.2 孔隙结构及特征

湘西北地区陡山沱组暗色泥页岩孔径分布复杂,从微孔到大孔皆有分布;大部分样品呈双峰态分布,孔径主要分布在1~2 nm的微孔和50~100 nm的大孔;其中有3个样品为单峰态分布,LBZ-21样品以5~30 nm的中孔为主,SC-04、NSP-08样品以50~100 nm的大孔分布为主(图7-10)。湘西北陡山沱组暗色泥页岩BET比表面积主要分布在0.17~8.47 m²/g,与Donaldson统计的Bearer砂岩的比表面积相比(大约1 m²/g),页岩的比表面积非常大,约是Bearer砂岩的9倍。微孔比表面积主要分布在0.23~2.12 m²/g。BJH吸附总孔体积分布在(0.72~9.93)×10⁻³ cm³/g;BJH吸附孔径主要分布在7.1~16.5 nm。

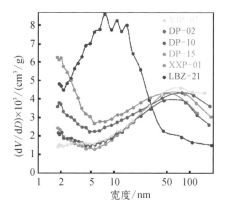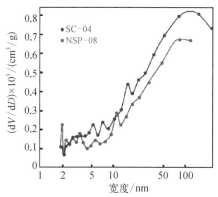

图7-10 湘西北地区陡山沱组泥页岩孔径分布

鄂西地区陡山沱组暗色泥页岩孔径分布与湘西北地区及其他地区具有类似的特征,从微孔到大孔皆有分布(图7-11)。氮气吸附试验结果显示,大部分泥页岩样品孔隙孔径成单峰态分布,孔径主要分布在1~30 nm的微孔及中孔之间,以2~10 nm分布为主峰。较小的孔径主要由泥页岩中的有机质孔及黏土矿物孔提供,从而保证了页岩储层具有较好的气吸附性。暗色泥页岩BET比表面积分布在6.39~36.26 m²/g,微孔比表面积分布在1.21~13.22 m²/g,BJH吸附总孔体积分布在(19.97~50.87)×10⁻³cm³/g,BJH吸附孔径主要分布在6.55~8.92 nm。这显示泥页岩具有较大的吸附比表面积及孔径分布,有利于气体的吸附。

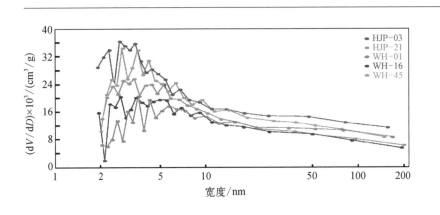

图7-11 鄂西地区
陡山沱组泥页岩孔径
分布

7.1.3.3 物性特征

湘鄂西地区野外露头样品显示，城口明月陡山沱组暗色泥页岩密度为 2.48～2.71 g/cm³，平均为 2.58 g/cm³；兴山百果园暗色泥页岩密度为 2.47 g/cm³；宜昌九龙湾暗色泥页岩密度分布在 2.29～2.66 g/cm³，平均为 2.50 g/cm³；张家界地区暗色泥页岩密度为 2.43 g/cm³。整个湘鄂西区的样品密度主要集中在 2.45～2.65 g/cm³。秭地1井岩心样品显示，暗色泥页岩密度分布在 2.37～2.66 g/cm³。

湘西北地区暗色泥页岩孔隙度和渗透率均较低，其中孔隙度主要分布在 0.2%～4.7%，大部分孔隙度分布在 1.0%～3.0%，是主要的孔隙度发育区间。鄂西城口明月地区暗色泥页岩孔隙度分布在 1.28～4.53%，平均为 2.7%；兴山百果园地区孔隙度为 2.76%；宜昌九龙湾地区孔隙度分布为 1.96～15.88%，平均为 7.92%；张家界地区孔隙度为 2.92%。整个研究区的样品孔隙度主要集中在 0.5～4.75%。秭地1井岩心实验数据显示，陡山沱组暗色泥页岩孔隙度分布在 1.19%～3.41%。

湘鄂西地区陡山沱组暗色泥页岩渗透率比较低，数据显示渗透率分布在 $(0.041～1.21)×10^{-3} \mu m^2$，大部分样品小于 $0.5×10^{-3} \mu m^2$，仅个别样品可能因实验过程中样品发生破裂而导致渗透率达到 $1.21×10^{-3} \mu m^2$，大部分样品渗透率分布在 $(0.04～0.5)×10^{-3} \mu m^2$。

7.1.3.4　储集类型

上震旦统陡山沱组暗色泥页岩的储集类型主要以游离型和吸附型为主。陡山沱组暗色泥页岩发育时代较早,矿物组成以硅质成分为主,黏土矿物次之,并含有一定的碳酸盐岩矿物,成岩作用较强,孔隙结构主要以粒内孔、粒间孔为主。显微照片可以观察到蜂窝状黄铁矿颗粒、颗粒与颗粒接触间隙等现象较为发育,并且该类孔隙直径较大,一般大于35 nm。陡山沱组暗色泥页岩有机质发育,随着有机质生烃演化,逐渐发育有机质生烃孔,但由于较高的热演化程度和压实作用,该类有机质孔隙直径较小,密度也相对较小,孔径一般在几个纳米到几十纳米。

同时,微裂缝系统是另外一种重要的气体储集空间。上震旦统陡山沱组暗色泥页岩除了与自生有关的孔隙类型外,受构造运动的影响,裂缝相对发育,主要存在填充、开放型两类,在不同地区和不同层段其类型不同。裂缝一般与层理面交叉,裂缝形态复杂,穿透页岩层,宽度一般为1～10 mm,长度可达3～5 m,不同的构造位置其裂缝复杂程度也不同。

7.1.3.5　吸附能力

对不同地区陡山沱组野外露头泥页岩样品的等温吸附实验测试结果显示,测试过程中甲烷吸附体积随压力变化的过程存在差异,但从吸附等温线的形态来看,泥页岩样品对甲烷的吸附等温线均属于单分子吸附类型,前半段甲烷吸附量随压力增大而迅速增加,随后变化幅度变小,吸附趋于饱和。对实验测试结果进行拟合,其符合Langmuir等温吸附关系。

测试结果表明,湘西北地区暗色泥页岩样品对甲烷的最大吸附量(V_L)主要在0.8～1.77 cm^3/g,具有较好的吸附性能,部分样品含有较多的灰质成分,而黏土矿物有机质含量较低,在一定程度上影响了其吸附性能。不同地区陡山沱组暗色泥页岩吸附能力会有差别,鄂西地区泥页岩样品对甲烷的最大吸附量(V_L)主要在2.05～3.05 cm^3/g,具有较好的吸附能力(图7-12)。

陡山沱组页岩气吸附能力较强,同时在多个地区发现了良好的含气现象。2009年,湖北三峡翻坝高速公路隧道施工时,在埋深416 m的陡山沱组下部灰黑色炭质白云岩及泥岩中发现了可燃气体,火焰多呈蓝色,部分呈黄色,初步判断燃烧气体为页

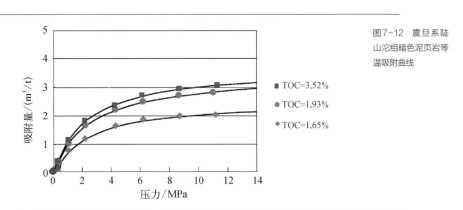

图7-12 震旦系陡山沱组暗色泥页岩等温吸附曲线

岩气。2014年末,在湖北省秭归县钻探的秭地1井显示,仅陡山沱组二段黑色富有机质页岩厚度达90 m,整体上含气性较好,岩心水侵实验中可见强烈的串珠状气泡冒出,解析气含量为0.4~1.0 m³/t,解析气能够成功点火。

7.1.4 可压裂性

湘鄂西地区典型剖面样品X衍射全岩及黏土矿物分析显示,陡山沱组页岩中以脆性矿物为主,含量较高,一般含量分布在21%~78.7%,脆性矿物以石英为主要成分,钾长石、斜长石含量较少;黏土矿物含量一般在11.1%~40.1%,平均为25.8%,碳酸盐岩矿物一般低于20%。暗色泥页岩脆性指数分布在20%~83%,主体分布在45%~70%,平均在58%左右,页岩可压裂性效果总体较好(图7-13)。

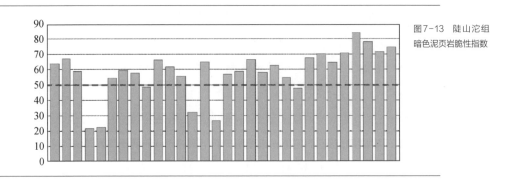

图7-13 陡山沱组暗色泥页岩脆性指数

7.1.5 综合评价

上震旦统陡山沱组暗色泥页岩地球化学特征、矿物岩石成因与储层物性、吸附能力等特征与北美地区Barnett页岩具有相似性。该套泥页岩发育范围遍及南方，以湘鄂西地区最为发育，以台缘斜坡及台内盆地相沉积环境为主，页岩发育厚度一般在30～350 m，有机碳含量分布不均，一般在0.5%以上，大部分地区高于1.0%，局部地区可达10%以上，有机质类型以Ⅰ型为主，过成熟演化阶段，部分地区进入变质作用阶段；泥页岩储层空间发育粒间孔、粒内孔、有机质孔、裂缝等；孔隙度一般小于5%，发育有机质孔，但密度较小，连通性较低，储集物性较差；矿物组成以硅质为主，石英含量可达21%～78%，由于较高的成岩作用和硅质成分，其脆性较好；储层孔隙空间BET比表面积较大，一般为0.23～36.26 m²/g，BJH吸附总孔体积分布在(0.72～50.87)×10⁻³ cm³/g，BJH吸附孔径主要分布在6.55～8.92 nm，孔径分布以1～50 nm的微孔及中孔为主；暗色泥页岩储层吸附能力一般在0.8～3.05 cm³/g。

7.2 下寒武统牛蹄塘组

7.2.1 展布特征

下寒武统含页岩层系主要发育在寒武系底部，以筇竹寺组和沧浪铺组为主，与之相当的有川黔鄂牛蹄塘组、水井沱组、筇竹寺组及苏浙皖的幕府山组、荷塘组，层位稳定，岩性主要为暗色页岩、黑色炭质页岩、碳硅质页岩、黑色结核状磷块岩、黑色粉砂质页岩和石煤层；广泛发育于扬子、南秦岭和滇黔北部地区的次深海－深海沉积相区，平面上主要分布于扬子克拉通南北两侧，即大巴山－鄂北－苏北一带，以及浙西－皖南、赣北－湘西、黔北－川南－滇东北一带。现今残留面积约为90×10⁴ km²，其中厚度大于50 m的分布面积达$58 \times 10^4 \, \text{km}^2$（图7-14；郭旭升等，2012）。

下寒武统页岩总体为欠补偿、较深水、缺氧强还原环境下沉积的黑色页岩夹深灰色泥岩，厚度一般为50～200 m，最厚可超过600 m。有机碳含量一般均大于1.0%，最高可达12.64%，平均为2.77%。按照有机碳含量低限评价，滇东北-黔西北、川南、黔北、渝东-湘鄂西、江西隆起北缘、苏北-皖东、皖南-苏南和南秦岭地区是主要的页岩发育区。

滇东北-黔西北地区，牛蹄塘组页岩厚度一般在150～300 m，有机碳含量较高，一般为2%～8%。川南地区，该套泥页岩厚200～400 m，有机碳含量在0.5%～1.0%，热演化参数镜质体反射率（R_o）主体介于2.0%～4.0%。

在渝东-湘鄂西、黔北地区，该套泥页岩厚50～300 m，有机碳含量在0.5%～3.0%；在滇北-黔北地区，该套泥页岩厚50～150 m，有机碳含量在0.5%～15.0%；在南秦岭地区，该套泥页岩厚100～500 m，有机碳含量在0.5%～2.0%；在皖南、苏南地区，该套泥页岩厚50～400 m，有机碳含量在0.5%～4.0%。

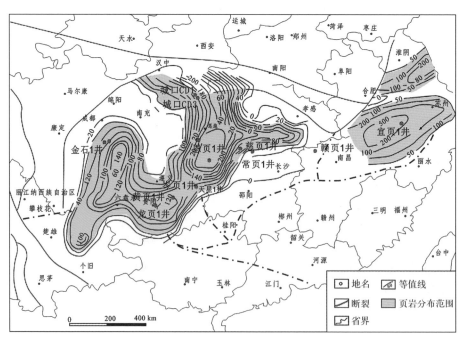

图7-14 南方地区下寒武统富有机质页岩分布

在下扬子地区,该套泥页岩厚50～120 m,有机碳含量相对较低,在0.5%～5%。整体而言,下寒武统暗色泥页岩地层在南方地区广泛发育,平均厚度为50～500 m,有机质含量高,处于高-过演化程度。

近年来,在下寒武统牛蹄塘组泥页岩屡有天然气发现。如四川盆地内威远地区威201井在牛蹄塘组获得(1～1.2)×10⁴ m³/d的产量;针对牛蹄塘组页岩气钻探的金页1HF水平井,水平段长1 160 m,分10段压裂,获得了8×10⁴ m³/d的工业气流。此外,在湘鄂西地区雪峰山西缘实施的天星1井、黄页1井、慈页1井、城地1井发现良好的气显示,岩心现场解析气含量为2～3.5 m³/t,显示本套页岩具有良好的页岩气资源潜力。

7.2.2　矿物岩石学特征

7.2.2.1　页岩类型及结构构造

下寒武统黑色岩系主要由黑色页岩、硅质页岩、粉砂质泥岩、粉砂岩组成。硅质含量较低时,硬度变小,均匀性变差。泥页岩出现在牛蹄塘组下、中部。页岩有纹层及页理构造,泥岩无纹层和页理构造,下寒武系牛蹄塘组灰褐色硅质磷块岩上面有一层含铁质的泥岩,再上面为深灰色薄层硅质岩、炭质页岩、含硅质炭质页岩,见磷质团块。往上为黑色的镍钼矿层,镍钼矿层之上为黑粉砂质、炭质泥岩(图7-15)。

图7-15
湘西北慈利下寒武统牛蹄塘组页岩

下寒武统底部常常发育有石煤层,整个南方凡有下寒武统底部黑色页岩发育的地区,或多或少都有石煤层存在。石煤由无机组分和有机组分两部分组成。从整体看看,石煤的有机组分略比无机组分高,但也有不少地区石煤的有机组分低于无机组分。无机组分主要为硅质、泥质、粉砂质、钙质等,有机组分都已碳化为炭质物,呈凝胶基质和腐泥基质,其中常见有生物结构的有机形态分子如藻丝体、菌类体、胶质体、超微生物等。

下寒武统页岩在下扬子地区主要发育在荷塘组下部,为灰黑色、黑色薄层炭质硅质岩夹炭质页岩,呈不等厚状互层,上部以灰黑色、黑色薄–中薄层炭质页岩、页岩及炭质硅质页岩、炭质硅质泥岩为主,顶部为深灰色微晶灰岩和暗色泥岩互层状。

中扬子地区页岩段岩性主要为深灰色、黑色含粉砂泥岩、云质泥岩、炭质泥岩、硅质页岩互层沉积。通过岩心观察建立的综合岩心剖面及FMI图像识别,炭质泥岩发育水平层理,但层理面并不清晰,岩性内部较为均一,可见大量的黑色条带或团块状的黄铁矿顺层分布。

在四川盆地,钻井显示筇竹寺组页岩岩性一般为深灰、灰黑色粉砂质页岩夹浅灰色灰质灰砂岩。金页1井为深灰、灰黑色页岩、粉砂质页岩夹灰色泥质灰岩。露头上一般表现为黑色硅质、含粉砂质页岩,页理发育,一般含裂隙,充填方解石。

以湘西北慈页1井为例,下寒武统牛蹄塘组黑色页岩具有泥质结构,层状构造(图7-16)。岩石组成主要为泥质、石英和少量方解石。石英碎屑分选好,次棱角状–圆状,基质支撑,多数粒径 < 0.05 mm,极少数粒径可达到0.25 mm,含量约为

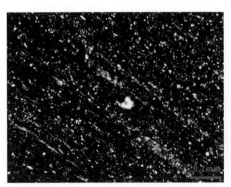

图7-16
湘西北慈
页1井 下
寒武统牛
蹄塘组薄
片鉴定

(a) 2 653.35 m, (单) ×100 层状构造　　　　(b) 2 712.62 m, (单) ×100 粉砂质–泥质结构

40%。泥质中水云母较多,含量约50%。岩石中含有被方解石充填的单细胞生物碎屑,呈半自形-他形,部分被硅质交代,约0.1 mm,局部还有少量方解石泥晶,方解石含量共约10%。另外,可见少量不透明炭化颗粒。碎屑主要成分为石英,基质主要成分为泥质,因含炭质而呈深色,其次为碳酸盐矿物。石英碎屑分选好,呈次棱角状-次圆状,粒径 < 0.05 mm,含量约60%。泥质基质主要为水云母等黏土矿物,水云母定向排列,含量约30%;碳酸盐矿物主要为白云石,粒径 < 0.03 mm,含量约10%。

7.2.2.2　矿物组成及特征

根据对下寒武统牛蹄塘组的野外露头和镜下观察分析,下寒武统牛蹄塘组具有富脆性矿物的特点。四川盆地多口井钻遇岩心的分析结果统计表明,筇竹寺组页岩硅质含量(石英+长石+黄铁矿)一般为45%,泥质含量约为32%,碳酸盐质含量约为22%(图7-17)。

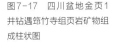
图7-17　四川盆地金页1井钻遇筇竹寺组页岩矿物组成柱状图

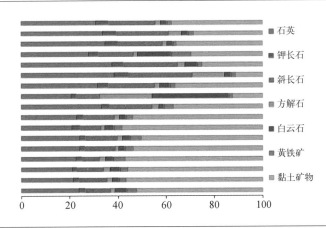

下扬子地区钻井与露头样品分析测试表明,下寒武统荷塘组页岩矿物组成以石英、斜长石、黄铁矿、碳酸盐岩矿物为主,且石英含量普遍为42%～71%(图7-18)。黏土矿物组成以伊利石和绿泥石为主,其中伊利石矿物成分为84%～90%,绿泥石含量为4%～10%。一件样品测得结构单元层类型伊蒙混层为10%,混层比为10%。

中扬子地区下寒武统牛蹄塘组页岩碎屑矿物含量为66.12%,黏土矿物为19.28%,自生脆性矿物为14.60%。其主要矿物组合为石英、伊利石和黄铁矿以及少量重晶石、磷灰石和方解石。硅质页岩黏土矿物含量为22.8%～49.0%，石英含量为35.8%～65.9%。炭质页岩、石煤的黏土矿物含量为13.2%～34.8%，石英含量为35.0%～67.5%。扫描电镜下观察多见黏土矿物，黏土矿物多为高岭石和伊利石，多见于岩样表面（图7-19）。

图7-18　下寒武统牛蹄塘组页岩岩矿组成三角图

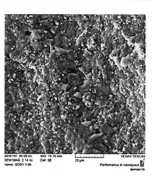

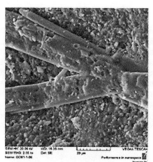

图7-19 下寒武统牛蹄塘组扫描电镜下矿物形态

(a) 方解石优势条带 (重结晶作用形成)

(b) 柱状石膏

(c) 葡萄状黄铁矿

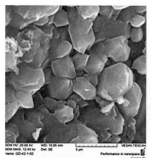

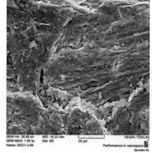

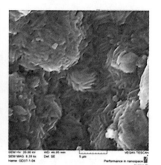

(d) 方解石自形晶

(e) 黏土矿物形成的凝絮物

(f) 后生绿泥石

7.2.2.3 有机质特征

南方下寒武统牛蹄塘组页岩有机质含量较高,但热演化程度也普遍较高。下扬子地区,根据宁国万家地区下寒武统荷塘组地表采样分析结果,荷塘组黑色泥岩的TOC含量普遍高于2.5%。根据岩心资料分析,皖宁2井荷塘组有机碳含量全段大于0.5%,其中约80 m泥页岩TOC大于3%,大于5%的泥页岩厚度约为50 m,尤以荷塘组下部硅质泥页岩含量为高,最高可达9.5%,测得R_o值为2.0%~3.0%,处于成熟-过成熟阶段。宣页1井荷塘组岩心TOC含量普遍可达17%。热解结果显示,页岩段残余碳含量普遍高达10%,甚至可达20%。荷塘组页岩测得的R_o为4.18%~5.12%,处于过成熟和高热演化阶段。

中扬子地区,以贵州省东部黄平地区钻探的黄页1井为例,钻遇下寒武统牛蹄塘组页岩有机质含量较高,页岩段有机碳含量普遍大于3%,最高可达11%,氯仿沥青"A"含量为0.004~0.034 1 mg/g,平均为0.009 5 mg/g,有机质类型以Ⅰ型为主。根据凯里地区黔山1井钻井成果,九门冲组4个泥页岩样品的TOC含量在1.60%~5.86%,平均为3.22%。对贵州丹寨剖面12块页岩进行了TOC测试,有机碳含量为0.54%~3.43%,平均为2.5%,其中大于2%的样品有10块,占83.3%,平均值在2.7%以上。鄂西渝东地区,页岩有机碳含量以3.0%~9.0%为主。下寒武统页岩有机显微岩石学分析表明,其生源组合中以腐泥组+藻类组占绝对优势,腐泥组+藻类组相对含量分布于20%~90.1%,平均为58.36%;并显示出大量原生沥青的存在,碳沥青含量变化较大,分布于2.5%~62%,平均为27.4%;微粒体含量分布于7.4%~17.2%,总平均含量为12.34%;动物碎屑含量较低,一般小于3%。干酪根碳同位素值分布于-31.20‰~-28.77‰,类型指数均大于80,属腐泥型干酪根。

四川盆地寒武系埋深较大,出露地区仅分布在盆地西缘美姑地区及南侧昭通地区。从钻井与露头测试结果来看,四川盆地下寒武统筇竹寺组页岩(牛蹄塘组)有机质含量一般为1%~4%,其中川南地区含量较高,一般在长宁-高县-遵义一带较高,可达3%~5%,向北及川中地区逐渐降低。威远地区实施的金页1井筇竹寺组页岩有机质含量平均约为1.11%,最大值约为3.55%,位于筇竹寺组页岩上段。四川盆地下寒武统页岩有机质热演化程度普遍偏高,一般为3%~4%,金页1井实测值约为3.14%。

7.2.3 储集性能

7.2.3.1 储集空间

下寒武统牛蹄塘组扫描电镜下观察多见张性裂隙,压性裂隙次之,压性裂隙一般为闭合状,镜下反应为较笔直的亮线状;可见少量剪性裂隙以及内生裂隙(图7-20、图7-21)。扫描电镜下,牛蹄塘组页岩孔隙类型多样,黏土矿物孔隙、有机质孔隙、颗粒矿物孔均有不同程度的发育。

在四川盆地,钻井揭示下寒武统筇竹寺组页岩孔隙构成以黏土矿物孔隙和有机质孔隙为主体。如威远地区,页岩有机质孔隙占1.7%～43.2%(平均18.6%),黏土矿物层间孔隙占53.9%～97.4%(平均79%),脆性矿物孔隙占0.8%～3.1%(平均2.4%)。犍为地区页岩中有机质孔隙占4.1%～33.9%(平均为11.4%),黏土矿物层间孔隙占66.1%～95.9%(平均为87.6%),脆性矿物孔隙占0.2%～2.2%(平均为1.1%)(图7-22)。

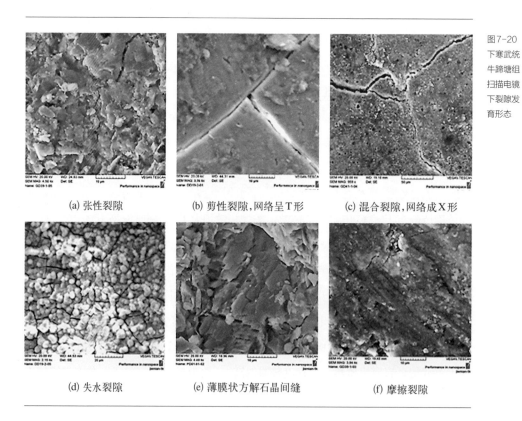

(a) 张性裂隙   (b) 剪性裂隙,网络呈T形   (c) 混合裂隙,网络成X形

(d) 失水裂隙   (e) 薄膜状方解石晶间缝   (f) 摩擦裂隙

图7-20
下寒武统
牛蹄塘组
扫描电镜
下裂隙发
育形态

图7-21
下寒武统
牛蹄塘组
扫描电镜
下孔隙的
形态

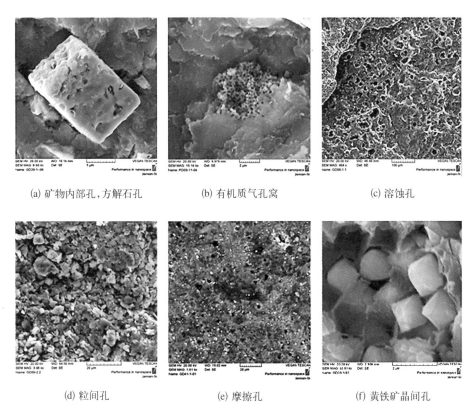

(a) 矿物内部孔，方解石孔　(b) 有机质气孔窝　(c) 溶蚀孔

(d) 粒间孔　(e) 摩擦孔　(f) 黄铁矿晶间孔

图7-22
四川盆地威
远(a)和犍
为(b)地区
钻井岩心孔
隙度百分比
构成

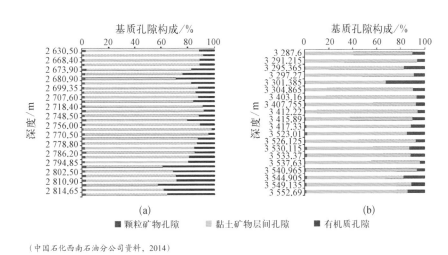

（中国石化西南石油分公司资料，2014）

7.2.3.2　物性特征

下寒武统页岩孔隙度和渗透率一般较低。下扬子地区下寒武统荷塘组页岩压汞实验测试显示，样品孔隙度φ为0.2%～2.59%，平均为1.5%，孔隙度中等；喉道均值在10.226～16.314 nm，平均为14.277 nm。渗透率主要分布在$(0.004～0.061) \times 10^{-3}$ μm^2。比表面积变化范围较大，在0.461～19.142 m^2/g，平均为5.959 m^2/g。

中扬子地区钻井实测值显示，页岩孔隙度值为0.71%～1.61%（107块），主体介于1%～3%（表7-2）。测井解释孔隙度一般为2%～3%。渝东地区牛蹄塘组黑色页岩孔隙度为0.2%～3.5%，平均为1.5%；渗透率为$(0.001\ 2～0.936\ 1) \times 10^{-3}$ μm^2，平均为0.095×10^{-3} μm^2。钻井实验数据（秀浅1井）显示，牛蹄塘组页岩孔径在1.44～115.68 nm，平均孔径为4.00 nm；孔隙度在0.2%～3.5%，渗透率在$(0.001\ 2～0.936\ 1) \times 10^{-3}$ μm^2。

在四川盆地，下寒武统筇竹寺组页岩孔隙较为发育。钻井岩心样品分析显示，个别样品微裂缝、片状喉道发育。氩离子抛光扫描电镜观测到，孔隙直径一般为5～750 nm，平均在100 nm左右，面孔率为4.1%～24.7%。比表面积及孔径分布实验

样品编号/井号	样品位置	层　位	岩　性	孔隙度/%	渗透率 $\times 10^3/\mu m^2$
KL-03	贵州丹寨	$\in_1 n$	黑色炭质泥岩	7.15	0.001
KL-04	贵州丹寨	$\in_1 n$	黑色炭质泥岩	11.6	0.001
KL-06	贵州丹寨	$\in_1 n$	黑色炭质泥岩	4.43	0.001
KL-07	贵州麻江	$\in_1 n$	黑色炭质泥岩	6.69	0.001
KL-08	贵州瓮安	$\in_1 n$	黑色炭质泥岩	2.07	0.004
KL-10	贵州瓮安	$\in_1 n$	黑色炭质泥岩	5.97	0.001
MT-01	贵州湄潭	$\in_1 n$	黑色炭质泥岩	15.4	0.001
宜10井*	湖北恩施	$\in_1 n$	黑色炭质泥岩	1.8～2.2	0.006～0.033
资2井*	四川资阳*	$\in_1 q$	粉砂质页岩	1.53	
	重庆秀山*	$\in_1 sh$	黑色泥岩	9.82	

表7-2　扬子地区下寒武统泥页岩物性数据

结果表明,页岩以2~50 nm的中孔为主(54.9%),其次为 > 50 nm的大孔(31.1%),10~50 nm的总孔容占比最大。

7.2.3.3　储集类型

下寒武统页岩的储集类型主要以游离型和吸附型为主。由于寒武系页岩发育时代较早,矿物组成以硅质成分为主,成岩作用强,孔隙结构主要以粒内孔、粒间孔为主。显微照片可以观察到蜂窝状黄铁矿颗粒、颗粒与颗粒接触间隙等现象较为发育,且该类孔隙直径较大,一般大于35 nm。寒武系页岩有机质发育,有机质内微孔、微裂隙是另外一种重要的储集空间,但由于较高的热演化程度和压实作用,该类有机质孔隙直径较小,密度也相对较小。

下寒武统页岩除了与自生有关的孔隙类型外,受构造运动的影响,裂缝相对发育(图7-23)。主要存在填充型、开放型两类,在不同地区、不同层段,其类型也不同。裂缝一般与层理面交叉,裂缝形态复杂,穿透页岩层,宽度一般为1~10 mm,长度一般达3~5 m,局部地区更为复杂。就裂缝发育情况而言,寒武系页岩下部层段裂缝发育强度较大,形态较复杂。就各地区而言,下扬子地区、武陵山地区等强烈褶皱区裂缝相对较为发育,而四川盆地内、盆地外相对宽缓的背斜和向斜构造内部,裂缝发育程度较弱。

图7-23
下扬子地
区寒武系
硅质页岩
裂缝产状
照片

(a) 黑色硅质泥岩　　　　　　　　(b) 多期裂隙相互切割 (硅质充填,×50)

7.2.3.4　吸附能力

等温吸附实验表明,下寒武统牛蹄塘组页岩具有一定的吸附能力(图7-24)。下扬子地区寒武系页岩等温吸附的甲烷气含量一般为0.5～2 m³/t,页岩中吸附气含量与压力和有机碳含量总体上呈良好的正相关关系,相同压力下,有机碳含量高的样品吸附量比有机碳含量低的明显要高。中扬子地区贵州省东南部黄平地区钻探的黄页1井岩心等温吸附实验表明,下寒武统牛蹄塘组页岩TOC含量一般为5%～8%,页岩的甲烷吸附能力约为2 m³/t。

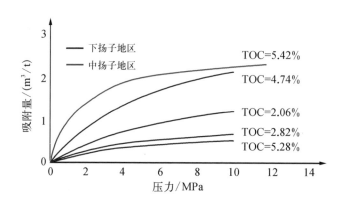

图7-24　扬子地区页岩等温吸附曲线

7.2.4　可压裂性

1. 脆性指数

下寒武统页岩由脆性矿物含量来看,一般以石英为主,含量可达到50%或更高。中扬子地区长英质矿物和碳酸盐岩矿物含量达到60%～70%,在矿物三角端元组合图中,整体偏石英一侧。四川盆地钻井岩心与测井解释计算的页岩脆性指数为0.56。

2. 岩石力学性质

四川盆地钻井岩心实测结果显示,下寒武统筇竹寺组页岩平均杨氏模量为

30.19 GPa；平均泊松比为0.23；脆性指数为0.56；抗拉强度为5～7 MPa；最大水平主应力为80.3～90.33 MPa；最小水平主应力为68～73 MPa；垂向应力为82.3 MPa；水平应力差异系数为0.24～0.26；应力－应变曲线表现为脆性特征（图7-25）。

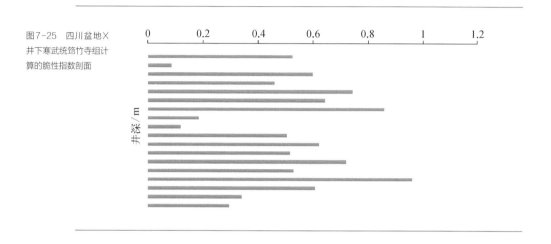

图7-25　四川盆地X井下寒武统筇竹寺组计算的脆性指数剖面

7.2.5　综合评价

下寒武统含页岩层系以牛蹄塘组（水井沱组/荷塘组/九门冲组）为主，岩石成因和储层特征与北美地区Barnett页岩相似。该套页岩发育范围遍及南方，以盆地相－深水陆棚相环境为主，页岩发育厚度一般在120～350 m，有机碳含量普遍大于2%，有机质过成熟；一般孔隙度小于5%，发育有机孔，但密度较小，连通性较低，储集物性较差；矿物组成以硅质为主，石英含量可达45%～68%，由于较高的成岩作用和硅质成分，其脆性较好。评价结果认为，寒武系页岩气资源属于Ⅱ类，资源分布主要存在两种类型，一种是上扬子川中威远地区等盆内稳定区内埋深相对较为适中的背斜目标为主，保存较好，潜力较大；一种是以后期构造强烈抬升后残留的褶皱构造为特征，重点地区为中扬子武陵褶皱带中西部－雪峰构造西缘的改造型褶皱构造区，具备较为完善的保存体系，经构造改造后具有一定的储层条件和孔隙连通性，具有较好的资源潜力。

7.3   上奥陶统五峰组-下志留统龙马溪组

7.3.1   展布特征

晚奥陶世-早志留世期间，华南陆块处于南聚北离向双向挤压转换的动力背景。含有机质页岩主要为发育在江南一雪峰低隆起（有时为水下隆起）到滇黔隆起以北的克拉通边缘滞流盆地相较深水-深水缺氧条件下的非补偿性沉积，包括上奥陶统五峰组和下志留统龙马溪组下部碳硅质泥岩、炭质泥页岩、黑色泥页岩。上奥陶统五峰组与下志留统龙马溪组一般为连续沉积，岩性为黑色页岩，含笔石、介壳、腕足等生物化石，五峰组沉积厚度较小，但分布较稳定，厚度一般为几米至二十多米，有机碳丰度一般为1.0%～2.0%，最高可达6.47%，平均为1.68%；下志留统含有机质

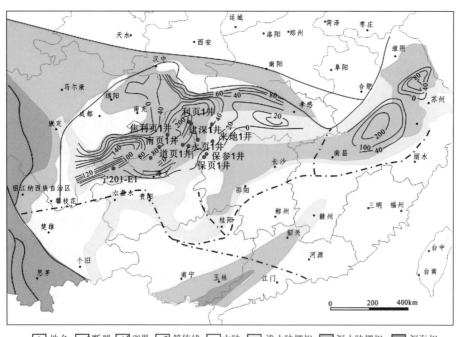

图7-26
南方地区
下志留统
富有机质
页岩分布

⊡ 地名　╱╱ 断裂　╱╲ 省界　╱╲ 等值线　☐ 古陆　☐ 浅水陆棚相　☐ 深水陆棚相　■ 深海相

页岩集中分布在其底部,厚度较五峰组要厚,一般分布于30～100 m,有机碳丰度为0.5%～2.0%,最高可达4.23%,平均为1.66%,龙马溪组中上部变为灰色含粉砂页岩、灰色灰质页岩、黄绿色粉砂质页岩等。

上奥陶统五峰组-下志留系龙马溪组页岩发育几个主要的沉积中心,主要分布在上扬子地区,川南至鄂西渝东和渝东北地区分布稳定,厚度分布范围在40～200 m,平均厚度为80 m(图7-26)。主要分布在川东北、鄂西-渝东、江汉,以及下扬子地区,平均厚度为40～200 m,残余有机碳含量为0.5%～2.0%,以腐泥型为主。在下扬子地区,该页岩段厚65 m,有机碳含量为0.9%～1.24%;中扬子地区西部,该页岩段厚80 m左右,有机碳量为1.01%～1.22%;江南盆地地区,该页岩段厚35～54 m,有机碳含量为0.87%～1.65%;上扬子地区,该页岩段厚40～80 m,有机碳含量为0.5%～2.34%。

7.3.2　矿物岩石学特征

7.3.2.1　页岩类型及结构构造

五峰-龙马溪组沉积时期,中上扬子地区与下扬子地区沉积环境有所不同,发育的岩性差别较大。下扬子区(包括苏北地区)进入前陆盆地演化阶段,受物源供给影响,横向上岩性变化较大。在滨海-盐城-高邮地区为一套粉砂质页岩、粉砂岩与细砂岩组成的韵律层,厚度可达153 m;而在其以南地区主要以欠补偿的富含笔石的页岩为主,厚度一般在0.84～20.68 m,黄桥地区钻井显示其厚约17.5 m。下志留世高家边组时期,岩性主要为深灰色泥(页)岩、含粉砂质泥岩、硅质泥(页)岩、夹粉砂岩纹层,底部发育一套笔石页岩层。具水平层理、波状层理。虽然厚度较大,但有机质富集段(TOC大于0.5%)主要位于底部的笔石页岩段。

中、上扬子地区,上奥陶统五峰组-下志留统龙马溪组页岩以硅质页岩、炭质粉砂质页岩为主,颜色为灰黑、黑色。细水平纹层发育,层面上见大量笔石化石碎片(图7-27)。五峰-龙马溪组页岩岩石组合底部与奥陶统临湘组瘤状灰岩整合接触,上覆黑色富笔石炭质页岩,灰质含量少,或基本不含灰质;由上出现黑色笔石页岩,

图7-27
湘西北龙
山县下志
留统龙马
溪组页岩

炭质含量明显减少；由上出现深灰色-深灰色泥岩夹纹层状砂质条带，明显受到多期洋流-底流作用影响，富砂条带明显，有机碳含量相对减少；再上出现黑色页岩、黑色硅质页岩，水体加深，有机碳含量增加。上覆地层为中段下部灰色含灰泥质白云岩。岩性变化及岩石组合指示，下段深水沉积环境水体也存在一定律动，由下至上水体由深到较深-较浅-较深-浅水。

7.3.2.2　矿物组成及特征

　　下志留统龙马溪组页岩中黏土矿物含量较高，黏土矿物主要有不明析出物、黏土矿物、孔隙充填石膏、伊-蒙混合及片状伊利石等（图7-28）。黏土矿物的类型、数量、产状及其分布特征等对储层储渗条件具有明显的控制作用，具体情况要配合其他条件综合分析论述（湖南省煤炭地质勘查院，2012）。黏土矿物伊利石化形成的微裂孔隙和不稳定矿物（如长石、方解石）溶蚀形成的溶蚀孔可构成部分页岩储层的储渗空间。绿泥石含量与孔隙度呈微弱的正相关关系，而与渗透率呈较好的正相关关系。

　　渝东南地区上奥陶统五峰组-下志留统龙马溪组和下寒武统牛蹄塘组富有机质页岩矿物成分主要为碎屑矿物和黏土矿物，可见少量的碳酸盐岩和黄铁矿。其中，碎屑矿物主要为石英和少量长石；黏土矿物主要为伊利石和伊蒙混层矿物，可见少量绿泥石。五峰组-龙马溪组碎屑矿物含量为29%～71%，平均为48.7%；黏土矿物含

图7-28 下志留统
龙马溪组扫描电镜
下矿物形态

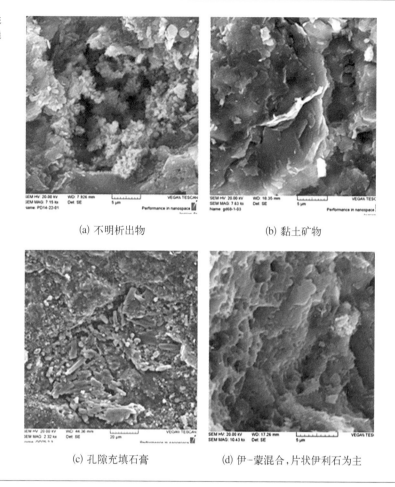

(a) 不明析出物

(b) 黏土矿物

(c) 孔隙充填石膏

(d) 伊-蒙混合，片状伊利石为主

量为27%～62%，平均为43.2%；牛蹄塘组碎屑矿物含量为40%～80.8%，黏土矿物含
量为21.1%～56.4%。

露头页岩岩石X衍射分析表明，上奥陶统到下志留统富有机质黑色页岩中脆性
矿物（石英、长石、黄铁矿）含量为28.7%～69.9%，平均为48.6%；黏土矿物含量为
20.8%～54.6%，平均为38.1%；碳酸盐岩、硫酸盐岩等其他矿物含量为0～49.6%，平
均为13.3%（图7-29）。其中，石英含量为22.6%～59.5%，钾长石和斜长石含量为
1%～18.4%，方解石含量为0～29.6%；黏土矿物中，伊利石含量为13.5%～36%、绿
泥石含量为0.7%～4.9%、伊蒙混层含量为6.2%～14.7%，不含高岭石。

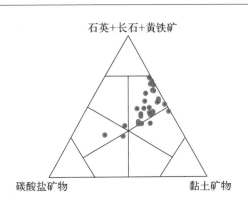

图7-29　上奥陶统-下志留
统页岩岩矿组分三角图

石英+长石+黄铁矿

碳酸盐矿物　　　　　　　　　　黏土矿物

7.3.2.3　　有机质特征

上奥陶统五峰组-下志留统龙马溪组富有机质页岩纵向上主要分布于该组下部。有机显微岩石学分析显示,其生源组合中以腐泥组+藻类组占比较大,属腐泥型干酪根。与牛蹄塘组页岩相比,五峰组-龙马溪组页岩腐泥组+藻类组含量略有降低,而次生有机显微组分(沥青组、微粒体)含量增加,动物组含量较下寒武统的明显要高。五峰组-龙马溪组页岩成熟度的分布和变化趋势与下寒武统页岩基本相似。

龙马溪组下部地层发育大量以笔石为主的生物化石,化石种属关系指示龙马溪组底部-五峰组黑色页岩为深水陆棚相。从全球志留系地层对比、志留系标准笔石带的划分依据来看,龙马溪组对应兰多弗里组鲁丹阶。笔石带由下至上依次出现Akidograptus ascensus、Parakidograptus ascensus、Cystograptus vesiculosus、Coronograptus cyphus四个标准笔石带。此外,根据四个主要笔石带中笔石种属与发育地域、生活环境等关系对照,按照水深-水浅的生态环境变化关系,扬子地区晚奥陶-早志留世笔石以尖笔石-栅笔石-树形笔石-锯笔石-纤笔石-弓笔石-耙笔石-螺旋笔石的出现为特征。

五峰组黑色炭质页岩段,出现以尖笔石、栅笔石为代表的生物组合,笔石含量较多,同时笔石个体较小,分布杂乱,指示水体较为安静,水动力条件对笔石的生活造成的影响较小。上部黑色页岩中,笔石数量较少,笔石个体较大,以锯笔石的出现和尖笔石的消失为特征,笔石数量明显较少。再上部位泥岩夹砂质,化石以少量稀疏出现的锯笔石和耙笔石为主,或基本不含笔石,表现为水动力条件较强、水体较浅。中部岩性为黑色页岩,化石含量进一步增多,耙笔石含量较多,含少量锯笔石。而在龙马溪组下段顶部,下部白云质岩石中出现个别腕足类化石,指示水体环境以浅水特征为主,上部则出现直笔石,个体较大,水体相对变深。

7.3.3　储集性能

7.3.3.1　储集空间及赋存方式

下志留统龙马溪组黑色页岩局部发育微裂隙,高分辨率显微观察可见有机质孔隙、颗粒矿物孔隙、黏土矿物孔隙等,孔隙呈溶蚀缝、粒间缝、镜质组收缩裂缝、挤压裂缝、片状伊利石形成的晶间缝及类镜质体缝等发育(图7-30)。

图7-30
志留系龙马溪组扫描电子显微镜下裂缝的形态

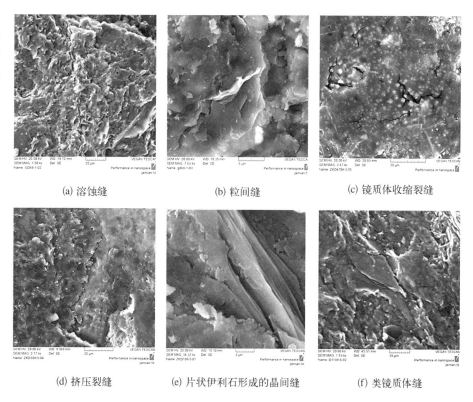

(a) 溶蚀缝　　　　(b) 粒间缝　　　　(c) 镜质体收缩裂缝

(d) 挤压裂缝　　(e) 片状伊利石形成的晶间缝　　(f) 类镜质体缝

7.3.3.2 物性特征

对下志留统龙马溪组页岩进行压汞实验测试表明，页岩孔隙度主要分布在 0.9%～10.6%，平均为3.6%。孔隙度中等；喉道均值在13.78～15.19 nm，平均为 14.53 nm；渗透率主要分布在（0.005～0.084）× 10^{-3} μm^2。龙马溪组页岩比表面积变化范围较大，为2.367～19.538 m^2/g，平均为8.216 m^2/g。

中、上扬子地区五峰组－龙马溪组孔隙度为0.77%～4.7%，平均为2.8%（表 7-3）；渗透率为（0.002 6～0.032 8）× 10^{-3} μm^2，平均为0.0116× 10^{-3} μm^2。多口钻井资料显示，龙马溪组密度为2.7～2.74 g/cm^3，声波时差为206.7 $\mu s/m$，中子约为16%，这反映出其局部裂缝或孔洞发育。计算该层的孔隙度为1.51%，渗透率约为 0.09× 10^{-3} μm^2。秀山榕溪地区龙马溪组页岩电镜扫描照片显示，该套页岩孔隙发育，孔隙直径为5～29 μm。

表7-3 川东南地区及邻区下志留统页岩物性数据

样品位置	层位	岩性	孔隙度/%
贵州习水	$S_1 l$	黑色页岩	10.76
	$S_1 l$	黑色页岩	14.93
	$S_1 l$	黑色页岩	3.61
	$O_3 w$	黑色含硅质页岩	1.79
湖北长阳	$O_3 w$	黑色含硅质页岩	3.02
重庆南川	$S_1 l$	黑色页岩	3.74
芭蕉滩	$S_1 l$	黑色炭质泥岩	6.48
	$S_1 l$	黑色块状泥岩	11.03
	$S_1 l$	深灰色泥岩	1.31
	$O_3 w$	黑色泥岩	5.73
安稳	$S_1 l$	灰绿色泥页岩	0.84
	$S_1 l$	黑色炭质泥岩（含直笔石）	2.39
	$O_3 w$	黑色高炭质页岩	11.78
米溪沟	$S_1 l$	黑色页岩	7.37
	$O_3 w$	黑色页岩	11.08
秀山溶溪	$S_1 l$	深灰色泥岩	4.32
	$S_1 l$	黑色炭质页岩	2.16
黑水	$S_1 l$	黑色页岩	2.89
	$O_3 w$	黑色页岩	4.49

据贵州习水等地面样品分析,上奥陶统－下志留统泥页岩孔隙度为1.79%～14.97%,平均为7.77%,其中孔隙度大于10%的样品占26%,1%～5%的样品占42%,其组压汞曲线反映出孔隙喉道也均为微孔、微喉或小喉。其孔隙结构可见明显的低角度段,80%样品未达到中值压力(p_{50}),中值半径(r_{50})为0.677 μm,细歪度,分选差,且随着孔隙度降低,未饱和汞饱和度具有增大趋势,这表明孔隙连通性较差。

7.3.3.3　储集类型

龙马溪组页岩储集类型也是以吸附型和游离型为主。四川盆地钻井岩心样品与武陵山地区钻井岩心、地表露头样品分析可见,龙马溪组页岩中有机质孔隙、矿物粒间孔是主要的孔隙类型。根据涪陵页岩气田研究资料,焦石坝地区龙马溪组页岩有机质孔和黏土矿物孔的比例能达到50%以上,而碎屑颗粒孔占比较小。其中,龙马溪组底部有机质含量较高的层段有机质孔的占比更高,而靠上部TOC含量较低的含气页岩层段,有机质孔占比较小,黏土孔和碎屑孔占比较高,比例约一半以上(图7-31)。

图7-31　四川盆地东缘
焦页1井五峰-龙马溪组
页岩孔隙类型三角图

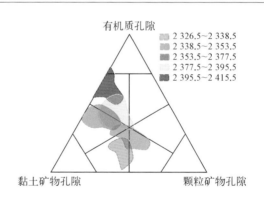

7.3.3.4　吸附能力

根据蒲泊伶等2010年对四川盆地龙马溪组页岩吸附能力进行的研究,在温度为40℃、湿度为1.68%～2.25%、甲烷浓度为99.999%的实验条件下进行的等温吸附实验表明,龙马溪组页岩具有较强的吸附气体的能力,其压力系数可达1.4～1.89,埋深大致为0～3 000 m,选定8.28 MPa作为地层平均压力,在此压力下页岩的吸附气含量为$1.12\sim1.74\ m^3/t$（平均为$1.28\ m^3/t$）。实测数据经拟合后发现，页岩中吸附气含量与压力和有机碳含量存在正相关关系（图7-32）。

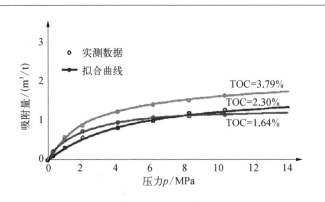

图7-32 四川盆地龙马溪组页岩等温吸附气含量曲线（蒲泊伶等，2010）

为了测试龙马溪组页岩样品甲烷吸附能力，采集样品后送至中石油研究院廊坊分院非常规重点实验室，用等温吸附仪测试吸附气含量，在温度30℃、甲烷浓度99.9%空气干燥基下对样品进行等温吸附试验。由公式$Gs = V_L p/(p + p_L)$，其中V为吸附气量，p为地层压力，V_L为Langmuir体积，p_L为Langmuir压力。

五峰-龙马溪组页岩样品等温吸附实验结果表明（表7-4），在10 MPa的静水压力条件下，页岩的最大气体吸附量约为$2.11\ m^3/t$，与TOC含量也表现出较为一致的正相关关系。

分 区	样 号	岩 性	地质年代	$V_L/(m^3/t)$	P_L/MPa	TOC/%	$R_o/\%$
黔北地区	1	黑色炭质页岩	$S_1 l$	2.11	3.96	2.25	2.5
	2	黑色泥岩	$S_1 l$	1.89	3.56	0.48	3.12
	3	黑色页岩	$S_1 l$	1.18	2.93	1.19	2.86

表7-4 黔北地区页岩等温吸附实验数据

对于研究区内的这两套页岩气体吸附能力，其他研究单位得出了相似或不同的结果（张金川等，2007；李玉喜等，2011）。如果不考虑实验系统误差，将数据差异归因于页岩在岩石组成、裂隙、孔渗参数等条件中的差异性，那么对黔北地区上奥陶统五峰组-下志留统龙马溪组暗色页岩的天然气吸附能力定为$1.5\sim3.2\ m^3/t$。

7.3.4 可压裂性

7.3.4.1 脆性指数

五峰-龙马溪组页岩在局部地区局部层段中，脆性有强有弱，但总体以脆性为主。岩石矿物组成计算的脆性指数平均约为60%，这表明其脆性较强。钻井岩心通过测井解释方法，计算的脆性指数为51%～67%，也表明其脆性较好。

脆性受矿物成分和构造性质的影响较大，因此五峰-龙马溪组表现为垂向上脆性指数变化较大。不同层位表现为不同的脆性指数。以焦页1井为例，脆性指数在纵向上有所变化，但总体表现为五峰-龙马溪组页岩总体上脆性指数较高、底部有机碳含量较高的部位其脆性指数相对较高的特点。

7.3.4.2 岩石力学性质

对龙马溪组页岩进行的岩石力学参数和应力测试结果表明，杨氏模量主要分布在(1.8～3.7)×10⁴ MPa，泊松比为0.11～0.26(图7-33)，岩石脆性指数在60%左右，脆性高，从而有利于压裂改造过程中形成复杂裂缝系统；最大主应力为52.2～55.5 MPa，最小主应力为48.6～49.9 MPa，水平地应力差异系数平均为0.106。

图7-33 中、上扬子地区主要钻井揭示的五峰-龙马溪组页岩岩石力学性质参数对比

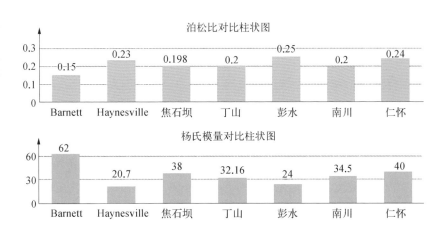

但岩石力学性质受到构造、成岩、成分、裂缝等因素的影响,因此在不同地区,不同深度、不同层位的页岩,其岩石力学性质有差异。但无论是中、上扬子地区,还是下扬子地区,五峰-龙马溪组页岩段底部有机质含量相对较高的层段,其岩石力学性质均表现出低泊松比、中高杨氏模量的特点,这表明其人工造缝程度相对较为容易。

7.3.5　综合评价

上奥陶统五峰组-下志留统龙马溪组含有机质页岩岩石成因和储层特征与北美地区Marcellus页岩具有相似性。在岩性组合方面,由下至上为笔石发育的黑色富有机质页岩、黑色含粉砂页岩、深灰色含碳酸盐岩页岩、灰色泥质页岩,表现为一套水体由深至浅的沉积层序。该套页岩在中-上扬子地区发育较为广泛,总体表现为深水陆棚-浅水陆棚相沉积环境。在平面展布方面,川中以东-川南-黔北以北-鄂西渝东-宜昌-镇巴以南地区是深水陆棚相发育的优势区,含页岩层发育厚度可达300~350 m,黑色页岩厚度一般为100~200 m。

五峰-龙马溪组含有机质页岩段,在垂向上差异较大,主要表现在岩性组合、地球化学特征、化石种属关系代表的水体环境、矿物成分、孔隙微观结构等方面。综合以上特征,可将五峰-龙马溪组黑色含有机质页岩按照岩石矿物、地球化学、储集空间特征,由下至上划分为四个亚段。同时结合测井曲线等高分辨率测量资料,将四个亚段进一步划分为多个小层,每个小层的页岩岩石矿物学特征、生烃条件、储集条件、可压裂条件都有所不同。

一亚段,地层包含五峰组以及龙马溪组底部层段,岩性以黑色富碳硅质页岩为主,富含笔石化石,且以尖笔石等代表水体环境较深的种类为主,有机质含量一般为2.0%~5.5%,属于高碳-富碳页岩,厚度一般在5~40 m,陆棚核心部位一般富碳页岩厚度较大,而向两侧靠岸附近逐渐减薄。矿物组成以生物成因的硅质成分为主,含量一般在45%~55%,黏土含量为20%~30%,含少量黄铁矿和碳酸盐岩成分,为典型的硅质页岩,有机质含量与硅质含量正相关。该亚段具有较高的杨氏模量和相对较低的泊松比,可压裂性是相对较好的层段。微观结构观察发现,该组段页岩孔隙度较大,孔隙最为发育,主要以有机质孔为主,孔径相对较大,以50 nm左右的介孔为主,且孔隙连通性相对较好。等温吸附实验结果表明,该组段的页岩,也是天然气吸附能力最强的层段。综合评价认为,五峰-龙马溪组一亚段是Ⅰ类页岩储层。

二亚段,地层包含龙马溪组底部黑色页岩段,有机质含量一般为1.5%~2.0%,属于高碳页岩,厚度一般在25~35 m。该亚段岩性以黑色页岩、黑色硅质页岩为主,笔石类型以尖笔石为主,但出现少量锯笔石;矿物成分以硅质为主,含量为40%~55%,黏土含量为20%~35%,石英和TOC含量之间呈正相关关系,硅质与生物成因硅密切相关。该段页岩一般都发育裂缝,裂缝规模在不同地区有所不同,缝宽一般以1~5 mm为主,局部层段密度可达3~8条/厘米^2。页岩脆性较好,可压裂性好;页岩孔隙中,有机质孔仍然占主导地位,孔隙度较高,但孔径相对一亚段则较小。等温吸附实验结果表明,该亚段中页岩吸附能力仅次于一亚段。综合评价认为,五峰-龙马溪组二亚段是Ⅰ类页岩储层。

三亚段,地层以龙马溪组底部深灰-深黑色含条带状粉砂页岩为主,厚度一般为25~30 m。该亚段岩性与底部差异较大,粉砂质含量明显增加,页岩生物化石含量也较少,在区域上成分有所变化。川东南地区以粉砂质页岩为主,川西南以碳酸盐岩质页岩为主,川东北粉砂质和灰质有互层的特点。该段页岩有机质含量一般为1.0%~1.5%,属于中碳页岩,硅质含量在50%~55%,但石英和TOC之间相关度不强,没有呈现明显的正相关关系,可能以碎屑石英为主。三亚段页岩孔隙类型以颗粒矿物孔和黏土矿物孔为主,有机质孔占比较低,孔隙度一般为2%~3%,孔径以中孔-微孔为主。综合评价认为,本段页岩属于Ⅱ-Ⅲ类储层。

四亚段为黑色-深灰黑色页岩,厚度一般在20~40 m,TOC含量为1.0%~2.0%,以中碳页岩为主,有机质含量相对下部三亚段有所增加。四亚段页岩硅质含量为45%~55%,硅质成分与生物硅有联系。本段页岩孔隙类型以有机质孔和颗粒矿物孔为主,含少量微裂缝,孔径以纳米-中孔为主。矿物组成、岩石力学参数表明该套页岩具有一定脆性,属于较脆易压裂的页岩。按照分类标准,四亚段属于Ⅰ-Ⅱ类储层。

7.4　泥盆系页岩

7.4.1　展布特征

泥盆系暗色泥页岩为一套区域性泥页岩,主要分布于黔南湘桂地区。根据该区的多口井资料以及14条野外实测剖面地层分布特征,认为桂中坳陷泥盆系泥页岩具有分布面积广、沉积厚度大的特点,泥页岩厚度在200~500 m。柳1井暗色泥岩单层数为41层(表7-5),单层厚度最大为24.1 m,累计视厚度为301.6 m,占中泥盆统地层厚度的36.7%;柳深1井暗色泥岩单层数为41层,单层厚度最大为65 m,累计视厚度为782 m,占中泥盆统地层厚度的41.5%,灰色、深灰色泥岩多夹薄层灰黑色泥灰岩,泥岩局部页理发育。

表7-5　单井泥盆系泥岩视厚度统计

井　名	井深/m	D₃厚度/m	D₂厚度/m	D₁厚度/m	泥岩统计数据		
					泥岩厚度/m	单层厚度范围/m	单层数量/层
柳1井	1 621	799.5	821.6 (未钻穿)		301.6	1~24.1	41
柳深1井	2 444	558	1 886 (未钻穿)		783	0.5~65	255
桂参1井	3 630	1 210	1 232	1 182 (未钻穿)	350.5	0.5~18	98

桂中坳陷泥盆纪呈台盆相间的沉积格局,含有机质页岩分布受沉积相控制明显,暗色泥页岩主要分布于盆地相区,灰-灰黑色泥页岩主要分布在台地边缘斜坡相区。盆地相区的下泥盆统益兰组(D_1y)、塘丁组(D_1t)、中泥盆统纳标组(D_2n)和中泥盆统罗富组(D_2l)[层位分别对应于台地相区的郁江组(D_1y)、四排组(D_1s)、应堂组(D_2y)和东岗岭组(D_2d)]为泥页岩主要的发育层系。

野外剖面实测结果显示,郁江组泥页岩分布于坳陷的南部,厚度在20~120 m,工区内泥岩不发育;四排组泥页岩主要分布于坳陷东部及西部的南丹-大厂地区

（图7-34），厚度在20～120 m；中泥盆统应堂组泥页岩主要分布于坳陷西部的南丹莫得-贵州布寨地区、坳陷中部石深1井-桂参1井地区、坳陷东部大乐-泗湖地区，厚度在20～400 m；东岗岭组二段分布于坳陷中部-东部地区、西北部介洞-最良一带，厚度在20～600 m。泥岩形成明显受控于沉积环境，深水陆棚相、盆地相是页岩形成最有利的相带。

图7-34
广西南丹吾隘剖面中泥盆统灰黑色中-厚层状炭质泥岩

(a) 广西南丹吾隘剖面泥盆系灰黑色中-厚层状炭质泥岩

(b) 广西南丹罗富剖面灰黑色薄层状炭质泥岩

7.4.2　矿物岩石学特征

7.4.2.1　页岩类型及结构构造

从早泥盆世晚期开始，桂中坳陷海盆出现了分块现象，到中泥盆世内缘台地相沉积取代早泥盆世滨岸相沉积，其他地区以稳定的浅海陆棚相环境沉积为主，沉积物为暗色薄-中层状泥岩夹砂岩、粉砂岩及灰岩、灰黑色炭质泥岩，局部含粉砂质条带、灰色硅质泥岩；早石炭世，环江-柳城一线以北形成滨海沼泽相沉积，槽盆相区以灰黑色炭质泥岩、页岩沉积为主，其他地区为碳酸盐台地相沉积。

桂中坳陷中泥盆统泥页岩主要分布在槽盆相区，即南丹-宜山-鹿寨凹陷带及上林-来宾象州凹陷带，形成两个泥质岩沉积发育中心，地层厚度在300～1 200 m，含有机质页岩厚度一般为200～600 m；中泥盆统泥页岩大部分埋深在2 000～4 500 m，罗城-宜州-柳城地区埋深在3 500以上，其他地区在2 000～3 500 m。

7.4.2.2　矿物组成及特征

桂中凹陷泥盆系页岩脆性矿物含量较高。李清（2014）通过对桂中凹陷泥盆系13件露头样品进行全岩矿物组分，分析结果表明（表7-6），该区泥盆系黏土矿物含量（质量分数）分布在32.7%～66.6%（平均为47.6%），石英含量分布在23.3%～45.5%（平均为32.86%），略低于北美Barnett页岩，方解石含量普遍小于10%。整体来说，区内泥盆系页岩的脆性矿物含量较高，具有良好的可改造性。

表7-6　桂中凹陷泥盆系露头样品全岩矿物组成数据（李清，2014）

编号	层位	矿物组成及其质量分数/%							
		黏土	石英	钾长石	斜长石	方解石	白云石	菱铁矿	普通辉石
GZ-01	D_1s	52.7	36.1	1.4	—	—	—	—	5
GZ-02	D_1s	43.9	45.5	1.5	2.3	—	—	—	5.6
GZ-05	D_1s	50.2	39.6	1.1	2.4	—	—	—	5.5
GZ-06	D_1s	38.8	32.6	1.3	2.1	10.2	11	—	—
GZ-08	D_1s	66.6	23.3	1.6	3.1	3.8	—	—	—
GZ-09	D_1s	51	36.8	2.3	3.3	5	—	—	—
GZ-17	D_1s	33.4	39.3	—	2.5	—	8.5	11.8	—
GZ-20	D_1s	32.7	28.3	1.1	1.3	—	26.1	1.9	—
GZ-21	D_1s	38.3	29.7	1.4	2.2	4.9	19.3	2.1	—
GZ-24	D_1s	53.2	38.9	2	3.7	—	—	—	—

中泥盆统罗富组岩性主要为一套台盆相深色页岩和硅质泥岩、硅质岩沉积，硅质含量较高。据统计，不论是海相页岩、海陆过渡相炭质页岩，还是陆相页岩，其脆性矿物含量总体比较高，均达到40%以上（邹才能等，2010），适合后期开发压裂改造。另外，影响吸附气多少的因素除了有机碳含量高低、干酪根类型外，还包括黏土矿物组成（聂海宽等，2009）。桂中坳陷泥盆系页岩储层黏土矿物分析结果（王鹏万等，2012）表明，泥盆系页岩黏土矿物主要是伊利石，其次为绿泥石，不含蒙皂石，有少量伊蒙混层（图7-35），这为吸附气富集提供了必要的条件。黏土矿物组分也降低了钻井及压裂过程中可能出现的水敏、酸敏等风险。

图7-35 南丹罗富剖面泥盆系泥页岩黏土矿物相对含量变化(王鹏万等,2012)

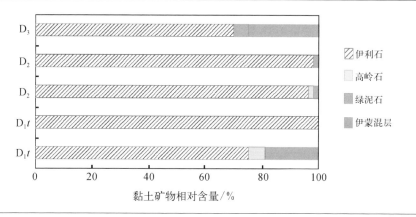

7.4.2.3　有机质特征

桂中坳陷泥盆系泥页岩有机碳含量较高。韦宝东(2004)对露头剖面样品的分析结果表明,桂中坳陷下泥盆统统泥岩有机碳含量最大为5.69%,最小为0.5%,平均为0.72%;中统泥岩类有机碳含量最大为9.46%,最小为0.5%,平均为2.4%;上统泥岩类有机碳含量最大为12.1%,最小为0.5%,平均为2.47%。林良彪等(2009)测定的南丹大厂剖面中泥盆统罗富组($D_2 l$)10件黑色泥岩样品有机碳数据中,仅1件样品小于2.0%,其他均大于2.0%,最高可达4.74%,平均为3.23%。南丹罗富地区的6口浅钻井显示,泥盆系泥岩有机碳含量平均为1.69%,120件样品中仅7.5%的有机碳含量< 0.5%,而有44%的样品有机碳含量> 2%。其中罗富组($D_2 l$)的有机碳含量为0.37%～3.63%,平均值为1.35%;纳标组($D_2 n$)的有机碳含量为1.30%～3.50%,平均值为2.20%;塘丁组($D_1 t$)有机碳含量为0.39%～2.97%,平均值为1.69%。总体来看,桂中坳陷泥盆系泥页岩的有机质丰度较高,以中泥盆统最高,高有机质泥岩主要分布在南丹-大厂一带。

对桂中地区采集到的泥盆系上、中、下三个统共12个样品进行干酪根镜检,全部样品均以腐泥无定形为主。根据干酪根有机显微组分统计,盆泥系上统、中统页岩有机质类型均为Ⅰ-Ⅱ₁型,下统页岩有机质类型为Ⅱ₁型。干酪根碳同位素$\delta^{13}C$(PDB)为-27.6‰～-24.6‰,与迪更斯对不同环境和不同生物的$\delta^{13}C$的研究成果对比,桂中坳陷泥盆系的生源应来自海洋性浮游生物和陆生植物;根据黄第藩(1984)提出的用碳同位素划分有机质类型标准,参照沈平(1991)的研究成果(表7-7),泥盆系上、中统页岩干酪根类型主要属Ⅱ型,泥盆系下统页岩干酪根类型为Ⅲ;泥盆系下统的干酪根类型比中、上统差,这与沉积环境的变化有关,早泥盆世时该区为滨岸相,陆源植物来源较丰富,类型差一些,到中、晚泥盆世时则为盆地相,以海洋生物为主,类型要好一些。

表7-7 桂中坳陷泥盆系页岩有机质类型

层　位	干 酪 根 镜 检							碳同位素
	腐泥组/%		壳质组/%	镜质组/%	惰质组/%	类型	有机质类型	$\delta^{13}C$‰ (PDB)
						指数		
	藻类体	腐泥无定形	腐殖镜质体	正常镜质体				
D_3	0	85～90	0	8～10	2～5	73～82	Ⅰ～Ⅱ$_1$	-26.6～-25.9
D_2	0	80～90	0	7～15	3～5	64～82	Ⅰ～Ⅱ$_1$	-27.6～-24.6
D_1	0	70～75	0	20	5～10	45～55	Ⅱ$_1$	-25.5～-24.8

桂中坳陷露头区泥盆系泥页岩的有机质成熟度分布在1.5%～3.0%,处于高成熟-过成熟演化阶段,岩石热解参数中,热解峰顶温度T_{max}为444～515℃,这也显示出泥盆系泥页岩处于高成熟-过成熟演化阶段。2007年完钻的桂中1井显示,区内泥盆系泥质岩有机质成熟度为2.0%～3.8%,总体上处于过成熟-超成熟阶段,其中,中泥盆统泥质岩有机质成熟度多在2.0%～2.8%,处于过成熟演化阶段。

7.4.3　综合评价

中国南方泥盆统页岩主要在南盘江及桂中地区发育,页岩以黑色硅质页岩、深灰色碳酸盐质页岩为主。发育层位主要以下统塘丁组和中统罗富组、棋梓桥组为主,为深水-半深水盆地环境。岩石成因和储层特征与北美地区Eagleford页岩相似,具有硅质页岩和钙质页岩互层的特点。其中,下泥盆统塘丁组页岩在桂中地区南丹、河池-宜州地区较为发育,厚度一般为50～200 m,TOC含量在1%～5%,平均约为2%,R_o一般在1.3%～1.7%,有机质处于成熟阶段,页岩中含有20%左右的碳酸盐岩成分,

35%左右的石英,30%左右的黏土,属于富碳-中碳含硅碳酸盐质页岩。页岩中孔隙度一般小于1%,渗透率小于0.1×10^{-3} μm^2,储层空间以颗粒矿物孔为主。中泥盆统罗富组页岩在桂中南丹-河池-宜州、柳州-鹿寨、来宾等地区发育,厚度一般为100~400 m,TOC含量为0.5%~5%,平均为3.2%,R_o约为1.5%~2.0%,处于成熟阶段;中泥盆统棋梓桥组主要发育在湘中涟源和邵阳凹陷,厚度一般在100~300 m,属于富碳含硅碳酸盐质页岩。

从评价结果来看,桂中最为有利的地区位于南盘江-右江断裂以北、紫垭断裂以南、弥勒-师宗断裂以东、南丹-都安断裂以西地区的断凹内。泥盆系页岩总体上自凹陷南西-北东方向变浅,深度小于3 500 m;湘中地区涟源-邵阳凹陷泥盆系页岩气评价为 II $_2$ 类,页岩具有有机质丰度高、热演化适中、脆性矿物含量高的特点。其中涟源凹陷桥头河向斜改造作用较弱,保存条件好,埋深在2 500 m左右,地表以丘陵和平地为主,是资源分布较为有利的目标。

7.5   石炭系页岩

7.5.1   展布特征

下石炭统页岩在滇东-黔南地区、南盘江-桂中地区、湘中涟源凹陷局部发育。早石炭世,黔南地区受北西方向古构造控制,构造格局呈现东北高、西南低的古地势,下石炭统旧司组发育黑色页岩,呈西北向带状展布。水城以北地区,旧司组页岩厚度变化较大,多数在20~100 m,沉积中心位于水城-威宁一带,威页1井显示旧司组页岩厚度达121 m,靠近陆缘地带,页岩厚度急剧减小;水城以南地区,旧司组页岩厚度普遍在20~60 m,呈现由东北向西南减薄的趋势,贞页1井揭示的页岩厚度仅为0.11 m。

湘中涟源凹陷下石炭统主要发育刘家塘组($C_1 y^3$)、石磴子组($C_1 d^1$)及测水组($C_1 d^2$)共3套泥页岩。湘中涟源凹陷刘家塘组、测水组泥页岩厚度如图7-36所示。刘家塘组泥页岩的沉积中心在凹陷中部的温塘－安坪一带，其厚度达到400多米，安1井最厚可达到414 m，其中纯黑色页岩、灰黑色泥岩的厚度累计达到213 m；凹陷西部地区泥页岩厚度较小，如姜1井黑色页岩的厚度约为10 m。测水组泥页岩的沉积中心位于温塘－冷水江－涟源一带，湘冷1井附近泥页岩最厚处达到80多米，新2井灰黑色含炭质泥页岩的厚度约50 m（含煤层厚度在11.2 m），凹陷中心泥页岩平均累计厚度为50～60 m，平均厚度在30 m左右，其中，煤层平均厚度为3.04 m；凹陷边缘处最薄，如涟深1井，其厚度也有十余米，石磴子组页岩厚度约为179 m。

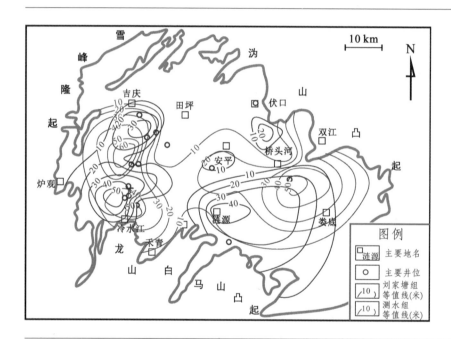

图7-36　涟源凹陷下石炭统刘家塘组、测水组泥页岩厚度分布

7.5.2　矿物岩石学特征

1. 页岩类型及结构构造

黔南下石炭统打屋坝组主要分布于黔南罗甸－紫云－水城一带，其分布面积相

对较小,出露厚度在各地不一,该组与下伏石炭系睦化组为整合接触,与上覆地层南丹组整合接触。岩性为黑色钙质炭质泥岩、黑色钙质炭质泥岩夹深灰色炭质泥质灰岩;水平纹层发育;富黄铁矿,呈结核状、星点状及脉状分布,化石丰富,主要为腕足类、头足类、有孔虫类、珊瑚、海百合等窄盐度古生物。以上特征表明,石炭系打屋坝组代表了海洋半封闭沉积环境,为局限台棚相沉积。

2. 矿物组成及特征

湘中地区涟源凹陷内下石炭统大塘阶测水组矿物 X 线衍射组分分析表明:测水组矿物质量分数以黏土矿物为主,其次为石英、方解石等矿物(图7-37);黏土矿物质量分数为20.8%～75%,平均为41.3%;石英质量分数为9%～75.12%,平均为37%;方解石质量分数为0～38%,平均为10.85%;白云石质量分数为0～11%,平均为2.57%;铁白云石质量分数为0～13%,平均为1.85%;斜长石、钾长石和黄铁矿平均质量分数分别为0.8%、0.4%和5.0%。

图7-37 测水组页岩
矿物组成对比三角图
(张琳婷等,2014)

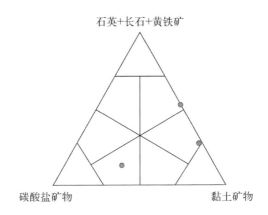

黔南下石炭统打屋坝组页岩矿物的黏土矿物含量为13%～69%,平均为43%;石英、长石和黄铁矿平均含量分别为26%(5%～45%)、2.5%(0～36%);碳酸盐含量平均为22%(1%～70%)。纵向上,矿物含量的变化受岩性岩相控制较明显,统计结果表明,长英质矿物自下而上先减少后总体变化幅度不大,碳酸盐矿物自下而上先减少后增大再减少,黏土矿物总体先增大后减少(表7-8)。

深度/m	黏土矿物含量/%					全岩定量分析/%							
	K	C	I	I/S	S	黏土	石英	钾长石	斜长石	方解石	白云石	黄铁矿	赤铁矿
712.48		14	22	64	20	20	5	0	5	33	37	0	1
733.28		4	14	82	25	65	22	0	0	7	1	0	5
738.38		6	12	82	25	63	29	2	0	6	0	0	0
741.28	4	6	13	77	25	76	23	0	0	1	0	0	0
744.88		10	15	75	20	13	24	0	7	0	7	47	1
753.28		8	14	78	25	63	18	0	10	6	0	0	3
756.58	3	9	11	77	25	50	32	0	5	8	3	0	2
764.48		8	12	80	25	60	11	0	16	10	0	0	3
780.18	1	6	14	79	25	49	19	0	3	20	9	0	0
805.3		6	16	78	20	54	21	0	0	9	11	0	6
807.78	3	2	12	83	25	55	42	0	0	1	0	0	2
819.5	7	3	12	78	30	56	21	0	0	8	10	0	5
825.65	1	1	10	88	25	66	25	1	0	2	3	0	3
833.85	4	2	8	86	25	44	23	0	0	15	15	0	3
841.3	2	1	10	87	25	22	13	0	36	27	0	0	2
846.7	2	1	10	87	25	3	17	0	0	74	5	0	1
852.3	4		10	86	25	54	21	0	0	19	3	0	3
860.5	2		9	89	25	48	15	0	0	5	5	0	28
872.01	2	1	9	88	25	69	23	0	0	3	3	0	2
882.21	7	5	9	79	25	61	38	0	0	0	0	0	1
891.21	9	7	12	72	25	18	44	0	0	34	1	2	0
896.63	7	7	11	75	25	20	45	0	0	28	5	1	0
905.64	7	6	10	77	25	19	40	0	0	39	1	1	0
911	5	5	12	78	25	22	40	0	0	35	1	2	0
933	4	4	14	78	25	16	41	0	0	37	3	2	0

表7-8 黔南下石炭统打屋坝组长页1井X衍射矿物含量(安亚运等,2015)

3. 有机质特征

1) 有机质类型

黔西南地区下石炭统旧司组页岩中的有机质显微组分分析表明,威页1井旧司组黑色页岩样品显微组分以壳质组为主(>50%),镜质组(11%~32%)和惰质组(5%~22%)含量变化较大,有机质类型为Ⅱ₂型或Ⅲ型,表明其母质来源主要为海陆过渡相环境的高等生物;晴页2井腐泥组(31%~74%)和壳质组(24%~65%)含量较高,镜质组和惰质组含量极少,有机质类型以Ⅱ₁型为主,表明其母质来源主要为海相环境的低等生物(表7-9)。

表7-9 黔西南地区旧司组调查井页岩样品有机质类型

调查井	腐泥组/%	壳质组/%	镜质组/%	惰质组/%	类　　型
威页1井	2	48	32	15	Ⅲ
	2	52	24	22	Ⅲ
	9	68	16	7	Ⅱ₂
	5	80	11	5	Ⅱ₂
	31	65	1	3	Ⅱ₁
	48	44	6	2	Ⅱ₁
	62	34	3	1	Ⅱ₁
晴页2井	74	24	0	2	Ⅰ
	54	42	2	2	Ⅱ₁
	50	40	3	7	Ⅱ₁
	61	34	1	4	Ⅱ₁

湘中涟源凹陷下石炭统刘家塘组(C_1y^3)泥页岩中-上部暗色泥灰岩、泥页岩在平面上分布范围较广且富含腐泥组+壳质组组分,质量分数多大于63%,有机质类型主要为Ⅱ型;下石炭统石磴子组(C_1d^1)泥页岩腐泥组+壳质组质量分数为74.7%~88.7%,有机质类型为Ⅰ型;下石炭统测水组(C_1d^2)下段泥页岩干酪根显微组分主要以腐泥组+壳质组组分为主,质量分数为62.7%~82.3%,有机质类型主要为Ⅱ型。测水组的上段则不同,从植物化石证明有机质来源于鳞木、芦木等高等植物,属于腐殖型,有机物类型主要为Ⅲ型干酪根(表7-10)。

采样地点	样品数/个	w（显微组分）/%				干酪根类型指数（KTI）		干酪根类型
		腐泥组	壳质组	镜质组	惰质组	变化范围	均值	
C_1d^3（吉庆）	1	79.0	—	20.7	0.3	63.2	—	II
C_1d^2（桃溪）	1	61.7	1.0	36.3	1.0	34.0	—	
C_1d^2（潮光村）	1	82.3	—	17.3	0.3	69.0	—	
C_1d^1（吉庆）	1	74.7		24.0	1.3	55.4	—	
C_1d^1（潮光村）	1	88.7	—	11.3	—	80.2		I
C_1y^3（潮光村）	3	63.0~83.0	0~0.3	17.0~36.3	0~0.7	351.0~70.3	49.3	II

表7-10 涟源凹陷下石炭统泥页岩干酪根显微组分分析数据

2）有机质丰度

区域地质调查及钻井揭示，黔西南地区旧司组下部普遍发育有一段以深水陆棚相为主的黑色页岩。对研究区47块露头页岩样品统计，旧司组页岩有机碳含量为0.45%~2.74%，平均为1.30%，主体分布在0.8%~2.0%，有些样品的TOC含量偏低，可能为露头样品埋深较浅、有机质受到不同程度的氧化所致（图7-38）。据威页1井、晴页2井的井下页岩样品TOC含量随井深变化来看，晴页2井旧司组上部670.70~712.99 m井段的页岩TOC普遍小于2.0%，平均为1.48%，下部715.52~742.94 m井段的页岩TOC普遍大于2.0%，平均为2.32%；威页1井旧司组上部499.60~661.60 m井段的页岩TOC普遍小于1.0%，平均为0.69%，下部668.80~779.75 m井段的页岩TOC普遍大于1.0%，平均为1.09%。旧司组下部页岩有机质含量相对较高（图7-39）。

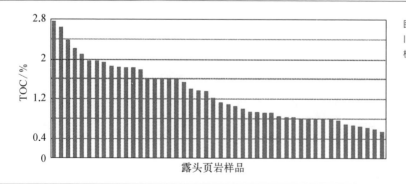

图7-38 黔西南地区旧司组露头页岩样品有机碳（TOC）含量分布

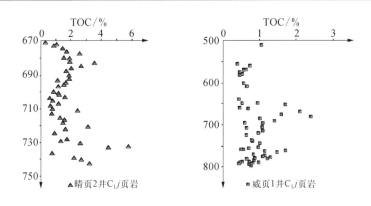

图7-39 黔西南地区旧司组调查井页岩样品有机碳（TOC）含量随深度的变化

　　湘中地区测水组共取样14块，有机碳含量取值范围为0.56%～5.16%，恢复后的有机碳含量平均为3.12%。冷水江市金竹山剖面、涟源市雷鸣桥剖面岩性多为灰黑色炭质页岩、深灰色泥页岩夹煤，泥页岩有机碳含量为0.61%～0.85%，平均为0.75%。涟源凹陷测水组有机碳含量等值线如图7-40所示。从图7-40可以看出，该区有2个高值区北西向展布，分别位于涟源凹陷安平镇及冷水江地区，页岩有机碳

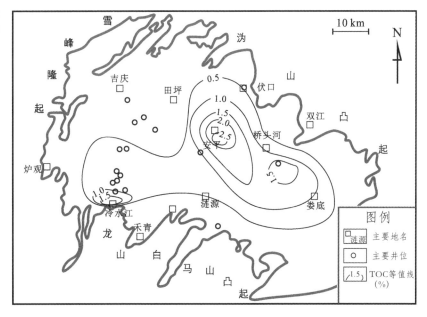

图7-40 涟源凹陷下石炭统测水组TOC等值线

含量达2.5%。新1井测水组（C_1d^2）井下泥页岩岩样的有机碳含量最大值为4.37%，平均为1.06%。

3）有机质成熟度

黔南地区旧司组页岩页岩样品R_o测试结果表明，水城以北地区24块露头样品R_o为1.04%～4.19%，平均为2.14%，威页1井4块井下样品R_o为2.69%～3.11%，平均为2.88%；水城以南地区4块露头样品R_o为1.01%～3.50%，平均为2.18%，晴页2井7块井下样品R_o为4.02%～4.87%，平均为4.43%。R_o分析表明，黔南地区下石炭统旧司组页岩热演化程度总体较高，多处于高成熟－过成熟阶段，局部地区为超熟阶段。

涟源凹陷下石炭统石磴子组（C_1d^1）在西北边缘一线的R_o < 2%，在西北广大地区的R_o为2%～3%，在中部及东南部的R_o > 2%；全区R_o普遍都大于2.5%，处于过成熟阶段（图7-41）。

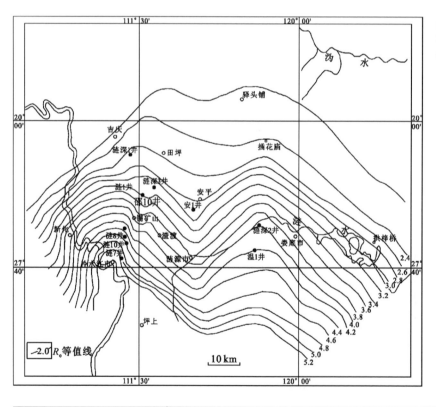

图7-41 湘中地区石炭统页岩R_o等值线

7.5.3 储集性能

1. 储集空间及赋存方式

通过氩离子抛光后扫描电镜观察可见，下石炭统页岩内矿物颗粒孔、黏土矿物孔、有机质孔都非常发育。黔南地区打屋坝组颗粒矿物孔隙孔隙直径多小于1 μm[图7-42(a)~(c)]，该类孔隙主要存在于脆性矿物晶粒（颗粒）之间和脆性矿物与黏土矿物接触面。另一种颗粒矿物孔隙主要以草莓状黄铁矿微球团颗粒为主[图7-42

图7-42
长页1井打
屋坝组储层
孔隙类型

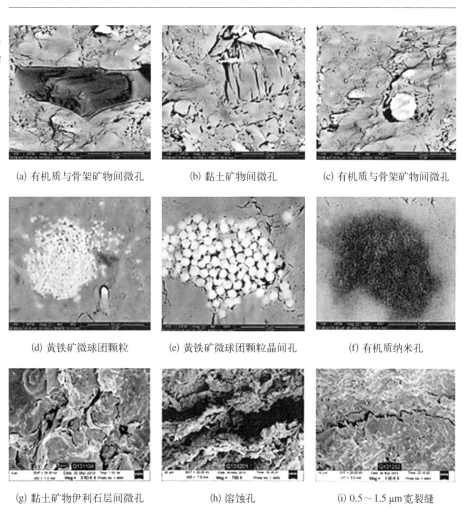

(a) 有机质与骨架矿物间微孔   (b) 黏土矿物间微孔   (c) 有机质与骨架矿物间微孔

(d) 黄铁矿微球团颗粒   (e) 黄铁矿微球团颗粒晶间孔   (f) 有机质纳米孔

(g) 黏土矿物伊利石层间微孔   (h) 溶蚀孔   (i) 0.5~1.5 μm宽裂缝

(d)(e)]，黄铁矿结晶粒度一般为8～15 μm，微－隐晶级，含量在3%～8%，半自形－它形，粒状晶体，沿水平层理偏集分布；其中的黄铁矿晶体为亚微米级，晶间微孔隙的孔径为50～600 nm，晶体之间大多排列紧密，孔隙连通性较差，大多孤立分布；部分较松散的晶体之间被黏土矿物或有机质充填。粒间溶蚀孔和晶内溶蚀孔在该套页岩中也有发现，粒间溶孔主要分布于黏土矿物伊蒙混层、伊利石、蒙皂石等层间，溶蚀孔隙内常被伊利石、钠长石、石英和高岭石等矿物充填，孔径较大，一般为2～60 μm；晶内溶蚀孔见于钠长石表面，孔径较小，主要分布在0.02～1 μm［图7－42(h)］。

有机质孔是打屋坝页岩中发育的一种主要孔隙类型，页岩有机质中微孔隙呈圆状、椭圆状、条带状，总体来看呈蜂窝状［图7－42(f)］。直径一般在10～500 nm，面孔率在5%～15%。

黏土矿物(尤其是伊利石)在页岩沉积形成过程中可形成带静电的片粒状集合体，颗粒之间通过边缘或表面连接富集，并产生孔隙。打屋坝组页岩黏土矿物主要为伊蒙混层、伊利石和蒙皂石，含少量绿泥石及高岭石，黏土矿物含量在3%～76%，平均为43.4%，伊蒙混层占64%～89%，平均值为80%。通过扫描电镜观察，打屋坝组主要为丝片状、卷曲片状伊蒙混层和伊利石层间微孔，其结构通常为一端或几端开口的平行板状孔，宽度约20～150 nm，长0.3～2.5 μm［图7－42(g)］。

扫描电镜及薄片镜观察表明，打屋坝组页岩微裂缝发育。长页1井中观察到裂缝以同沉积收缩缝为主，构造缝不发育。裂缝宽0.1～2.0 μm，长10～60 μm，常平行于层面分布，裂缝面具溶蚀现象，见长石、伊利石、石英等矿物充填。

2. 孔隙结构及特征

收集长页1井下石炭统打屋坝组有机质页岩3件压汞测试，打屋坝组排驱压力介于5.08～10.14 MPa、岩石最大连通孔喉半径介于0.015～0.035 μm、分选系数介于0.18～0.24、均质系数介于0.37～0.4、孔隙结构系数介于0.12～0.82。

根据打屋坝组毛细管压力曲线特征(图7－43)，其曲线综合形态表明打屋坝组孔喉比较小，退汞效率较高，均大于50%，孔隙连通性较好。主要孔喉半径在0～0.1 μm，孔喉分选性差。实验表明，小的纳米级孔喉的增加，提高了页岩气储层的排驱压力，降低了总孔隙度。打屋坝组页岩总体表现为细孔喉、分选差、细歪度的微孔微喉型孔隙结构。

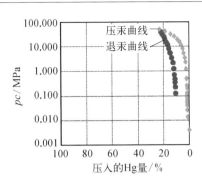 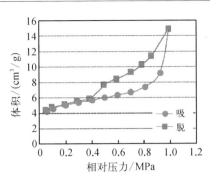

图7-43 长页1井833.85 m井深打屋坝组页岩压-退汞曲线

3. 物性特征

1）黔南地区

通过对长页1井打屋坝组有机质页岩进行物性连续采样分析，打屋坝组平均孔隙度为1.90%，平均渗透率为3.3×10^{-6} μm^2。在纵向上，孔隙度、渗透率随深度增加而后降低，两者呈明显的正相关关系，根据孔隙度与透率频率分布，其孔隙度主要介于1.5%～2.5%，渗透率主体小于5×10^{-6} μm^2。

2）湘中地区

涟源凹陷下石炭统8件页岩样品孔隙度分析测试表明（表7-11），测水组泥页岩的孔隙度均值约7.09%，孔隙度为2.48%～12.10%。湘中、湘东南凹陷泥页岩储层孔

表7-11 涟源凹陷下石炭统泥岩孔隙度分析测试结果

序　号	层　位	岩　性	孔隙度/%	地　区
1	C_1d^2	灰黑色泥岩	6.35	湘东南
2	C_1d^2	深灰黑色泥岩	5.54	湘东南
3	C_1d^2	黑色炭质泥岩	10.27	湘中
4	C_1d^2	炭质泥岩	4.50	湘中
5	C_1d^2	黑色炭质泥岩	3.77	湘中
6	C_1d^2	灰色炭质泥岩	12.10	湘中
新2井	C_1y^3	灰黑色泥岩	2.48	湘中
雷鸣桥	C_1d^1	灰白色细砂岩	2.88	湘中

隙度分布中,孔隙度大于2.00%的占38%,孔隙度在4.00%～6.00%的占63%,孔隙度在6.00%～8.00%的占76%。

在对湘中、湘东南地区下石炭统测水组6块泥页岩样品进行测试后得出比表面积分布在1.817～6.660 m²/g,平均为5.189 m²/g。

4. 储集类型

中国南方石炭系页岩储集类型也是以吸附型和游离型为主。湘中、黔南、黔西南地区钻井岩心样品与滇黔桂地区钻井岩心、地表露头样品分析可见,石炭系页岩中有机质孔隙、矿物粒间孔是主要的孔隙类型。

5. 吸附能力

选取了21件下石炭统页岩样品(分别为湘中地区12个样品、湘东南地区7个样品以及湘东北地区2个样品)测试等温吸附能力。湘东南地区各测试页岩样品等温吸附实验测得Langmuir体积差异也不大(图7-44、图7-45),其中六个样品测得值分布在1.36～2.36 cm³/g,平均为1.775 cm³/g,仅样品LT-1测得值较大,达到8.15 cm³/g。

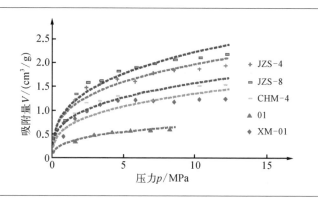

图7-44 湘中地区上石炭统大塘阶测水段页岩样品甲烷等温吸附曲线

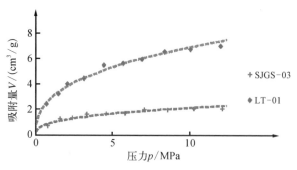

图7-45 湘东南地区上石炭统大塘阶测水段页岩样品甲烷等温吸附曲线

7.5.4　可压裂性

1. 脆性指数

下石炭统测水组页岩主要矿物组分为黏土和脆性矿物,脆性矿物一般达到50%左右,以石英为主,约占总体的37%。碳酸盐矿物含量相对较低,只占总体的15%左右。脆性矿物约占总体的53.54%,脆性矿物与黏土矿物之比为0.8～3.95,平均为1.72。根据矿物组成计算的脆性指数为56%。

从平面上看,测水组页岩黏土矿物呈现出西北多、东南少的特征,脆性矿物呈现出西多、东少的特征。相较而言,碳酸盐矿物并不发育,但西北部的李塘剖面碳酸盐矿物非常发育,这很符合该区域的沉积环境及区域地质背景。

2. 岩石力学性质

由于岩石力学性质受到构造、成岩、成分、裂缝等因素的影响,因此在不同地区、不同深度、不同层位的页岩,其岩石力学性质也有所差异。但无论是中、上扬子地区,还是下扬子地区,有机质含量相对较高的层段,岩石力学性质均表现出低泊松比、中高杨氏模量的特点,这表明其人工造缝程度相对较为容易。

7.5.5　综合评价

下石炭统暗色泥页岩仅分布于桂中坳陷北部,厚度达50～500 m,在南丹-河池一带厚度最大,可达550 m以上。南丹-荔波一线本区形成了一个厚度大、分布广、有机碳含量较高的页岩气富集带。在坳陷中部宜州市也形成一个小规模的页岩富集带,但其厚度规模较小。

黔西南地区下石炭统页岩气富集有利区地层展布相对稳定,页岩厚度在60 m以上,TOC含量普遍大于1.5%,热演化成熟度适中,R_o值大多在1.5%～4.0%,页岩埋深多为1 000～3 000 m。总体认为,下石炭统页岩属于中碳硅质页岩、中碳含硅泥质页岩,孔隙类型以颗粒矿物孔为主、有机质孔和黏土矿物孔为辅。

第 8 章

天山-兴蒙-吉黑地区
上古生界海相领域

天山–兴蒙–吉黑地区位于我国北部,毗邻蒙古国,西起新疆,向东经由甘肃、宁夏、内蒙古至东北黑龙江和吉林北部,横贯阿尔泰山、天山、内蒙古、大兴安岭、吉黑等几个褶皱系,是巨型古生代褶皱构造区。受被动大陆边缘拉张背景条件控制,上古生界石炭纪和二叠纪为半深海–浅海–滨海–陆棚和海陆过渡相、湖沼相沉积环境,区内沉积了两套页岩,主要分布在塔里木盆地、柴达木盆地和三塘湖等盆地。

8.1　石炭系页岩

8.1.1　展布特征

天山–兴蒙–吉黑地区石炭系富有机质泥页岩分布在塔里木盆地、柴达木盆地和三塘湖等盆地,共存在四套富有机质泥页岩(赵省民等,2010;李守军等,2000;徐旭辉等,1998;蔚远江等,2006;袁明生等,2002)。

塔里木盆地下石炭统和什拉甫组与上石炭统卡拉沙依组,分布在山前带的中南部地区(贾承造等,1997;李启明等,2000;卢双舫等,1997)。和什拉甫组在达木斯乡一带剖面暗色泥岩出露厚度可达287 m,最大层厚52.2 m,棋盘剖面可达290 m。

柴达木盆地上石炭统克鲁克组发育一套富有机质泥页岩。克鲁克组含气泥页岩尕丘凹陷、欧南凹陷、德令哈断陷厚度较大,多在30～90 m,欧南凹陷可达100 m以上(于会娟等,2001;张建良等,2008;杨超等,2010;邵文斌等,2004;李守军等,2000)。

三塘湖盆地上石炭统哈尔加乌组发育两套富有机质泥页岩,分别在该组的上段和下段。三塘湖盆地石炭系哈尔加乌组下段富有机质泥页岩层段厚度在30～100 m;哈尔加乌组上段富有机质泥页岩厚度比上段稍大,在30～120 m。哈尔加乌组两套富有机质泥页岩层段分布均具有横向分布不稳定、厚度中心分布较小的特征,厚度高值区均主要位于马朗凹陷马中构造带和牛圈湖构造带及条湖凹陷西南部(姜振学等,2013)。

天山-兴蒙-吉黑地区石炭系富有机质泥页岩形成环境主要有潮坪、开阔台地、局限台地、沼泽化潟湖和深水陆棚等（赵省民等，2010）。

塔里木盆地下石炭统和什拉甫组富有机质泥页岩主要形成于深水陆棚环境中；塔中地区上石炭统卡拉沙依组富有机质泥页岩形成于潮坪相，而塔西南则为开阔台地相。柴达木盆地上石炭统克鲁克组富有机质泥页岩主要发育在开阔碳酸盐台地和滨岸浅滩沉积环境中。三塘湖盆地上石炭统哈尔加乌组下段和上段富有机质泥页岩形成于沼泽化潟湖环境中（贾承造等，1999；李启明等，2000）。

晚古生界泥页岩层段主要分布在塔里木盆地下石炭统和什拉甫组与卡拉沙依组和柴达木盆地上石炭统克鲁克组（张水昌等，1994；邵文斌等，2006；彭德华等，2006）。

通过联井对比分析（图8-1），结合沉积相，对塔里木盆地西部地区石炭系主要层段进行了平面编图，显示了沉积地层的时空分布特点。和什拉甫组在达木斯乡一带剖面暗色泥岩出露厚度可达287 m，最大层厚52 m，棋盘剖面可达290 m。

柴达木盆地上石炭统克鲁克组上部和中下部分别发育一套厚层深灰色炭质页岩，夹薄层砂岩或灰岩，泥地比较高，TOC多在1.5%以上，为含气泥页岩层段，厚度约150 m（陈琰等，2008；甘贵元等，2006）（图8-2）。德令哈旺尕秀剖面，克鲁克组中下部主要为深灰色页岩、炭质页岩夹薄层生屑灰岩，暗色页岩TOC含量多在2.0%以上，为含气泥页岩层段，厚度约65 m（段宏亮等，2006；文志刚等，2004；张建良等，2008）。根据露头资料，结合地震资料和沉积相分布，在区域上，克鲁克组含气泥页岩尕丘凹陷、欧南凹陷、德令哈断陷厚度较大，多在30～90 m，欧南凹陷可达100 m以上。

8.1.2　矿物岩石学特征

1. 页岩类型及结构构造

石炭系泥页岩层段主要分布在柴达木盆地和塔里木盆地。柴达木盆地上石炭统克鲁克组，岩性主要为暗色粉砂岩、炭质页岩、煤层及煤线，属潮坪潟湖相沉积（张建良等，2008；黄成刚等，2008）。塔里木盆地下石炭统卡拉沙依组中段有机质比较

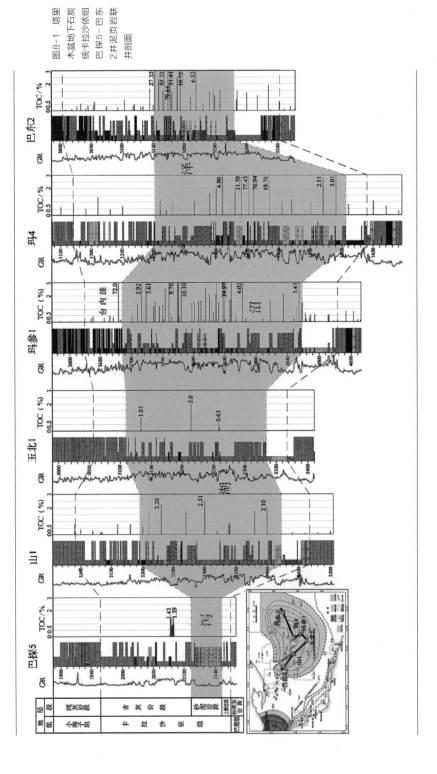

图8-1 塔里木盆地地下石炭统卡拉沙依依组巴探5-巴东2井泥页岩联井剖面

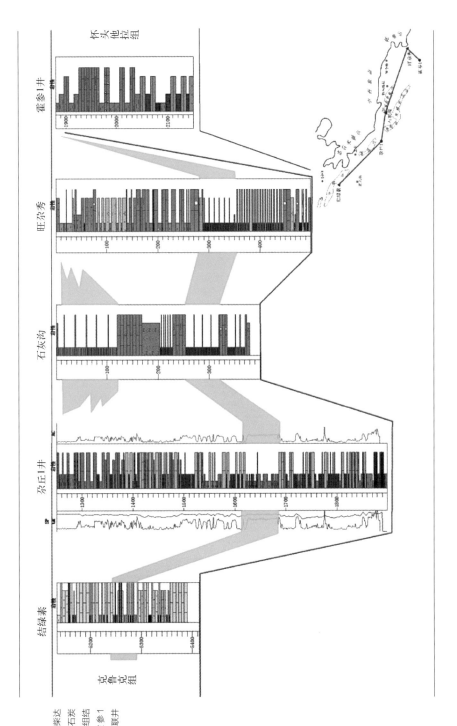

图8-2 柴达
木盆地上石炭
统克鲁克组结
绿素－霍参1
井泥页岩联井
剖面

富集，泥岩以深灰色、灰黑色为主，并夹有煤层，属潟湖相或湖泊相沉积（王中良等，1994；颜仰基等，1999）。

2. 矿物组成及特征

塔里木盆地石炭泥页岩石英+长石含量分布在12%～82.5%，平均为45.8%；黏土矿物分布在12%～57%，平均为38.2%；碳酸盐矿物含量多在20%以下，属于含泥硅质页岩－含硅泥质页岩，少量页岩属于含碳酸盐岩硅质页岩和含碳酸盐岩泥质页岩。脆性矿物总体含量在65%左右（图8-3）。石炭系泥页岩黏土矿物主要为高岭石和伊蒙混层，其次为伊利石和绿泥石。

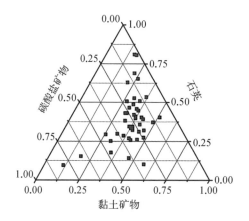

图8-3　塔里木盆地石炭-二叠系泥页岩矿物组成

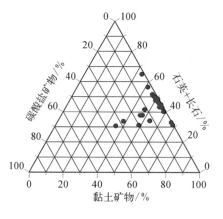

图8-4　柴达木盆地上石炭统克鲁克组泥页岩矿物组成

柴达木盆地石炭统克鲁克组泥页岩矿物组成中石英+长石含量介于18.7%～65.5%，平均为43.5%，黏土矿物含量主要在31.3～81.3%，平均为53.3%；碳酸盐矿物多小于10%，属于含泥硅质页岩－含硅泥质页岩。脆性矿物总体含量在50%左右（图8-4）。黏土矿物以高岭石和伊蒙混层为主，其中高岭石含量在8%～63%，平均为31.5%；伊蒙混层分布在13%～63%，平均为33.5%（姜振学，2013）。

柴达木盆地上石炭统克鲁克组黏土矿物高岭石含量小于30%，黏土矿物组成以伊蒙混层为主，平均含量超过60%（图8-5）。

图8-5 柴达木盆地上石炭统克鲁克组泥页岩矿物组成

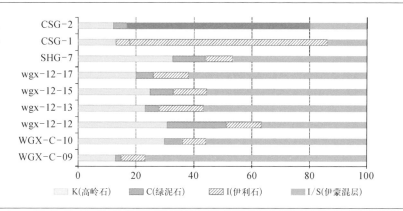

3. 有机地球化学特征

1）有机质丰度

石炭系高有机质丰度泥页岩在上、下石炭统均有发育。纵向上，主要发育在柴达木盆地上石炭统克鲁克组和塔里木盆地下石炭统卡拉沙依组（李陈等，2011；卢双舫等，1997）（图8-6）；平面上，主要分布在塔里木盆地巴楚与麦盖提斜坡带以及柴达木盆地北缘。其中，柴达木盆地上石炭统克鲁克组在柴北缘TOC都在1.5%以上，属于中碳页岩（表8-1）；塔里木盆地下石炭统卡拉沙依组有机碳含量分布在0.51%～5.77%，平均值达2.77%，属于高碳页岩（表8-2）。

2）有机质类型

根据干酪根显微组分分析，塔里木盆地石炭系泥质岩有机母质类型多为Ⅱ－Ⅲ型（表8-3）；柴达木盆地石炭系各层位泥页岩有机质类型总体为Ⅲ型和Ⅱ$_2$型，上石炭统克鲁克组泥页岩主要以Ⅲ型为主（表8-4）。

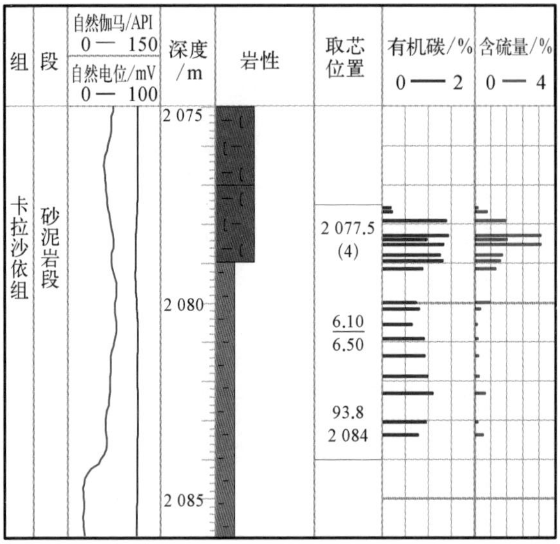

图8-6 塔里木盆地巴探5井卡拉沙依组地化剖面

剖　面	层位	残　余　有　机　质　丰　度			
		TOC/%	S_1+S_2/(mg/g)	沥青 "A" /%	总烃/(mg/kg)
德令哈旺尕尔秀东剖面	C_2k	0.28～11.93	0.14～0.28	0.003 4～0.013 8	10.9～58.8
		2.54（23）	0.22（3）	0.008 2（3）	29.5（3）
大柴旦石灰沟剖面	C_2k	0.43～9.29	0.01～2.44	0.004 9～0.091 8	14.13～358.90
		2.27（18）	0.42（18）	0.006（18）	66.90（18）

表8-1 柴达木盆地克鲁克组暗色泥页岩有机地球化学数据

井	深度/m	层位	岩　性	有机质碳含量/%	氯仿沥青含量/%
顺1	4 218.3	C_1k^1	煤、炭质泥岩	5.77	0.0895
玉北1	4 895～5 506	C_1k^1	灰色泥岩	0.51～3.22　1.52（7）	0.015～0.176 5 0.064（7）
山1	3 090～3 460	C_1k^1	煤、炭质泥岩灰色泥岩	0.06～2.51　0.89（21）	
玛参1	3 635～4 653.5	C_1k^1	煤、炭质泥岩灰色泥岩	0.02～72　3.04（68）	
玛4	1 310～1 610	C_1k^1	煤、炭质泥岩灰色泥岩	0.39～77.43　12.28（18）	
巴东2	3 076～3 317	C_1k^1	煤、炭质泥岩灰色泥岩	0.05～81.41　7.85（32）	
和4	1 216～1 395	C_1k^1	煤、炭质泥岩灰色泥岩	0.16～27.82　1.83（35）	
巴探5	2 077～2 084	C_1k^1	灰色泥岩	0.19～1.42　0.92（18）	

表8-2 塔里木盆地卡拉沙依组泥岩有机地球化学数据

表8-3 塔里木盆地下石炭统页岩有机质类型

构造单元	剖 面 井 位	TOC	成 熟 度	有机显微组分	类 型
西南坳陷	阿尔塔什	1.0%～1.4%	1.3%～2.7%	镜质组为主	II-III
中央隆起	巴4、小海子、和深1、2、塔中1		0.32%～0.86%		II-III
东北坳陷	沙雅、满西	0.4%～0.8%			II-III

表8-4 柴西地区石炭系泥页岩有机岩石学分析

采样位置	序号	岩 性	层位	有机显微组成/%				R_o/%	有机质类型
				镜质组	壳质组	腐泥组	惰质组		
石灰沟	7	泥 岩	C_2k	40	50		10	1.1	III
	8	页 岩	C_2k	38	54		8	1.17	III
	9	炭质泥岩	C_2k	38	55		7	0.98	III
	10	泥 岩	C_2k	63	19		18	1.12	III
	11	炭质泥岩	C_2k	34	46		20	1.06	III
	12	泥 岩	C_2k	40	40		20	1.17	III
	13	泥 岩	C_2k	6	55		39	1.21	III
	14	泥 岩	C_2k	20	75		5	1.09	II_2

3）有机质成熟度

石炭系泥页岩在塔里木盆地和柴达木盆地均处于成熟–高成熟阶段。塔里木盆地下石炭统卡拉沙依组主要分布在塔西南地区,最大埋深超过4 500 m,镜质体反射率分布范围较广,主要介于0.8%～3.0%,属于成熟–过成熟页岩;柴达木盆地上石炭统克鲁克组暗色泥页岩露头样品镜质体反射率主要分布在0.74%～2.98%,平均值为1.53%,属于成熟页岩。

8.1.3 储集性能

塔里木盆地中生界泥页岩中可观察到菱铁矿、长石、黏土矿物等由于溶蚀作用而产生的孔隙。扫描电镜下可观察到菱铁矿遭受溶蚀而产生的微孔隙。泥页岩中有机酸的生成导致有机质内部或其附近的碳酸盐矿物发生溶蚀,也可产生溶蚀孔隙。此外,黏土矿物也可以发生溶蚀作用,产生溶蚀孔隙。通过镜下观察以及能谱扫描,泥岩中的长石、黏土矿物中微米级的裂缝发育程度较高,大部分为颗粒间的收缩缝,可以作为天然气储集的空间。有机质热演化程度相对较低的页岩中观察到有机质孔发育(图8-7),多为零星发育,呈椭圆形、圆形或不规则形状。热演化程度较高时,众多孔隙集中发育,呈蜂窝状,孔隙之间亦可相互连通。

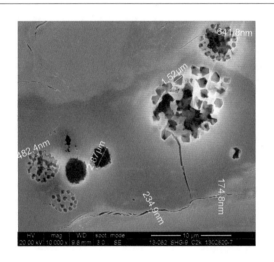

图8-7 柴达木盆地石灰沟剖面(露头样品,C_2k,深灰色页岩,有机质孔隙)

8.2 二叠系页岩

8.2.1 展布特征

二叠系富有机质泥页岩主要发育在塔里木盆地、准噶尔盆地、吐哈盆地、三塘湖盆地、银根-额济纳和伊犁盆地(袁明生等,2002;蔚远江等,2006;匡立春等,2012;徐旭辉等,1998;陈启林等,1987)。

塔里木盆地下二叠统富有机质泥页岩主要分布在塔西南坳陷,厚度在100～200 m,其次是阿瓦提坳陷和满西地区,厚度在0～100 m。此外,在巴楚隆起地区也有20～50 m厚的暗色泥岩(贾承造,1997;王中良等,1994;徐旭辉等,1998)。

准噶尔盆地二叠系富有机质泥页岩主要分布在下二叠统风城组、中二叠统芦草沟组(平地泉组)。其中下二叠统风城组富有机质泥页岩岩石类型多样,泥岩类包括纯泥岩、云质泥岩和粉砂质泥岩等,泥质白云岩等碳酸盐岩大量出现,砂质含量较高;中二叠统芦草沟组(平地泉组)两套富有机质泥页岩岩性组合上表现为大套泥岩夹薄层砂岩(蔚远江等,2006;张义杰等,2002)。

吐哈盆地二叠系富有机质泥页岩主要分布在中二叠统桃东沟群。岩性主要为湖泊相的灰黑色泥页岩和砂岩的互层,是盆地内重要的生油岩层系(袁明生等,2002)。

三塘湖盆地二叠系富有机质泥页岩主要在上二叠统芦草沟组,可划分为4种岩性组合类型:① 暗色泥岩夹白云质泥岩、泥质白云岩;② 暗色泥岩夹凝灰质泥岩;③ 凝灰质泥岩与灰质泥岩、云质泥岩互层;④ 暗色炭质泥岩夹凝灰岩和凝灰质泥岩(姜振学等,2013)。

银根-额济纳旗盆地二叠系富有机质泥页岩主要在下二叠统阿木山组,由多个下粗(粉-细砂岩夹薄层灰岩)上细(暗色泥页岩)的正旋回构成,夹薄层灰岩(吴茂炳等,2003;郭彦如等,2000;陈启林等,2006)。

伊犁盆地二叠系富有机质泥页岩主要在上二叠统铁木里克组,厚度在15～80 m(姜振学,2013)。

二叠系富有机质泥页岩主要形成于滨浅海和半深湖环境中,少数形成于三角洲前缘和浅海陆棚环境。塔里木盆地下二叠统富有机质泥页岩形成于浅海陆棚相环境中(徐旭辉等,1998;颜仰基等,1999)。准噶尔盆地下二叠统风城组富有机质泥页岩主要发育在山前扇三角洲沉积环境中。中二叠统芦草沟组/平地泉组富有机质泥页岩主要发育在山前扇三角洲扇根沉积环境中,在滨浅湖和三角洲前缘环境也有发育。吐哈盆地二叠系桃东沟群富有机质页岩发育在深湖-半深湖环境中(匡立春等,2012;张义杰等,2002)。三塘湖盆地二叠系芦草沟组富有机质泥页岩的沉积环境有滨湖、浅湖、半深湖及深湖4个亚相类型,以深湖-半深湖环境为主(姜振学等,2013)。银根-额济纳旗盆地下二叠统阿木山组富有机质泥页岩形成于浅海环境中

（吴茂炳等，2003；吕锡敏等，2006）。伊犁盆地上二叠统铁木里克组富有机质泥页岩主要形成于半深湖－深湖环境中（姜振学等，2013）。

吐哈盆地二叠系埋深较大，钻遇井较少，结合沉积相和部分钻井录井资料可以推测二叠系桃东沟群含气（油）泥页岩层段厚度中心位于台北凹陷胜北次洼，最大为120 m；丘东次洼山前带地区也有小面积区域厚度达到120 m；小草湖次洼、托克逊凹陷和哈密坳陷含气（油）泥页岩层段不发育（袁明生等，2002）。银根－额济纳旗盆地下二叠统阿木山组上段是主要含气页岩层段（吴茂炳等，2003）。阿木山组上部泥页岩最大厚度出现在塔木素附近，达300 m。页岩厚度以塔木素为中心向周围减小，整体呈现出东部较高的特点。伊宁凹陷中二叠统铁木里克组页岩厚度在12～78 m，凹陷东北部厚度最大可达80 m，凹陷中西部厚度可达60 m，凹陷的南部和西北部厚度在50 m以下。

8.2.2   页岩有机地球化学特征

1. 有机质丰度

二叠系泥页岩主要发育在中、下二叠统，其中中二叠统泥页岩有机质丰度较高。中二叠统高丰度泥页岩主要发育在吐哈盆地桃东沟群和伊宁凹陷铁木里克组，有机碳含量大于1%的样品均超过40%。下二叠统泥页岩主要发育在银－额盆地阿木山组，缺少钻井岩心样品，露头样品有机碳含量经风化校正后依然较低，93%的样品总有机质含量小于1.0%（图8-8、图8-9），总体属于低碳页岩。

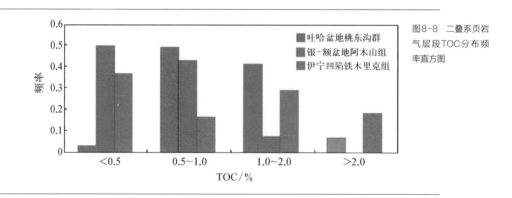

图8-8   二叠系页岩气层段TOC分布频率直方图

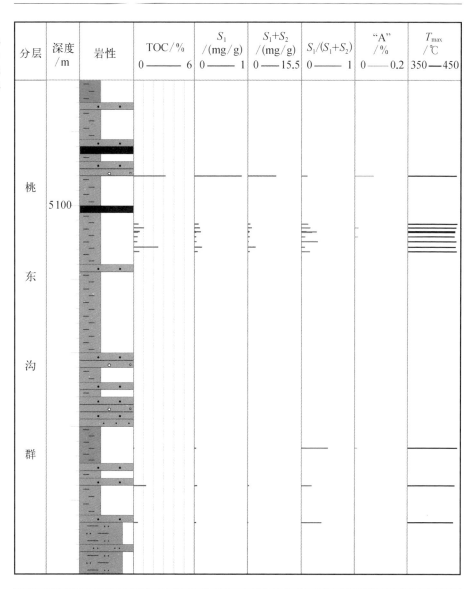

图8-9 吐哈盆地 SK1井中二叠统桃东沟群地化剖面

2. 有机质类型

通过岩石热解和干酪根元素分析,吐哈盆地桃东沟群有机质类型较好,以Ⅱ型为主;银-额盆地阿木山组、伊宁凹陷铁木里克组泥页岩有机质类型均以Ⅲ型为主,倾气特征明显(曾庆全等,1987)(图8-10、图8-11)。

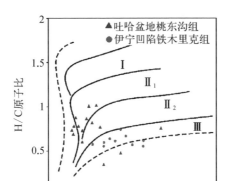

图8-10 吐哈盆地和伊宁凹陷图
中二叠统泥页岩干酪根
元素组成

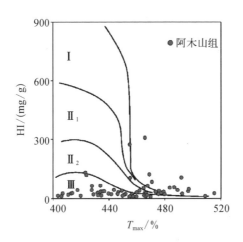

图8-11 银-额盆地下二叠统
阿木山组泥岩HI(氢
指数)-T_{max}关系

3. 有机质成熟度

吐哈盆地二叠系桃东沟群泥页岩镜质体反射率R_o,在台北凹陷胜北次洼最高,为1.2%~2.0%,属于成熟-过成熟页岩;银-额盆地阿木山组泥岩R_o分布范围为2.48%~3.77%,平均值为3.27%,属于过成熟页岩(袁明生等,2002)。

第 9 章

南方地区二叠系海陆
过渡相领域

海陆过渡相包括沼泽相、三角洲相、障壁岛相、潟湖相、潮坪相和河口湾相(姜在兴,2002),富有机质泥页岩在这些沉积环境中皆有分布,上述这些沉积环境影响着富有机质泥页岩的空间分布、地化特征以及生气潜力。其中,沼泽相和三角洲相为主要类型,前者是由于煤系地层的伴生以及其一定的生烃贡献,而后者三角洲平原和前三角洲分别为炭质泥页岩和厚层暗色泥页岩提供了理想的沉积环境(李玉喜,2009)。我国南方海陆过渡相富有机质泥页岩主要发育于石炭-二叠系以蕨类植物为主的滨海沼泽沉积环境。其中,晚二叠世吴家坪期是南方地区二叠纪陆地面积最广泛、台地和深水盆地萎缩的时期,出现了古生界以来独特的古地理面貌,其中川滇古陆、胶南古陆和华夏古陆成为沉积区内陆源碎屑的供给区,沉积了一套海陆过渡相地层,岩石类型多样,主要为页岩、粉砂质泥岩、泥岩夹煤层及石灰岩。其中,又以龙潭组煤系地层是煤层气和页岩气的主要勘探层位,沉积环境为三角洲平原沼泽环境。

9.1　展布特征

二叠系海陆过渡相黑色泥页岩在南方地区广泛分布,但不同地区受沉积环境和古地貌的影响厚度变化较大。其中,滇黔桂地区上二叠统龙潭组深灰色页岩一般厚20～60 m;四川盆地二叠系泥页岩厚10～125 m,在川中和川西南一带厚80～110 m,麻1井最厚为125 m,盆地西北缘、北缘及东北缘较薄,多小于20 m(图9-1)。

湘中地区龙潭组煤系分布范围较小,仅限于向斜内,煤层发育在上段。龙潭组煤系含煤性受南低北高古地形的影响,具有南北分区的特点,煤层主要发育在北部。泥页岩层系在整个研究区内大面积分布,最厚的部位在二级构造沉降中心,厚度在150 m以上,其中,涟源凹陷最厚的部位是在仙洞剖面附近,而邵阳凹陷最厚的地方在陡岭剖面附近,零陵凹陷最厚的地方在凉水井剖面附近。

下扬子地区龙潭组富有机质泥页岩主要分布在中上部,厚度一般在50～200 m,尤其在苏南-皖南一带,泥页岩累计厚度达200 m左右,是下扬子区暗色泥页岩主要发育区。

图9-1 中、下扬子及
东南地区龙潭组厚度
等值线

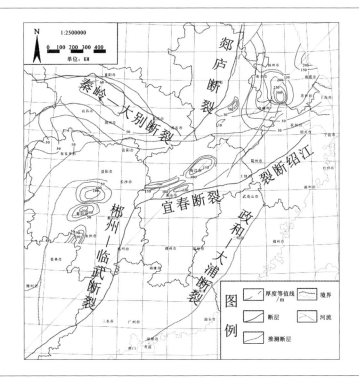

9.2 矿物岩石学特征

9.2.1 页岩类型及结构构造

二叠系龙潭组主要为一套含煤碎屑沉积,根据其岩性组合特征,可划分出四个岩性段,自下而上依次为砂页岩段(A)、砂岩段(B)、含煤段(C)和顶部灰岩段(D),具体结构构造如下。

A段砂页岩段主要岩性为灰色、深灰色砂质页岩,夹灰色、灰黑色薄层粉砂岩、泥岩、灰岩等,为一套浅海台地潟湖相碎屑沉积。

B段是一套以灰、灰黑、灰黄色细砂岩及夹粉砂岩、粉砂质泥岩等为主的碎屑岩沉积，为一套三角洲相沉积。

C段为一套煤系地层，由黑色炭质页岩、煤层、灰黑色泥岩、页岩为主的暗色泥页岩夹数层碎屑岩所组成，为一套滨岸沼泽相沉积。

D段为灰色、深灰色灰岩，为一套碳酸盐台地相沉积。该层灰岩是龙潭组顶界面的良好标志层，在距此层灰岩之下几米便是龙潭组的主要可采煤层——C煤层。

页岩分布于各段，夹泥岩、粉砂岩、细砂互层及煤层（图9-2）。

图9-2　龙潭组地表露头及岩心照片（李玉喜，2012）

(a) 冷水滩剖面龙潭组黑色炭质泥岩　　(b) 石灰冲剖面龙潭组黑色炭质泥岩

(c) 长页1井，龙潭组中细砂岩 (420 m)　　(d) 长页1井，龙潭组泥岩与粉砂岩互层 (350 m)

(e) 长页1井，龙潭组煤 (280 m)　　(f) 皖南泾县昌桥龙潭组炭质页岩

9.2.2 矿物组成

1. 全岩矿物分析

中扬子地区龙潭组矿物含量以黏土矿物为主,其次为黄铁矿、石英、方解石等矿物。黏土矿物含量为19%～65%,平均为29.25%;黄铁矿含量平均为26.5%;方解石含量为11.5%～32%,平均为14%;石英含量为14%～39%,平均为22%;白云石含量为3%～32%,平均为8.75%;斜长石含量平均为1.75%。

下扬子地区龙潭组野外露头较少,长页1井的岩心样品龙潭组泥页岩主要矿物成分为黏土和石英,其含量分别为28.9%～69.3%和13.7%～49.3%,个别样品方解石含量较高,方解石含量约为3.5%;钾长石+斜长石含量为1.09%～7.8%;黄铁矿含量为0.6%～5.9%;菱铁矿含量为1.2%～19.3%(图9-3)。

图9-3 中、下扬子地区上二叠统龙潭组页岩矿物成分对比

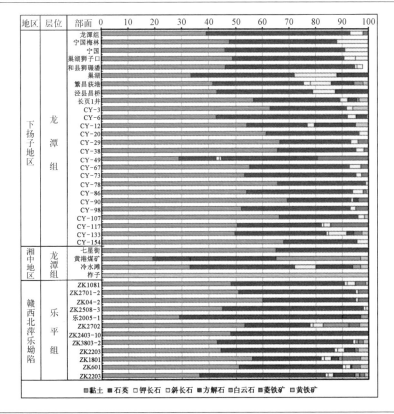

从矿物组成来看，二叠系龙潭组页岩主要以硅质矿物和黏土矿物为主，下扬子地区以含泥硅质页岩和含硅泥质页岩为主，湘中地区碳酸盐岩含量相对增高（图9-4）。

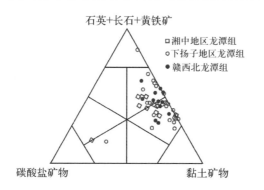

图9-4　中、下扬子地区上二叠系龙潭组页岩脆性矿物对比

2. 黏土矿物分析

二叠系龙潭组黏土矿物主要为伊利石（I）、伊蒙间层（I/S）和高岭石（K）及绿泥石（C）。与水井沱组/荷塘组/幕府山组及龙马溪组/高家边组相比，龙潭组黏土矿物中伊利石的含量是最低的。

其中，四川盆地及滇黔桂龙潭组页岩黏土矿物含量为8%～98%，平均值为48.7%。黏土矿物中伊蒙混层占主体，含量在5.0%～96%，平均值达到65.8%；高岭石、伊利石、绿泥石的含量平均值分别为：15.2%、13.9%、12.1%。下扬子地区伊蒙混层含量为12.4%～94.0%，平均值43.4%；伊利石含量在7.0%～88%，平均值23.0%；高岭石含量在2.0%～45.0%，平均值24.1%；绿泥石含量在4.0%～26.0%，平均值为9.6%。江西萍乐坳陷龙潭组高岭石含量为12%～27%；绿泥石含量为6.0%～16%；伊利石含量为16%～37%；伊蒙混层含量为44%～52%（图9-5）。

9.2.3　有机地化特征

1. 有机质类型

二叠系海陆过渡相有机质类型以Ⅱ型和Ⅲ型为主，个别地区为Ⅰ型。四川盆

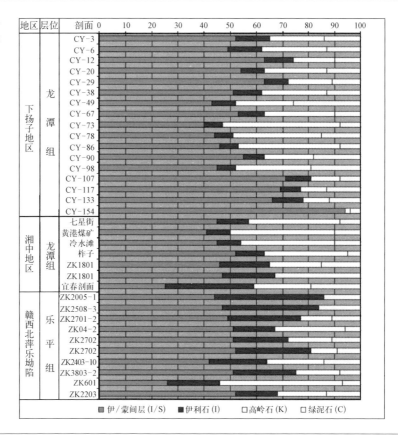

图9-5 中、下扬子地区龙潭组页岩黏土矿物构成

地及滇黔桂地区龙潭组煤系泥页岩母质类型以Ⅲ型为主，其次为Ⅱ型。湘中-湘东南-湘东北地区二叠系龙潭组、大隆组煤系泥页岩母质类型以Ⅲ型为主，其次为Ⅱ型。萍乐坳陷二叠系小江边组泥页岩有机质类型以Ⅰ型为主，二叠系龙潭组以Ⅲ型为主；下扬子地区下二叠统孤峰组泥页岩主要为Ⅱ_1型干酪根，龙潭组为Ⅱ型-Ⅲ型有机质，大隆组以Ⅱ_2型干酪根为主（表9-1）。

2. 有机质丰度

四川盆地龙潭组泥页岩有机质碳含量分布在0.5%～8.090%，以横贯盆地中部的东北向乐山-巫山一带较高，而盆地南、北部则较低，有机质分布也呈高低相间，如乐山南（8.0%）- 资阳（0.5%）- 充南（6.5%）- 南充东（1.0%）- 石柱（7.0%）- 万州（2.0%）- 巫山（7.0%）。

地 区	层 位	干酪根类型
湘中-湘东南-湘东北地区	上二叠系大隆组	III型、II型
	上二叠系龙潭组	III型、II型
萍乐坳陷	三叠系安源组	III型
	二叠系乐平组	III型
	二叠系小江边组	I型
下扬子地区	上二叠系大隆组	II$_2$型
	上二叠系龙潭组	II型、III型
	下二叠系孤峰组	II$_1$型

湘中坳陷二叠系上统龙潭煤系中的黑色泥页岩有机碳平均含量较高,为5.06%。其中,湘中地区发育最好,三个凹陷中心地带最大值均达到2.5%以上;大隆组有机碳含量范围在0.69%～4.00%,平均值为2.22%。

苏北地区二叠系泥页岩有机碳含量在泰州-泰兴一带较高,通常介于1.5%～3.0%,往南有机质丰度逐渐变好,其中N5井有机碳含量平均值高达3.38%;靠近南黄海地区有机质丰度变低,这可能与当时的沉积物源远近有关;往西北方向有机质丰度逐渐变低,普遍小于1.0%,但北部滨海地区有机质丰度较高。

苏南-皖南-浙西地区龙潭组泥页岩的有机碳含量较高,TOC变化范围在0.52%～8.17%,平均值为2.11%,TOC值大于1.0%的区域面积约占整个研究区面积的40%。

3. 热演化程度

通过对比南方不同地区二叠系海陆过渡相页岩有机质成熟度,湘中-湘东南-湘东北地区页岩平均有机质成熟度在1.53%～1.89%,处于成熟阶段;萍乐地区平均有机质成熟度在1.66%～2.36%,总体处于成熟-过成熟阶段。纵向上,有机质成熟度随层系页岩埋深增加有逐渐增大趋势;下扬子地区海陆过渡相页岩平均有机质成熟度在1.27%～1.40%,处于成熟演化阶段。

9.3 储集性能

下扬子地区龙潭组泥页岩实测孔隙度最小为0.27%，最大为8.9%，平均为3.44%；渗透率最小$0.021 \times 10^{-3} \mu m^2$，最大$0.81 \times 10^{-3} \mu m^2$，平均$0.20 \times 10^{-3} \mu m^2$，其中小于2%的占72%，2%～4%的占22%，4%～6%的占5%。湘中－湘东南地区页岩孔隙度为0.8%～13.26%，小于2%的占13%，2%～4%的占13%，4%～6%的占37%，大于6%的占37%。赣西北地区龙潭组孔隙度范围在0.203%～2.4%，平均为1.4%，其中小于2%的占29%，2%～4%的占71%；渗透率在$(0.000\,386 \sim 0.031\,2) \times 10^{-3} \mu m^2$，平均为$0.007\,8 \times 10^{-3} \mu m^2$（表9-2，图9-6）。

表9-2 中、下扬子区泥页岩样品孔隙度-渗透率分析测试数据

地区	样品编号	层位	孔隙度/%	渗透率×$10^3/\mu m^2$	地区	样品编号	层位	孔隙度/%	渗透率×$10^3/\mu m^2$
下扬子地区	CY-01	龙潭组P$_{21}$	0.12	1.08	湘东南地区	SHC	龙潭组P$_{21}$	3.70%	
	CY-02		0.95	0.98		YMQ-05		10.43%	
	CY-05		1.2	1.5		SKJ-02		11.75%	
	CY-08		0.9	0.03		TMK-03		13.26%	
	CY-12		1.8	1.2		SZP-01		5.34%	
	CY-16		0.99	0.08	湘中地区	QXJ-6	龙潭组P$_{21}$	0.80%	
	CY-21		0.85	0.6		HG-1		6.10%	
	CY-32		3.1	2.8		QXJ-5		5.52%	
	CY-39		4.2	2.2	萍乐坳陷	ZK04-2	乐平组P$_{21}$	2.4	0.003 1
	CY-41		2.3	1.1		ZK2508-3		1.9	0.002 6
	CY-45		1.5	0.09		ZK2701-2		1.1	0.001 05
	CY-48		1.3	0.009		ZK2005-1		0.6	0.008 3
	CY-49		2.3	0.15		ZK2702-5		1.476	0.008 279
	CY-51		1.8	1.4		ZK2702-10		2.224	0.031 2
	CY-68		0.8	0.9		ZK2203-3		0.203	0.000 386
	CY-75		1.7	1.1					
	CY-80		2.6	0.09					
	CY-110		1.6	1.1					
	CY-130		2	0.6					

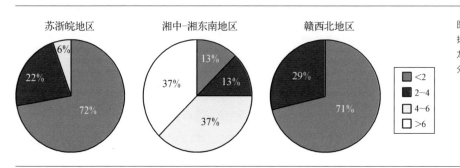

图9-6 中、下扬子上二叠统龙潭组孔隙度分布频率

经以上对比分析可以看出,下扬子的苏浙皖地区与赣西北地区的孔隙度与渗透率总体上差别不大,孔隙度2%~4%的分别占72%与71%,小于2%的分别占22%与29%。湘中地区孔隙度较大,孔隙度大于4%的占74%,部分样品值大于10%,普遍大于下扬子地区,因属于不同测试单位分析,这种差别的具体原因还有待进一步分析。

9.4   岩石可压性

由龙潭组脆性矿物组成三角图可知,碳酸盐矿物含量相对均较低。脆性矿物约占总体的44%,脆性矿物与黏土矿物之比为0.53~4.1,平均为1.5。计算的脆性指数为46~63,属于相对较脆的页岩。

9.5   综合评价

南方二叠系富有机质泥页岩分布广泛,具有一定的厚度分布,且有多口井具有较好的油气显示。但海陆过渡相地层相变快、单层厚度薄,页岩层多夹煤层薄互层,煤层局部地区可能含水。从页岩展布规律、岩石矿物组成特点、储集能力以及脆性特点综合分析可知,苏南、皖南、湘中及黔西南地区二叠系储层相对有利。

华北地区上古生界海陆过渡相领域

华北地区是指秦岭淮河线以北、长城以南的中国的广大区域,包括河北、山西两省,北京、天津两市和山东、河南两省黄河以北地区。南北向分为南部、中部、北部,东西向分为东部、西部。南部包括山西、河北两省南部和河南、山东两省黄河以北地区;北部指恒山和燕山山脉以北的山西和河北两省北部地区;中部为恒山和燕山山脉以南至华北南部以北的京、津两市和山西、河北两省中部地区;东侧则以太行山山脉及延长线将华北划分成东西两部分。地理版图的华北地区包括四个自然地理单元:东部的辽东山东低山丘陵,中部的黄淮海平原和辽河下游平原,西部的黄土高原及北部的冀北山地。

华北地区上古生界经过中-新生代的构造叠加改造,从而具有了"四分性"的构造格局,形成了以鄂尔多斯盆地、沁水盆地、渤海湾盆地、南华北盆地等为中心的四个中-新生代复合叠合盆地。残留上古生界一般在盆地内保存条件相对较好;而在隆起区除局部有中-下三叠统残留覆盖时上古生界保存条件稍好外,其余地区上古生界均呈现出不同程度的剥蚀残留状。因此,下面分别以鄂尔多斯盆地、沁水盆地、渤海湾盆地、南华北盆地四个复合叠合盆地为主,对华北地区上古生界重点区域重点目的层的分布特征进行讨论。

值得注意的是,虽然鄂尔多斯盆地、沁水盆地、渤海湾盆地与南华北盆地上古生界各地层组以及其页岩层段等划分界线和命名存在较大差异,但仍可进行大致的对比。整个华北地区重点区域重点目的层的分布特征,仍然由晚古生代的构造沉积格局和古环境控制。

10.1　　上石炭统本溪组

华北地区晚石炭世发育本溪组煤系页岩,主要分布在鄂尔多斯盆地北部和渤海湾盆地东北部辽河坳陷一带。

10.1.1   展布特征

鄂尔多斯盆地在页岩层段划分中,以厚度大于3 m的非页岩为隔层,将夹于其间的页岩、薄层砂岩、薄煤层和薄层灰岩作为一个页岩层段进行统计。将本溪组页岩划分为2个页岩层段。本溪组页岩层段单层厚度为1~49 m,平均为3.8 m;页岩层段总厚度为5~96 m,平均为29.3 m;页岩层数为1~24层,平均为6层。

鄂尔多斯盆地上古生界页岩厚度虽然比较大,但并非所有的页岩都有利于页岩气成藏,因此,我们以TOC大于1%为界,同时参考气测录井资料划分含有机质页岩和普通页岩。纵向上,上古生界含有机质页岩厚度平均为45.7 m,最小为3.5 m,最大为78.3 m,其中本溪组含有机质页岩厚度平均为11.8 m,最小为3.5 m,最大为45.5 m。

渤海湾盆地上古生界页岩主要发育本溪组、太原组及山西组。其中,本溪组主要发育在辽河坳陷一带,其他地区仅局部发育,但整体残留厚度较小。

10.1.2   矿物岩石学特征

1. 页岩类型及结构构造

鄂尔多斯盆地上古生界岩石类型种类较多,主要有碳酸盐岩、砂岩、页岩及煤层等。其页岩类型根据含砂与含有机质的量不同而进一步细分。其中,根据含砂量的不同,页岩又主要分为粉砂质页岩和纯页岩;根据有机质含量不同,页岩呈现不同颜色,从浅到深可分为灰白色页岩、灰色页岩、深灰色页岩、灰黑色页岩及黑色页岩。有机质含量越高,页岩颜色越深(图10-1)。

本溪组在渤海湾大部分地区按岩性可分为下、中、上三部。其中,下部主要为紫色页岩夹铝土矿层(G层)与下伏奥陶系呈假整合接触;中部为黄色砂岩和砂质页岩夹薄煤层及灰岩透镜体;上部为浅黄色页岩、细砂岩夹石灰岩以及铝土页岩。

在冀、京、津地区,本溪组按岩性主要分为页岩、砂岩夹海相灰岩和不稳定的煤层。底部多数有一层含铁紫色页岩,与下伏中奥陶统灰岩呈平行不整合接触。在基底风化面上形成不规则的山西式铁矿和铝土页岩或铝土矿层(G层),顶部有一层海

图 10-1
鄂尔多斯
盆地上古
生界周缘
页岩类型

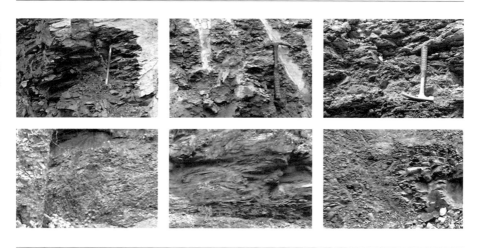

相灰岩与晚石炭世太原组呈整合接触,局部见铝土矿层(G层)。

在辽河坳陷,本溪组主要由一套页岩、砂岩夹薄层海相灰岩组成,部分地区夹有煤线,以不含可采煤层和中、细粒石英砂岩为主要特征。其底部有一段含铁紫色页岩,为鸡窝状不规则铁矿层(山西式铁矿)和铝土质页岩或铝土矿层(G层铝土矿层),其中大量铝土质页岩发育是本溪组的一大特征。

2. 矿物组成及特征

鄂尔多斯盆地上古生界页岩以黏土矿物为主,平均含量为52.3%,石英、长石次之,平均含量为41.2%,碳酸盐岩及其他矿物占6.5%(图10-2、图10-3);其中本溪

图 10-2
上古生界页
岩全岩矿物
三角图

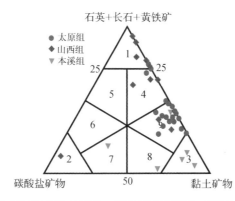

石英+长石+黄铁矿

● 太原组
◆ 山西组
▼ 本溪组

1—硅质页岩
2—碳酸盐质页岩
3—黏土页岩
4—含黏土硅质页岩
5—含碳酸盐硅质页岩
6—含硅碳酸盐质页岩
7—含黏土碳酸盐质页岩
8—含碳酸盐黏土页岩
9—含硅质黏土页岩

碳酸盐矿物　　　50　　　黏土矿物

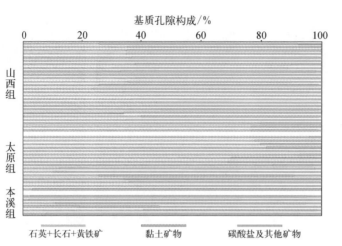

图10-3 上古生界页岩全岩矿物含量柱状图

组页岩黏土矿物平均含量为69.4%,石英、长石平均含量为14.2%,碳酸盐岩及其他矿物含量为16.4%。

上古生界页岩矿物组成说明本溪组矿物平均含量为37.6%,石英、长石平均含量为54.1%,碳酸盐岩及其他矿物含量为8.3%。上古生界页岩矿物组成说明本溪组页岩黏土矿物含量最高,黏土矿物主要以高岭石和伊利石为主,伊蒙混层和绿泥石含量相近(表10-1)。从本溪组到山西组高岭石含量逐渐降低,伊利石含量逐渐增大。

层 位	黏土相对含量/%			
	伊蒙混层(I/S)	伊利石(I)	高岭石(K)	绿泥石(C)
山西组	10	44.9	33.6	11.5
太原组	8.5	25.5	57.1	8.9
本溪组	12.4	25.1	51.7	10.8
上古生界	10.3	31.8	47.5	10.4

表10-1 上古生界页岩黏土矿物含量统计

3. 有机质特征

鄂尔多斯地区上古生界氢指数(HI)最小值为1.1 mg.HC/g.TOC,最大为371.4 mg.HC/g.TOC,平均值为28.5 mg.HC/g.TOC;氧指数(OI)最小值为0.36 mg.CO$_2$/

g.TOC，最大为211.7 mg.CO₂/g.TOC，平均为36.6 mg.CO₂/g.TOC。其中本溪组氢指数最小值为1.2 mg.HC/g.TOC，最大为371.4 mg.HC/g.TOC，平均值为23.2 mg.HC/g.TOC；氧指数最小值为0.36 mg.CO₂/g.TOC，最大为160 mg.CO₂/g.TOC，平均为34.5 mg.CO₂/g.TOC。分类结果表明，本溪组页岩有机质主要为Ⅱ₂型及Ⅲ型；太原组页岩有机质主要为Ⅰ型、Ⅱ₁型及少量Ⅱ₂型、Ⅲ型；山西组页岩有机质主要为Ⅲ型，含少量Ⅰ型、Ⅱ₁型及Ⅱ₂型（图10-4）。

图10-4　鄂尔多斯盆地上古生界页岩有机质氢指数/氧指数分类

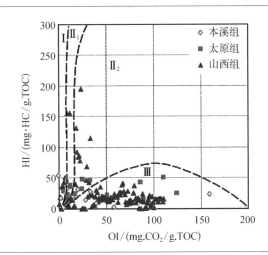

鄂尔多斯盆地上古生界页岩总有机碳含量普遍较高。上古生界页岩实测TOC一般为1%～3%，平均为3.5%；其中本溪组平均为2.7%，属于高碳页岩。页岩样品中，本溪组TOC小于1%的占38.4%，TOC为1%～2%的占30.8%，介于2%～3%的占15.4%，大于3%的占15.4%。平面上TOC变化趋势较为明显，本溪组页岩有机碳含量最低为0.5%，最高为9.9%，平均为1.85%。有机碳含量由中西部向东部增高。有机碳含量>2.0%的页岩位于盆地的东侧。

渤海湾盆地上古生界石炭－二叠系太原组煤系页岩有机质丰度最高，其次为山西组，石炭系本溪组页岩有机质丰度一般低于太原组和山西组，但高于其他层系页岩（表10-2）。本溪组含有机质页岩的有机碳含量为0.1%～4.2%，各地区平均值一般不高于1.5%，低于太原组和山西组，其生烃潜量为0.02～4.35 mg/（g岩石），低于太原组，与山西组相当。

坳陷	层 位	岩性	有机碳含量/%	氯仿沥青"A"含量/%	生烃潜量/[mg/(g岩石)]
黄骅	下石盒子组	页岩	0.1~2.5(0.6/8)	0.009 6(1)	0.02~1.72(0.48/8)
	山西组	页岩	0.1~3.5(1.3/20)	0.007 4~0.064 0(0.027 1/10)	0.02~4.12(0.81/20)
	太原组	页岩	0.1~4.5(2.0/26)	0.008 8~0.228(0.066 5/15)	0.02~9.96(1.54/22)
	本溪组	页岩	0.1~4.2(1.3/15)	0.014~0.082(0.030/6)	0.02~4.35(1.20/15)
东濮	下石盒子组	页岩	0.7~5.31(1.61/39)	0.001~0.034 6(0.010 8/23)	0.03~0.66(0.06/13)
	山西组	页岩	0.7~5.56(2.48/68)	0.011~0.172 7(0.039 9/9)	0.50~10.2(2.31/38)
	太原本溪组	页岩	0.77~5.89(2.4/164)	0.001 5~0.014 3(0.043 9/36)	0.5~44.45(3.00/111)
冀中	二叠	页岩	0.1~3.1(0.7/33)	0.011 9~0.164 8(0.041 0/9)	0.02~2.57(0.25/30)
	石炭	页岩	0.1~5.3(2.4/29)	0.008 7~0.207 1(0.092 1/12)	0.13~9.62(2.81/19)
济阳临清	二叠	页岩	0.1~4.2(1.5/55)	0.003 7~0.346 8(0.063 4/17)	0.02~3.53(1.09/43)
	石炭	页岩	0.1~4.3(1.8/60)	0.002 1~0.135 6(0.034 1/22)	0.3~3.85(1.16/48)
渤中	石炭-二叠	页岩	0.1~5.2(1.1/8)	0.002 5~0.052 5(0.017 9/8)	0.03~1.32(0.32/8)
辽河	下石盒子组	页岩	0.2~1.1	0.005 8~0.008 4(1)	0.05~0.12(3)
	山西组	页岩	0.5~2.6(1.4/3)	0.008 4(1)	0.18~0.52(0.33/3)
	太原组	页岩	0.6~3.8(1.8/5)	0.013 3(1)	0.07~0.64(0.31/5)
	本溪组	页岩	0.37~1.5(0.85/4)	0.004 1~0.021 2(0.009 95/4)	0.10~0.23(0.12/4)

表10-2 渤海湾盆地石炭-二叠系页岩有机质丰度统计

注: 22.6~62.7(48.3/3),表示最小值~最大值(平均值/样品数)。

鄂尔多斯盆地上古生界页岩中有机质成熟度的平面变化规律受盆地构造运动影响明显。早二叠世之后,盆地持续沉降,逐渐形成以陆源碎屑为主的沉积活动。晚三叠世开始,上古生界中的沉积有机质在温压条件逐渐增大的情况下开始进入成熟期;其后,受燕山运动和喜马拉雅运动的影响,盆地西部受到挤压抬升,埋深变浅;盆地东部受挤压隆起,形成晋西褶皱带,埋深变浅。因此,盆地的西部和东部在刚进入成熟期后又遭遇温压的降低,有机质热演化受到影响,最终形成盆地中部有机质成熟度高、盆地东部和西部成熟度低的格局。

本溪组页岩有机质成熟度平均为1.52%。平面上,盆地构造主体部位自西向东成熟度逐渐减小,最大值位于靖边以南区域;高达2.0%以上中央隆起带以西,成熟度较小,一般小于1.0%,平均在0.8%左右,自南向北呈逐渐增大趋势。

10.1.3   储集性能

1. 储集空间类型及赋存方式

鄂尔多斯盆地上古生界页岩微孔隙发育如图10-5所示。在扫描电镜下观察到的微孔隙主要有以下几种。

溶蚀孔：主要为长石等矿物颗粒溶蚀后形成的孔隙，一般孔隙直径为1～10 μm。

有机质内孔隙：由有机质特殊结构形成的孔隙，多呈蜂窝状，微孔隙多以此类为主，孔隙较为发育，孔隙直径一般为1～30 μm。

黏土矿物微孔隙：黏土矿物成岩作用过程中形成的微孔隙，孔隙较为发育，孔径相对较小，多为0.5～1 μm，个别可达5～10 μm；上古生界页岩中发育有裂缝，一般缝宽为10～100 μm，多被硅质或钙质胶结。

图10-5
鄂尔多斯
盆地上古
生界页岩
中扫描电
镜下的微
孔隙

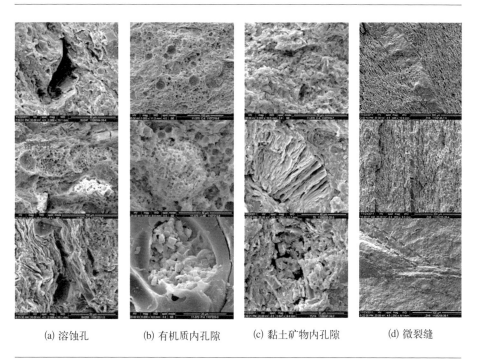

(a) 溶蚀孔　　　(b) 有机质内孔隙　　　(c) 黏土矿物内孔隙　　　(d) 微裂缝

2. 物性特征

鄂尔多斯盆地上古生界页岩孔隙度较低（图10-6）。孔隙度小于4%的样品占

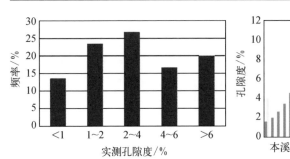 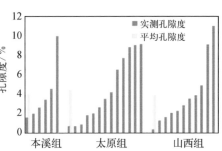

图10-6
鄂尔多斯
盆地上古
生界页岩
孔隙度分
布直方图

70%,孔隙度为1%～4%的占50%以上；三个层段中,太原组页岩孔隙度略高,平均为4.7%,山西组页岩平均孔隙度为4%,与本溪组相似(3.9%)；野外剖面样品孔隙度比岩心孔隙度高。

测井解释结果统计,鄂尔多斯盆地上古生界页岩孔隙度值平均为1.9%,最小为0.5%,最大为12.1%；其中本溪组页岩孔隙度值平均为1.6%,最小为0.5%,最大为9.9%。本溪组页岩孔隙度在陕北斜坡带的东南部较大,其中孔隙度较大的区域主要位于定边－靖边－绥德一线及延安以西和北部神木－府谷附近,其孔隙度一般为4.0%～6.0%,最大可达7%以上；向西北方向逐渐变小,一般孔隙度小于2%。

鄂尔多斯盆地上古生界页岩渗透率极低。常规化验分析结果显示,渗透率主要集中于$(0.2～2) \times 10^{-1}$ μm^2,样品测试渗透率最小为5×10^{-7} μm^2,最大为1.2×10^{-4} μm^2,平均为3.7×10^{-5} μm^2；脉冲渗透率化验分析结果在$(2～5.4) \times 10^{-7}$ μm^2,由此表明目的层段页岩渗透性较低。所测得样品孔隙度和渗透率之间没有明显的相关性。

鄂尔多斯盆地上古生界页岩的比表面积平均为7.78 m^2/g,这表明上古生界页岩均具有较强的吸附能力。

渤海湾盆地上古生界野外剖面炭质页岩密度约为2.66 g/cm^3,孔隙度约为30%,渗透率为7.37×10^{-7} μm^2,属于超低渗性。比表面积主要分布在6.759 41～25.976 86 cm^2/g,平均为16.77 cm^2/g,中西部地区古生界炭质页岩发育较好,有机碳含量较高,页岩比表面积较高,而中东部及南部地区有机碳含量和比表面积则相对较差。

10.2 下二叠统太原组

下二叠统太原组煤系页岩在华北地区广泛分布,是华北地区上古生界富有机质页岩的主力层段。

10.2.1 展布特征

鄂尔多斯盆地上古生界富有机质页岩主要发育在本溪组、太原组和山西组。鄂尔多斯盆地上古生界岩性复杂,底部以灰岩、页岩、煤层及砂岩为主,上部以砂岩、页岩及煤层为主,岩性互层频繁,页岩单层厚度小,但层数多,累计厚度大。

鄂尔多斯盆地将太原组页岩划分为2个页岩层段。太原组页岩层段单层厚度为1～47 m,平均为3.3 m;页岩层段总厚度为5～95.5 m,平均为39.6 m;页岩层数为1～24层,平均为6层。鄂尔多斯盆地太原组含有机质页岩厚度平均为15.7 m,最小为3.5 m,最大为48.4 m。

沁水盆地上古生界富有机质页岩主要发育在太原组、山西组和下石盒子组。其多套富有机质页岩层段划分如下:太原组页岩自上而下分为三段,太原组一段页岩(以下简称太一段页岩,地层符号C_3t^1)、太原组二段页岩(以下简称太二段页岩,地层符号C_3t^2)、太原组三段页岩(以下简称太三段页岩,地层符号C_3t^3)。

太原组地层富有机质页岩主要发育在太一段。太一段页岩厚度最大可达35.7 m,自北向南从阳泉地区至端氏地区均有分布。其中在寿阳地区厚度最大,为23 m左右,岩性以页岩为主,纵向连续发育,仅含有少量薄层砂岩夹层。沁水盆地北部寿阳–松塔一带,太一段含有机质页岩厚度在15～35.7 m,平均为25.35 m,从寿阳向和顺方向页岩厚度逐渐减小;长治一带页岩厚度在19～25 m,平均为22 m。上古生界埋深在300～1 851.58 m,平均在1 000 m左右,在沁源–襄垣一带埋深最大达1 851.58 m,由此为中心向盆地边缘逐渐减小。

渤海湾盆地太原组广泛分布,残留厚度较大,暗色有机质页岩发育,是盆地内上古生界主要的生油层系。渤海湾盆地太原组含有机质页岩厚度具有从北向南逐渐变小的趋势，在华北油气区沉积厚度较大，一般大于100 m，大港油气区一般在60～100 m，而向南到中原油气区一般为40～80 m。从煤层厚度分布及变化看，太原组煤厚以华北油气区最大，特别是苏桥－文安一带可达18 m，向南到晋县以南地区也可达14 m多；大港和中原油气区厚度相对较小，一般在6～10 m。

南华北盆地上古生界富有机质页岩主要发育在太原组、山西组、下石盒子组、上石盒子组地层中，并进一步自下而上划分出太原段、山西段、下一段、下二段、下三段、上一段、上二段、上三段等八个富有机质页岩层段。

在太原段，太原组暗色富有机质页岩在太康隆起、鹿邑凹陷和谭庄－沈丘凹陷一带以周参7井残留厚度最大，并以此为中心向两边剥蚀区减薄；在淮北地区，夏邑和永城地区厚度较大，濉溪和宿州附近厚度较小；在谭庄－沈丘凹陷和襄城凹陷分别以周参16井和襄5井残留厚度最大，并以此为中心向剥蚀区减薄；在板桥盆地、汝南－东岳凹陷和淮南地区仅有零星分布。

10.2.2　矿物岩石学特征

1. 页岩类型及结构构造

沁水盆地石炭－二叠系页岩均不同程度含砂质组分，大部分为粉砂质页岩。另外，煤系页岩中炭质页岩分布较为普遍。可识别出四种页岩岩性组合（图10-7）：

（1）黑色炭质页岩，富含炭质，泥质通常被炭质侵染，不易区分其他成分，在薄片上只有细粒石英颗粒呈斑点状分布其间。

（2）纹层状黑色粉砂质炭质页岩，在薄片上可见炭质层与粉砂质薄互层分布，其成分为2%黄铁矿、48%炭质（与泥质混杂在一起）、40%粉砂（以细粉砂为主），其矿物成分以石英为主。

（3）纹层状黑色钙质含炭页岩或粉砂质页岩，其特征是钙质胶结，含钙页岩与粉砂质呈薄互层状分布，炭质含量相对较少。

（4）纹层状深灰色粉砂质页岩，在薄片上粉砂质与泥质呈薄互层，炭质含量极少。

图 10-7
沁水盆地页
岩分类图

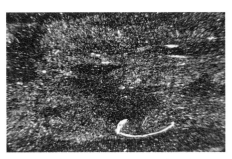
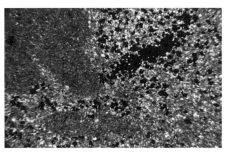

(a) 黑色炭质页岩 (沁水盆地北部阳泉二矿山西组 3 煤顶板)

(b) 纹层状黑色粉砂质炭质页岩 (沁水盆地东北部和顺 p5-3 井太原组页岩)

(c) 纹层状黑色钙质含碳页岩 (沁水盆地南部 SX-017 井山西组页岩)

(d) 纹层状深灰色粉砂质页岩 (沁水盆地南部 SX-015 井太原组页岩)

　　渤海湾盆地上古生界含有机质页岩岩性主要为深灰-灰黑色页岩和炭质页岩。南华北盆地二叠系页岩的岩石类型主要有页岩、砂质页岩、炭质页岩、含粉砂质炭质页岩、炭质泥质粉砂岩、泥质粉砂等（图 10-8、图 10-9）。

　　2. 矿物组成及特征

　　鄂尔多斯盆地上古生界太原组页岩黏土矿物平均含量为 37.6%，石英长石平均含量为 54.1%，碳酸盐岩及其他矿物含量为 8.3%（图 10-10）。

　　沁水盆地及其外围石炭-二叠系页岩具有较高的脆性岩石组分，野外实测剖面中可见风化的页岩破碎带，在钻井岩心中也发现了十分发育的高角度微裂缝，显示该区页岩易发生脆性裂缝。石炭-二叠系页岩具有较高的脆性岩石组分，页岩脆性矿物含量最高可达 89%，多集中在 35%～55%。其中，太原组太一段页岩脆性矿物含量在 20%～89%，平均为 39.44%。

(a) Y34-禹州磨街02#井，太原
组1段页岩，深674 m处岩心

(b) Y58-渑池县陈村乡陈村村
L-17井，太原组砂质页岩，
深637.8 m处岩心

(c) Y35-巩义西村1001井，山西
组黑色砂质页岩，深957.55 m
处岩心

(d) Y02-禹州磨街02#井，下一
段黑色含砂质页岩

(e) Y11-禹州磨街02#井，下二段
含砂质页岩，深441 m处岩心

(f) Y24-禹州磨街02#井，下三段
黑色含炭质页岩，深329.3 m
处岩心

图10-8
南华北盆地
二叠系页岩
主要岩石类
型岩心照片

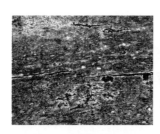

(a) 页岩

(b) 砂质页岩

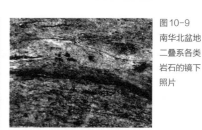

(c) 炭质页岩

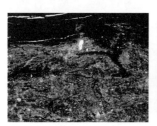

(d) 含粉砂质炭质页岩

(e) 炭质泥质粉砂岩

(f) 泥质粉砂岩

图10-9
南华北盆地
二叠系各类
岩石的镜下
照片

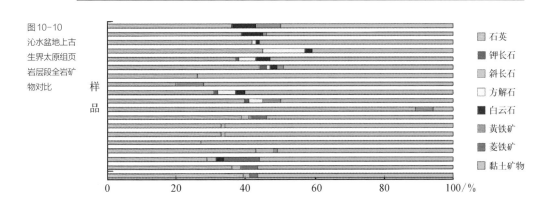

图 10-10
沁水盆地上古
生界太原组页
岩层段全岩矿
物对比

辽河坳陷东部凸起石炭 – 二叠煤系地层广泛发育, 页岩矿物成分主要为石英、斜长石、菱铁矿、黄铁矿、白云石、黏土。其中石英含量较高, 达45%以上, 易产生裂缝, 为页岩气提供了良好的储集条件。

渤海湾盆地周缘河南、山西地区上古生界太原组、山西组页岩中含有石英 (65%~98%)、黏土 (2%~22%)、钾长石 (0~2%)、斜长石 (0~3%)、方解石 (0~2%)、白云石 (0~2%)、菱铁矿、黄铁矿和石膏 (图10-11)。

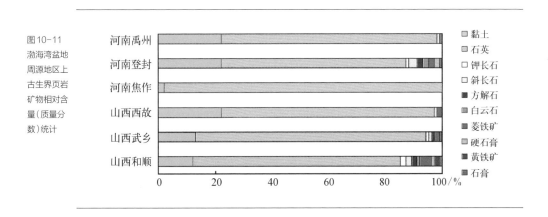

图 10-11
渤海湾盆地
周源地区上
古生界页岩
矿物相对含
量 (质量分
数) 统计

盆地周缘山西、河南地区太原组和山西组页岩黏土矿物主要成分有伊利石 (23%~78%, 平均为64.29%), 高岭石 (0~75%, 平均为31.2%), 绿泥石 (2%~30%), 伊蒙混层 (0~15%, 平均为7.5%), 绿蒙混层 (0~5%, 平均为2.6%)。伊利石和高岭石含量最高,其中山西和河南地区上古生界页岩黏土矿物中均含有伊利石和绿泥石,河南地区伊利石为主要成分,高岭石含量较少,山西地区则以高岭石为黏土矿物的主要成分、伊利石次之(图10-12、图10-13)。

南华北盆地上古生界页岩中主要矿物成分为黏土、石英及少量的钾长石、斜长石和方解石,还有极少量的菱铁矿和黄铁矿。在测定的195个样品中,石英含量大于30%的有165个,占85%;石英含量大于40%的有96个,占49%。黏土矿物有高岭石、绿泥石、伊利石、伊/蒙间层等。太原段页岩石英的平均含量为33.84%,黏土矿物平均含量为54.83%。其中,黏土矿物主要以伊/蒙间层、高岭石和绿泥石、伊利石为主(图10-14)。

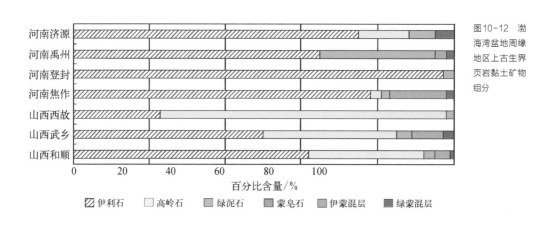

图10-12 渤海湾盆地周缘地区上古生界页岩黏土矿物组分

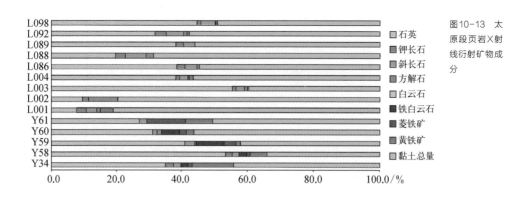

图10-13 太原段页岩X射线衍射矿物成分

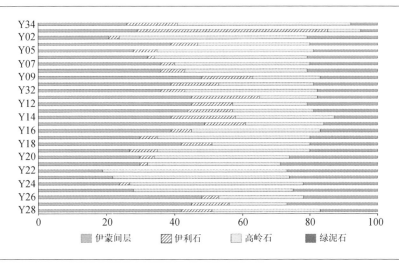

图10-14 河南禹州云盖山2#井太原组黏土矿物含量

3. 有机质特征

鄂尔多斯盆地太原组有机质主要为Ⅲ型、Ⅱ₁型及Ⅱ₂型。页岩样品38个,氢指数最小值为9.2 mg HC/g.TOC,最大为116.1 mg HC/g.TOC,平均值为36.3 mg HC/g.TOC;氧指数最小值为5.6 mg CO_2/g.TOC,最大为125 mg CO_2/g.TOC,平均为32.7 mg CO_2/g.TOC。

沁水盆地太原组页岩有机质类型以腐殖型为主,少数地区具有腐泥腐殖型。同时,对沁水盆地250块页岩样品的热解测试结果分层段进行了生烃潜量统计,各层段生烃潜量测试结果与氢指数结果基本相符(图10-15)。

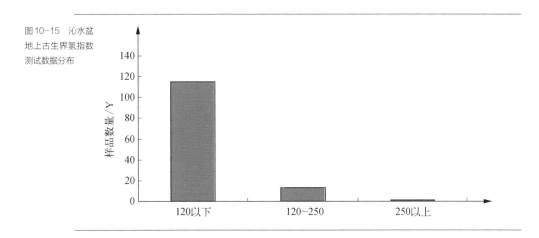

图10-15 沁水盆地上古生界氢指数测试数据分布

沁水盆地石炭系太原组页岩的干酪根碳同位素偏重,饱和烃含量低于20%,饱/芳比值低(0.16~0.66),在Ⅱ₂~Ⅲ区间内。

沁水盆地有机质成熟度较高,在沥青"A"族组成三角图中,大部分样品落在非烃+沥青质一角,石炭系页岩的非烃+沥青质含量大多在50%左右。

测试资料综合分析得到,沁水盆地石炭二叠系煤系页岩中,页岩为腐泥腐殖型-腐殖型母质。

渤海湾盆地石炭-二叠系含煤岩中富含有机质,有机显微组分占全岩体积的60%以上(表10-3),炭质页岩中有机显微组分占10%以上,含粉砂页岩有机质相对较少,一般在6%以下,有机质类型以Ⅱ₂~Ⅲ型为主(图10-16)。从石炭-二叠系煤系含有机质页岩的H/C与O/C原子比范氏图可以看出,不同坳陷的岩石样品点均落在Ⅱ₂~Ⅲ型的范围内,这种显微组分组成特征反映了渤海湾盆地石炭-二叠系聚煤作用时期整体环境的相似性特征。

岩　性	镜质组/%	惰质组/%	腐泥组+壳质组/%	次生组分/%	总计/%
含煤页岩	41.7	19.3	2.3	3.3	66.6
炭质页岩	6.3	4.2	0.6	2.7	13.8
深灰色页岩	5.1	0.8	0.7	0.2	6.8
灰色页岩	2.7	0.2	0.7	0.1	3.7
杂色页岩	2.3	0.6	0.7	0	3.6

表10-3 渤海湾盆地及周缘地区上古生界含煤页岩显微组分分析

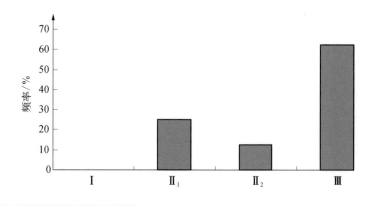

图10-16 渤海湾盆地上古生界页岩有机质类型统计频率

济阳坳陷上古生界页岩的显微组分中镜质组的含量为21.57%～94.95%，多数样品的镜质组含量大于50%；惰质组的含量为0～80.9%，有机质类型基本都是Ⅲ型（少量Ⅱ$_2$）。临清坳陷上古生界含有机质页岩有机质类型为Ⅱ$_2$型、Ⅲ型，其中Ⅲ型占56%，Ⅱ$_2$型占44%。纵向上，自下而上，从本溪组到下石盒子组腐泥组含量由高到低，惰质组含量则由低到高变化，下部的本溪组、太原组样品Ⅲ型有机质占67%，上部山西组、下石盒子组Ⅲ型有机质含量平均为37.46%（16.5%～62.13%），为腐殖型有机质。分析的一块灰质页岩腐泥组分含量为32.94%，为Ⅱ$_2$型有机质（表10-4）。黄骅坳陷上古生界煤系干酪根H/C原子比低，δ^{13}C值均重于−25.5‰，表明其类型为Ⅲ型。辽河坳陷上古生界煤系含有机质页岩有机质类型统计频率图表明以Ⅲ型为主，少部分Ⅱ$_1$型。

表10-4 临清坳陷上古生界含有机质页岩干酪根镜鉴结果

层位	岩性	井号	井深	腐泥组	壳质组	镜质组	惰质组	类型
P$_1$x	含有机质页岩	毛4井	2 135～2 144	11.75	36.81	12.27	39.16	Ⅲ
		毛4井	2 175～2 178	12.68	31.55	16.34	39.44	Ⅲ
		堂古5井	2 974～2 990	38.73	13.97	11.76	35.54	Ⅱ$_2$
P$_1$s		庆古2井	4 076～4 080	29.17	16.11	8.89	45.83	Ⅲ
C$_3$t		毛4井	2 430～2 440	31.07	2.96	3.85	62.13	Ⅲ
			2 450～2 456	48.71	9.46	11.75	30.09	Ⅱ$_2$
			2 508.9	34.77	39.87	8.88	16.5	Ⅱ$_2$
		庆古2井	4 172.20	29.78	24.32	27.30	18.6	Ⅱ$_2$
		堂古5井	3 144～3 146	55.40	1.14	9.38	34.09	Ⅱ$_2$
C$_2$b		毛4井	2 575.8	42.65	—	—	57.35	Ⅲ
		庆古2井	4 299.20	36.63	25.13	10.16	28.07	Ⅱ$_2$
P$_1$s	含煤页岩	堂古5井	3 054～3 055	19.47	7.20	25.33	48.00	Ⅲ
		庆古2井	4 122.5～4 131.5	5.88	4.55	5.35	84.22	Ⅲ
C$_3$t			4 173.20	17.72	29.11	22.78	30.38	Ⅲ
			4 182.72	12.24	3.00	30.48	54.27	Ⅲ
			4 299.95	17.46	39.15	29.68	13.72	Ⅱ$_2$
C$_2$b			4 305～4 307	3.49	2.14	3.22	91.15	Ⅲ
C$_3$t	碳酸盐岩质页岩	庆古2井	4 240～4 272	32.94	18.82	15.29	32.94	Ⅱ$_2$

南华北盆地上古生界煤系页岩有机质类型总体上呈现有机质类型单一，且以腐殖型为主的特征。但含有机质页岩的显微组分与煤相比明显不同，多数样品富含壳质组＋腐泥组（一般大于40%），这反映出含有机质页岩的有机质类型相对偏好，一般为Ⅱ～Ⅲ型干酪根。谭庄、襄城凹陷含有机质页岩有机元素分析，H/C原子比为0.51～0.91，O/C原子比为0.06～0.14，这反映出有机质类型以Ⅲ型为主，部分为Ⅱ₂型。选取40个来自太原段、山西段、下一段、下二段、下三段和上一段的干酪根样品进行测试，结果全部为Ⅲ型干酪根（图10-17、表10-5）。

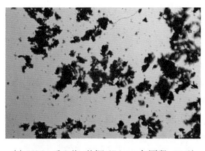
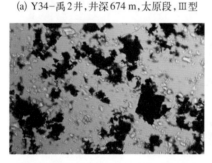
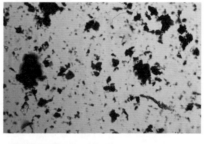
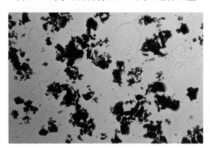
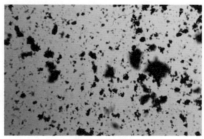

图10-17　南华北盆地上古生界煤系页岩有机质类型

(a) Y34-禹2井，井深674 m，太原段，Ⅲ型　　(b) Y33-禹2井，井深639 m，山西段，Ⅲ型

(c) Y32-禹2井，井深581 m，下一段，Ⅲ型　　(d) Y18-禹2井，井深398 m，下二段，Ⅲ型

(e) Y24-禹2井，井深329 m，下三段，Ⅲ型　　(f) Y31-禹2井，井深256 m，上一段，Ⅲ型

表10-5　南华北盆地禹州云盖山2#井部分干酪根显微组分及类型

测试编号	送样编号	地区	腐泥组/%	壳质组/%	镜质组/%	惰质组/%	指数	干酪根类型	备注
1207214	Y31		32.67	0.00	2.33	65.00	−34.08	III	井深674 m,太原段
1207207	Y24		3.33	0.00	43.33	53.33	−82.50	III	井深639 m,山西段
1207201	Y18	禹州云盖山2#井	10.33	0.00	5.67	84.00	−77.92	III	井深581 m,下一段
1207215	Y32		26.67	0.00	8.33	65.00	−44.58	III	井深398 m,下二段
1207216	Y33		12.50	0.00	23.50	64.00	−69.13	III	井深329 m,下三段
1207217	Y34		19.33	0.00	1.67	79.00	−60.92	III	井深256 m,上一段

值得注意的是,通过南华北部分低成熟煤样热解分析参数,反映出上古生界存在较多Ⅱ型有机质的煤和炭质页岩(图10-18)。

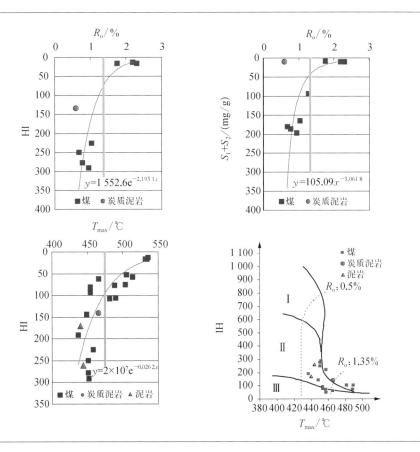

图10-18　南华北盆地地区上古生界煤系页岩R_o、T_{max}与HI、S_1+S_2关系

鄂尔多斯盆地太原组TOC平均为4.1%,TOC小于1%的占22.7%,TOC为1%~2%的占24%,介于2%~3%的占17.3%,大于3%的占36%;太原组页岩有机碳含量最低为0.54%,最高为14.7%,平均为2.32%。有机碳含量由中西部向东部增高,有机碳含量>2.0%覆盖面积明显比本溪组扩大了一倍,靖边以东及西部任1井和苦深1井附近TOC均大于2.0%。

沁水盆地太原组太一段页岩TOC在0.04%~52.84%,全部样品平均值为3.76%。TOC大于1.5%的样品数量占全部样品数的64.9%。各TOC范围内样品数量如图10-19所示。

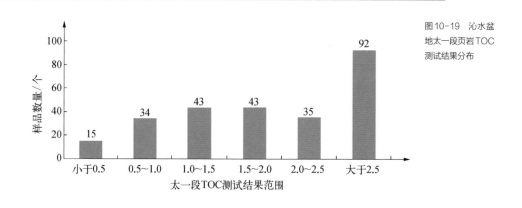

图10-19 沁水盆地太一段页岩TOC测试结果分布

沁水盆地太一段TOC含量在盆地东北部寿阳-阳泉一带为TOC高值区,最大可达2.9%,由此向西TOC逐渐减小。盆地中部由榆社地区向南逐渐增大,在沁县出现第二个TOC高值区,最大可达4.0%。盆地南部TOC最高达3.1%,以沁源-端氏-长子三角地带为最好。

渤海湾盆地太原组煤系页岩有机质丰度最高,其次为山西组,本溪组页岩有机质丰度一般低于太原组和山西组,但高于其他层系页岩。太原组含有机质页岩有机碳含量在0.1%~5.3%,主要分布在2.0%~2.5%,其整体优于山西组,其生烃潜量差异性更大,在0.02~9.96 mg/(g岩石)范围变化,属于中-高碳页岩。太原组含有机质页岩的有机碳含量整体呈西高东低的特征,最大值位于冀中坳陷,大于5%,属于富碳页岩。

南华北盆地太原组煤系页岩为中碳-高碳页岩。平面上,太原组含有机质页岩厚度为22～63 m,一般在30～40 m,TOC含量大于2.05%的页岩一般厚为10～30 m。炭质页岩有机碳介于9.0%～12.0%,含有机质页岩有机碳含量介于0.02%～5.70%,平均在0.88%～3.76%;鹿邑、洛阳、伊川地区相对较高,呈环带状向四周降低。

鄂尔多斯盆地太原组页岩有机质成熟度平均为1.5%,总体趋势和本溪组一致,沿庆阳、华池、吴起和靖边一带有机质成熟度较高,最高可达2.0%以上,向四周逐渐变小。

沁水盆地太原组太一段页岩R_o整体在2.5%左右,在盆地中部及南部地区,R_o整体较高,均在2.5%之上,在盆地的东北部阳泉-昔阳一带R_o位于1.0～2.0%(表10-6)。

表10-6 沁水盆地页岩镜质体反射率各项参数统计

地质单元	地层名称	层 位	R_o/%			统计个数
			最大值	最小值	平均值	
沁水盆地	下石盒子组	下二段	3.9	0.578	2.16	81
	山西组	山一段	3.12	1.197	2.304	67
		山二段	3.62	1.219	2.23	77
	太原组	太一段	3.69	0.615	2.23	252

渤海湾盆地济阳坳陷石炭-二叠系样品现今成熟度多处于成熟和高成熟阶段,R_o值一般在0.6%～2.0%,部分样品R_o大于2.0%,已达到过成熟阶段。各个地区差异明显,车镇-大王庄地区成熟度最低,埋深4 000 m,成熟度在0.62%～0.72%,处于成熟阶段初期。孤北、罗家、曲堤镇地区成熟度较高,R_o达成熟-高成熟阶段。大多数凹陷都有一定的含有机质页岩,刚进入液态烃的大量生成阶段。

临清坳陷以东濮凹陷为例,石炭-二叠系由上向下R_o值有逐渐增大的趋势,但增加值较小。东濮凹陷北部达到成熟-高成熟至过成熟页岩阶段,南部为高成熟-过成熟阶段(表10-7);东濮凹陷北部成熟度明显低于南部,这与马古11、马古6等井局部受火成岩的烘烤作用有关。

表10-7 东濮凹陷上古生界含有机质页岩 R_o 和 T_{max} 数据

井号层位	东濮凹陷北部							东濮凹陷南部	
	毛4		庆古2		文古2		濮深1	马古11	马古5、马古6
	R_o/%	T_{max}/℃	R_o/%	T_{max}/℃	R_o/%	T_{max}/℃	R_o/%	R_o/%	R_o/%
P_2s		444~445* 446(3)		466~495 481(9)	0.93(1)	452~508 485(10)			
P_1x	0.7~0.8 0.74(2)	443~465 455(8)	0.96(1)	464~497 484(6)	1.08~1.25 1.17(2)	476~508 490(7)			1.33(1)
P_1s	0.91(1)	438~473 456(4)	1.08(1)	460~490 471(3)	1.28(1)	479~503 486(5)	1.24~1.40 1.31(3)	1.84(1)	1.4~2.36 1.87(2)
C_3t	0.74~0.82 0.8(6)	442~481 455(21)	1.17~1.34 1.22(4)	459~485 473(13)	1.28~1.33 1.30(2)	484~505 486(9)	1.20~1.35 1.23(6)	1.77~2.08 1.88(10)	2.0~2.02 2.0(2)
C_2b	0.87(1)	438~508 484(11)	1.31~1.42 1.35(3)	464~522 480(5)				1.85~1.98 1.92(2)	3.78~4.03 3.91(8)

成武-鱼台凹陷上古生界页岩有机质热演化程度差异较为明显,根据邻区丰参1井和煤矿资料,凹陷区现在的页岩演化程度较高,达到了成熟阶段,而隆起区由于印支期后一直处于抬升剥蚀及热演化停滞状态,山西-太原组实测 R_o 基本上小于0.8,处于低成熟阶段(表10-8)。

表10-8 成武-鱼台凹陷上古生界页岩热演化程度

地 区	层 位	R_o/%	平均值/%	热演化阶段
黄口凹陷(丰参1)	石盒子组	0.62~0.98	0.82(8)	成熟区
	太原组	0.95~1.30	1.13(6)	成熟区
兖州	山西-太原组		0.661	低成熟
滕北	山西-太原组		0.688	低成熟
济宁	山西-太原组		0.784	低成熟

冀中坳陷煤系地层埋深3 500 m时, R_o 约为0.7%,大城凸起和北部的凤和营凸起埋深均小于该值,属于未成熟区,当埋深为5 300 m时 R_o 约为1.3%。文安斜坡、杨村斜坡以及河西务地区南部属于成熟区;而杨村斜坡深洼处(埋深>5 300 m)和河西务地区北部则处于过成熟区。此外,部分地区受火山岩侵入影响,有机质热演化存在异常(图10-20)。

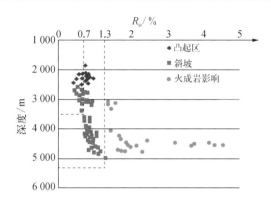

图 10-20 冀中坳陷北部石炭-二叠系镜质体反射率(R_o)与埋藏深度关系

辽河坳陷上古生界页岩热演化成熟度处在高成熟湿气-过成熟干气阶段。南华北盆地上古生界含煤页岩镜质体反射率展布总体上呈"北高南低、西高东低"的特点(表10-9)。现在北部山西组异常演化区煤R_o一般>3.50%,高达5.0%以上,处于过成熟阶段;南部R_o值为0.7%~1.2%,处于成熟阶段;东部R_o值最低,一般为0.50%~1.0%,处于未成熟-成熟阶段。孢粉颜色呈浅棕色-黑色,热变指数在3.3~5.0,煤系页岩有机质总体处于低成熟-过成熟阶段。

表10-9 南华北盆地及周缘上古生界页岩有机质成熟度数据表

地区	新 安	济源-鹤壁	禹县-密县	平顶山-襄城	太 康	鹿 邑	倪丘集	淮北-永夏	淮 南
R_o/%	1.85~2.17	4.4~6.03	0.57~7.80	0.70~1.75	0.91~9.0	1.05~2.8	0.6~2.0	0.43~6.78	0.68~0.82
SCI	橘黄-棕黄	棕黑	浅棕-深棕	浅棕-黑色	棕黑-黑色			浅棕-棕黑	
TAI	3.3~4.7	4.41~4.7	3.5~4.5	3.7~5.0	4.7			3.5~4.2	
OEP	1.04~1.29	1.01	1.06~1.13	1.08~1.295	0.95~1.13				1.02~1.18
成熟度	过成熟	过成熟	过成熟	成熟-过成熟	过成熟	过成熟	成熟	成熟-过成熟	成熟

生物标志化合物分析结果显示,样品饱和烃色谱参数主峰碳主频介于C_{17}~C_{20},$\sum C_{21}$/$\sum C_{22}$+主频介于0.76~4.92,平均为2.19,CPI主频介于0.87~1.62,平均为1.28,OEP主频介于0.75~1.11,平均为0.93,Pr/Ph主频介于0.39~1.33,平均为0.58。甾萜类化合物参数Tm/Ts主频介于1.07~1.65,平均为1.29,$\alpha\alpha\alpha$-C_{27}20R/$\alpha\alpha\alpha$-C_{29}20R

主频介于0.49～1.11,平均为0.70,$\alpha\alpha\alpha-C_{29}20S/20(S+R)$主频介于0.4～0.51,平均为0.46,$C_{29}\beta\beta/(\beta\beta+\alpha\alpha)$主频介于0.028～0.44,平均为0.36,这反映出南华北地区下古生界煤系页岩均处于成熟-高成熟阶段,仅谭庄-沈丘、淮南、淮北地区热演化程度低一些,且淮北最低。

南华北盆地上古生界煤系页岩有机质总体处于低成熟-过成熟的热演化阶段,总趋势为沿济源-焦作-太康高演化带呈环带状分布,具北高南低、西高东低特征。存在济源-中牟-太康-鹿邑、永夏-淮北、谭庄-沈丘、汝南-东岳等多个R_o高值区。其中,济源-焦作-中牟-太康-鹿邑北部地区的高演化与岩石圈减薄、软流圈上涌导致热力隆升有关,同时,在济源、中牟、鹿邑等地区也存在中新生界的叠加深成变质作用影响;永夏-淮北局部地区的高演化为燕山期岩浆接触变质作用影响所致;汝南-东岳、洛阳-伊川、谭庄-沈丘地区的高演化主要为燕山-喜马拉雅巨厚沉积正常深成变质作用所致;汝南-东岳地区可能还存在断裂构造挤压及层间滑动的异常热演化作用。

10.2.3　储集性能

1.　储集空间类型及赋存方式

渤海湾盆地及周缘上古生界页岩主要储集空间类型为有机孔隙、颗粒矿物和黏土矿物孔隙,以及微裂缝。

有机孔主要发育有机质溶蚀孔、有机质收缩孔,主要为方解石半充填和未充填。有机质孔隙发育类型相似度较高,内部孔隙发育差,而有机质与无机质相邻的外围地区有机质溶蚀孔隙最为发育;渤海湾盆地中西部上古生界有机收缩孔发育程度低,中东部和南部地区样品中相对发育较多(图10-21)。

渤海湾盆地及周缘地区无机孔较发育,主要发育基质溶蚀孔、晶间溶蚀孔和晶内溶蚀孔。其发育程度与矿物类型和相对含量有关,总的来看,方解石含量越高的样品其无机孔发育程度越大。渤海湾盆地中西部地区的方解石溶蚀孔多为半充填状态,而中东部及南部地区则为未充填状态,方解石基本被全部溶蚀(图10-22)。

图10-21
渤海湾盆地
及周缘上古
生界页岩有
机质溶蚀孔

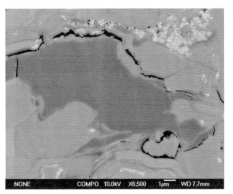 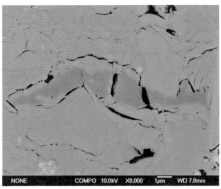

(a) 山西和顺地区有机质溶蚀孔　　　　　　　(b) 山西西故地区有机质溶蚀孔

图10-22
渤海湾盆地
及周缘上古
生界页岩无
机孔

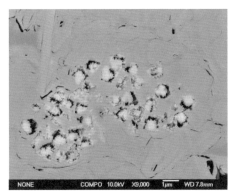 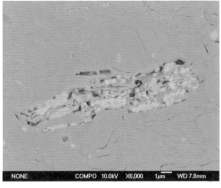

(a) 山西和顺方解石晶内溶蚀孔　　　　　　(b) 山西西故太原组页岩方解石溶蚀孔

　　微裂缝主要为岩片局部溶蚀缝,主要发育岩片内部小型溶蚀裂缝,贯穿整个岩片的裂缝基本不发育,具有裂缝条数多、发育密度大、延伸短等特征。页岩缝宽主要分布在10 nm～1 μm。主要为未充填和方解石半、全充填(图10-23)。

　　南华北盆地由于印支－燕山运动的强烈挤压造山和喜马拉雅运动拉张断陷,上古生界黑色页岩不缺乏微裂缝和孔隙,普通扫描电镜下观察到较多微孔隙,主要是溶蚀孔(图10-24)。

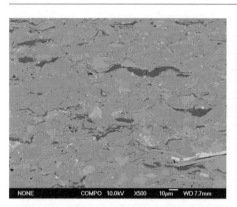
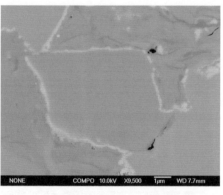

(a) 山西和顺岩片裂缝发育全图　　　　　(b) 山西和顺方解石全充填微裂缝

图10-23
渤海湾盆地
及周缘上古
生界页岩微
裂缝

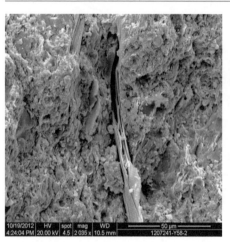
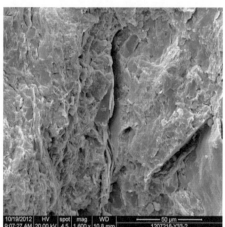

(a) 放大2 035倍云母具溶蚀形成次生片理孔 (样　　(b) 放大1 600倍云母具溶蚀形成次生片理孔，
品编号：Y58，渑池县陈村乡陈村村L-17井，　　　　长约50～80 μm (样品编号：Y33，禹州2#井，
太原段页岩)　　　　　　　　　　　　　　　　　639.2 m，山西段页岩)

图10-24
南华北盆地
二叠系页岩
电镜下的孔
隙特征

2. 物性特征

测井解释结果统计，鄂尔多斯盆地太原组页岩孔隙度值平均为2.1%，最小为
0.5%，最大为8.5%。太原组页岩孔隙度在盆地西南－东北方向较大，盆地中部孔隙
度较盆地边缘大，孔隙度较大区域位于靖边西北、绥德以西及神木西南方向，孔隙度
一般在3%～5%，其余区域孔隙度一般为1%～3%。此外，氩离子抛光和核磁共振实
验证明，鄂尔多斯盆地太原组孔隙度为3.62%，渗透率为5.41×10^{-7} μm^2。

沁水盆地上古生界页岩34项次孔渗性测试数据表明（表10-10），整体孔隙度值介于0.35%～13.45%，平均值为4.15%。太原组孔隙度值介于0.35%～9.69%，平均值为4.7%。沁水盆地纵向上，从上向下，从石盒子组-太原组孔隙度逐渐增加。

表10-10 沁水盆地太原组页岩孔渗性统计

层位	钻井	编号	埋深/m	岩性	视密度	渗透率×10³/μm²	孔隙度/%
太原组	1302	1302-30	1 365.88～1 366.00	页岩	2.56	0.000 21	1.47
	1302	1302-38	1 440.75～1 440.84	页岩	2.7	0.000 33	0.35
	SX-306	页岩28	1 113.70～1 114.00	页岩	2.63	0.000 45	1.33
	SX-306	页岩30	1 135.06～1 135.33	页岩	2.45	0.018	8.53
	SX-306	hmc-248	1 151.43	页岩		0.004 576 9	4.59
	SY-Y-01	Hmc-SY131	751.59			0.001 247	3.69
	SY-Y-01	Hmc-SY144	762.37			0.005 417	5.62
	SY-Y-01	Hmc-SY161	787.4			0.005 365	4.59
	SY-Y-01	Hmc-SY172	800.5			0.014 751	6.12
	SY-Y-01	Hmc-SY181	812.2			0.025 414	4.35
	SY-Y-01	Hmc-SY189	826.9			0.889 143	9.69
	SY-Y-01	Hmc-SY197	861.54			0.324 514	5.68
	SY-Y-01	Hmc-SY205	881.26			0.003 254	5.14

沁水盆地上古生界页岩整体渗透率小于 1×10^{-4} μm²，在所测试的34个样品中，仅有7个样品渗透值大于 1×10^{-4} μm²，渗透率值介于（0.000 21～2.161 201）× 10^{-3} μm²，平均值为 1.94×10^{-5} μm²。其中，太原组渗透值介于（0.002 1～8.891 43）× 10^{-4} μm²，平均值为 7.2×10^{-6} μm²。

10.3　中二叠统山西组

中二叠统山西组煤系页岩在华北地区广泛分布，是华北地区上古生界富有机质页岩的主力层段。

10.3.1　展布特征

鄂尔多斯盆地将山西组页岩划分为4个页岩层段。山西组页岩层段单层厚度为1~64.5 m，平均为4.5 m；页岩层段总厚度为13.3~168.4 m，平均为63.2 m；页岩层数为3~45层，平均为15层。山西组含有机质页岩厚度平均为20.2 m，最小为4.4 m，最大为47.6 m（图10-25）。

鄂尔多斯盆地以TOC大于1%为指标统计的上古生界富有机质页岩有效厚度等值线图显示，其展布趋势与其富有机质页岩总厚度分布趋势密切相关。

沁水盆地山西组页岩自上而下分为两段，即山西组一段页岩（以下简称山一段页岩，地层符号P_1s^1）、山西组二段页岩（以下简称山二段页岩，地层符号P_1s^2）。山一段同样发育一套页岩层段，共出现两个厚度高值区，分别为沁县-沁源一带及沁源-长子一带，以其为中心向盆地的边缘逐渐减少；最大厚度位于盆地中部沁源-长子地区，页岩厚度的最大值为35.5 m，平均厚度约27 m。山二段发育一套厚度在831 m厚的页岩层段，在沁水盆地中西部附近厚度最大，可达31 m。沁水盆地北部寿阳-阳泉地区岩性以页岩为主，中上部夹有砂岩薄层，平均厚度为17 m，向南延展至盆地南部长治地区。

沁水盆地山一段含有机质页岩厚度为6~33.5 m，平均值是19.5 m。该处存在两个厚度高值区域，分别是沁县区域和沁源-长子区域，以两个高值区域为中心向盆地的边缘逐渐减小。沁水盆地山一段埋深为205.74~1 815 m，平均为1 100 m左右。其中，埋深最大在沁源-襄垣一带，以此为中心向盆地的边缘逐渐减小。

沁水盆地山二段含有机质页岩厚度为6.1~31 m，平均为18.5 m，最大厚度值出现在沁源区域附近（老1井），为31 m，厚度由西向东逐渐减小（图10-26）。沁水盆地山二段埋深为362.94~1 834.75 m，平均值为1 098 m。盆地最大埋深位于沁源-襄垣一带（WY-001井），最大埋深值可达1 834.75 m，以此为中心向盆地边缘逐渐减少（图10-27）。

渤海湾盆地山西组含有机质页岩厚度总体上相对于太原组小，厚度相对较大的地区除华北油气区外，中原油气区的沉积厚度也相对较大，一般分布在50~80 m，而大港油气区的沉积厚度相对较小，一般为10~40 m。

从煤层厚度分布及变化看，山西组煤厚较大的地区分布在华北油气区的苏桥、文安一带及大港油气区，厚度一般为8~12 m，其他地区基本上在6~10 m。

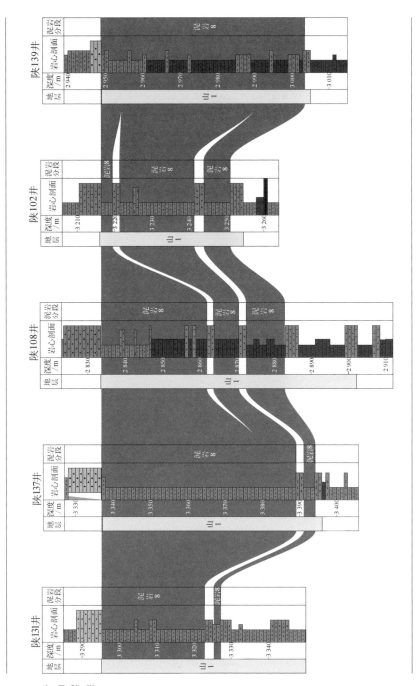

图10-25 鄂尔多斯盆地上古生界山西组Ⅷ号页岩层段对比剖面图(陕131～陕139)

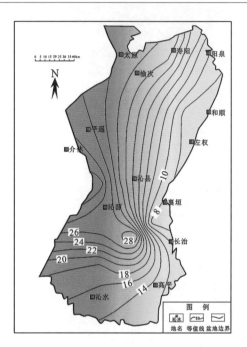

图10-26 沁水盆地山二段页岩厚度等值线

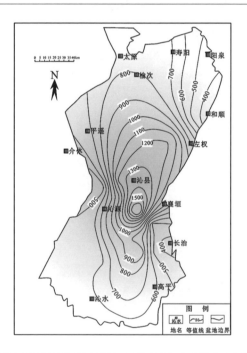

图10-27 沁水盆地山二段页岩埋深等值线

南华北盆地山西段山西组含有机质页岩主要分布在太康隆起、襄城凹陷、鹿邑凹陷、倪丘集凹陷和谭庄-沈丘凹陷，其他凹陷分布较少。在太康隆起、鹿邑凹陷、洛阳盆地和襄城凹陷残留厚度较大，并以此为中心向剥蚀区减薄，其他地区厚度大多在30 m左右。

10.3.2　矿物岩石学特征

1. 矿物组成及特征

鄂尔多斯盆地山西组页岩黏土矿物平均含量为57.5%，石英长石平均含量为39.5%，碳酸盐岩及其他矿物含量为3.0%。上古生界页岩矿物组成说明本溪组页岩黏土矿物含量最高，山西组次之，太原组最低；而太原组页岩中石英和长石等脆性矿物含量最高，山西组次之。太原组和山西组页岩较高的石英和长石含量也说明其具有较强的脆性（图10-28）。

图10-28　沁水盆地上古生界山西组页岩层段全岩矿物对比

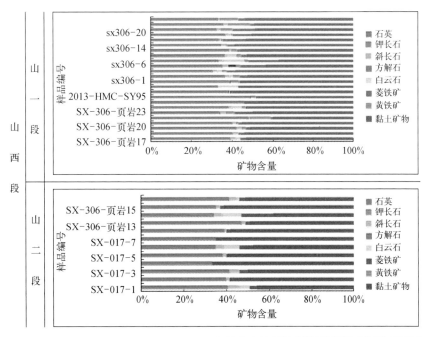

对沁水盆地山西组山一段页岩共进行12项次测试,脆性矿物含量在33.3%～49%,平均为40.74%;山西组山二段页岩共进行51项次测试,脆性矿物含量在19.3%～52%,平均为33.35%。

南华北盆地在所测试的195个样品中,山西段页岩石英的平均含量为40.62%,黏土矿物平均含量为56.13%(图10-29)。

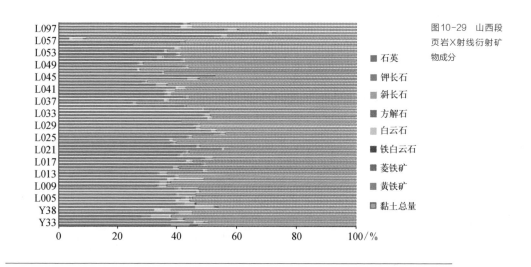

图10-29 山西段页岩X射线衍射矿物成分

■ 石英
■ 钾长石
■ 斜长石
■ 方解石
□ 白云石
■ 铁白云石
■ 菱铁矿
■ 黄铁矿
■ 黏土总量

2. 有机质特征

鄂尔多斯盆地山西组样品122个,氢指数最小值为1.1 mg.HC/g.TOC,最大为194.6 mg.HC/g.TOC,平均值为25.9 mg.HC/g.TOC;氧指数最小值为2.18 mg.CO$_2$/g.TOC,最大为211.7 mg.CO$_2$/g.TOC,平均为42.7 mg.CO$_2$/g.TOC;有机质主要为Ⅲ型及Ⅱ$_2$型,含少量Ⅰ型、Ⅱ$_1$型。

鄂尔多斯盆地山西组TOC平均为3.0%。山西组TOC小于1%的占18.5%,TOC为1%～2%的占34.2%,介于2%～3%的占20.5%,大于3%的占26.8%。山西组页岩有机碳含量最低为0.53%,最高为6.65%,平均为1.96%。

沁水盆地山西组山一段页岩TOC在0.045%～36.94%,全部样品平均值为3.63%。TOC大于1.5%的样品数量占全部样品数的51.5%。各TOC范围内样品数量如图10-30所示。

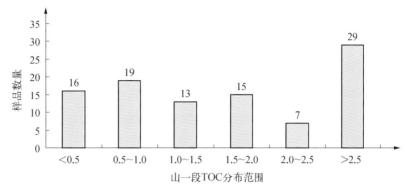

图10-30 沁水盆地山一段页岩TOC测试结果分布

山西组山二段页岩TOC在0.02%～31.05%，全部样品的平均值为3.49%。TOC大于1.5%的样品数量占全部样品数的67.2%。各TOC范围内样品数量如图10-31所示。

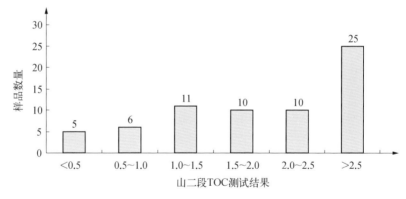

图10-31 沁水盆地山二段页岩TOC测试结果分布

沁水盆地山西组山一段页岩生烃潜量在0.1～16.55 mg/（g岩石），全部样品平均值为0.963 mg/（g岩石）。沁水盆地山西组山二段页岩生烃潜量在0.01～2.06 mg/（g岩石），全部样品平均值为0.162 mg/（g岩石）。

沁水盆地山二段TOC略高于太原组，在平面上北部优于南部，整体上由北向南逐渐减小。北部TOC最大值可达4.2%，属于富碳页岩；寿阳-松塔一带以北整体TOC在

2.5%以上,属于中－高碳页岩;盆地南部端氏地区TOC也较高,整体可达2.5%以上。

沁水盆地山一段TOC变化趋势基本类似于山二段,数值略低。盆地北部最大可达4.8%,向南逐渐降低。在盆地中西部沁源地区数值较大,整体在1.5%以上,盆地南部的端氏－晋城一带也为数值高区,整体在2.5%以上。

渤海湾盆地山西组含有机质页岩有机碳含量在0.1%~4.2%,主要分布在1.5%~2.0%,其生烃潜量差异大,变化范围在0.02~4.12 mg/(g岩石),各地区平均值不高于1.50 mg/(g岩石),属于中碳页岩。山西组含有机质页岩的有机碳含量分布规律性较明显,整体呈西好东差,但其数值差距较小,最大值位于冀南地区巨鹿一带,大于3%,而东部济阳地区相对较小,其有机碳含量大多小于2%。

南华北盆地山西组含有机质页岩厚度为41.5~74.5 m,一般在30~40 m。其中,含有机质页岩有机碳含量为0.04%~5.79%,平均为0.76%~3.33%;其中,中碳页岩厚度一般为15~30 m;太康、鹿邑、倪丘集、洛阳、伊川地区厚度最大,达60 m以上,呈环带状向四周降低。

鄂尔多斯盆地山西组页岩有机质成熟度平均为1.46%,除庆阳、华池、吴起和靖边一带成熟度较高外,天环坳陷北部成熟度也较高,并向东南西北四个方向逐渐减小。

沁水盆地山西组山二段页岩R_o整体趋势与山一段页岩R_o大体一致,R_o值整体介于1.5%~2.5%,仅盆地的东南部端氏－晋城区域一带较高,均大于2.5%。

沁水盆地山西组山一段页岩R_o在1.4%~4.01%,盆地的东南部的端氏－晋城一带R_o值较高,均在2.5%以上,盆地其余区域均在2.0%左右,处于成熟－高成熟阶段。

10.3.3 储集性能

1. 储集空间类型及赋存方式

对沁水盆地柿庄地区的SX－306页岩气参数＋生产试验井,山西组3号煤底部的山二段页岩厚25 m,埋深在1 062~1 087 m,该段页岩内每隔5米取一个样,共取5组样品。通过氩离子抛光试验发现,沁水盆地山西组山二段页岩微裂缝发育,共识别出粒间孔、粒内孔、晶间孔、溶蚀孔、有机孔、微裂缝等孔隙类型(图10－32)。

图10-32 沁水盆
地SX-306井氩离
子抛光微孔隙和微
裂缝典型照片

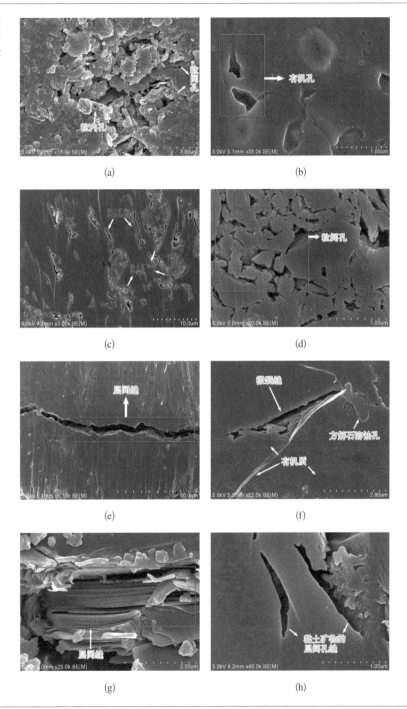

(a)

(b)

(c)

(d)

(e)

(f)

(g)

(h)

2. 物性特征

据测井解释结果统计,鄂尔多斯盆地山西组页岩孔隙度值平均为1.8%,最小为0.5%,最大约12.1%。分析实测孔隙度和测井孔隙度之间的关系,可以看到两者之间有较好的相关性。

山西组页岩孔隙度在0.5%～12.1%,盆地中北部V号页岩孔隙度较大,Ⅵ号页岩孔隙度在全区都比较大,孔隙度多大于2.0%,Ⅶ号页岩孔隙度由中部向两侧增大,在盆地南部和东北部较大,Ⅷ号页岩在伊盟隆起以南和延安以西孔隙度大于2.0%。此外,氩离子抛光和核磁共振实验显示鄂尔多斯盆地太原组孔隙度为3.66%,渗透率为4.85×10^{-7} μm^2。沁水盆地山西组孔隙度值介于0.73%～13.26%,平均值可达4.08%,渗透率值介于$(0.000\ 28 \sim 2.161\ 201) \times 10^{-3}$ μm^2,平均值为3.6×10^{-5} μm^2。

10.4   中二叠统上、下石盒子组

中二叠统下石盒子组和上二叠统上石盒子组煤系页岩主要发育在南华北盆地,具体介绍如下。

10.4.1   展布特征

沁水盆地下二段含有机质页岩的厚度为6～23 m,最大厚度出现在长子-高平一带,约为23 m。含有机质页岩厚度从西北向东南方向逐渐增大。下二段含有机质页岩埋深为221～1 777.18 m,最大埋深位于沁源-长子区域一带(WY-001井),达1 777.18 m,以此为中心,向盆地的边缘逐渐减小。

南华北盆地下一段,下石盒子组三煤段含有机质页岩厚度最大中心为鹿邑凹陷,其次为太康隆起、谭庄-沈丘凹陷、倪丘集凹陷以及淮北的部分地区。以鹿邑凹陷的周参13井最厚,太康隆起、谭庄-沈丘凹陷、鹿邑凹陷和倪丘集凹陷以及淮北的

夏邑、永城和濉溪地区的厚度都在20～30 m,襄城凹陷、板桥凹陷和淮南也有零星分布,厚度在10 m左右。

下二段,下石盒子组四煤段有效煤系页岩残留厚度的最大地区分布在太康隆起、鹿邑凹陷、谭庄-沈丘凹陷东部、倪丘集凹陷和襄城凹陷;下二段残留厚度中心位于鹿邑凹陷,其次为太康隆起、谭庄-沈丘凹陷、倪丘集凹陷以及淮北的部分地区。

下三段,下石盒子组五煤段残留厚度中心位于鹿邑凹陷,其次为太康隆起、谭庄-沈丘凹陷、倪丘集凹陷以及淮北的部分地区。

上一段,上石盒子组六煤段含有机质页岩主要分布在太康隆起、鹿邑凹陷、谭庄-沈丘凹陷、倪丘集凹陷、襄城凹陷、洛阳盆地和板桥盆地。以鹿邑凹陷为厚度中心,其次为太康隆起、倪丘集凹陷、谭庄-沈丘凹陷的东部和淮北部分地区。此外,在洛阳盆地、板桥盆地和谭庄-沈丘凹陷的西部也有少量分布。

上二段,上石盒子组七煤段含有机质页岩主要分布在鹿邑凹陷、太康隆起、襄城凹陷、谭庄-沈丘凹陷、倪丘集凹陷以及淮北的夏邑、永城和宿州附近,以鹿邑凹陷为最厚。

10.4.2　矿物岩石学特征

1. 矿物组成及特征

对沁水盆地下石盒子组下二段页岩的21项测试表明,页岩中石英+长石+黄铁矿含量在4.7%～87%,平均为45.68%(图10-33)。

图10-33
沁水盆地上古生界下石盒子组二段组页岩层段全岩矿物对比

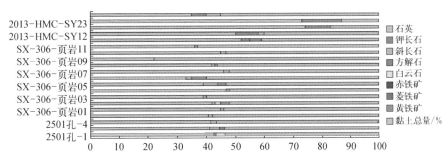

　　南华北盆地下石盒子组下一段页岩石英的平均含量为41.66%，黏土矿物平均含量为52.35%；下二段页岩石英的平均含量为38.52%，黏土矿物平均含量为56.31%；下三段页岩石英的平均含量为35.3%，黏土矿物平均含量为60.47%。其上一段页岩石英的平均含量为45.5%，黏土矿物平均含量为52.01%；上二段页岩石英的平均含量为42.8%，黏土矿物平均含量为52.86%；上三段页岩石英的平均含量为45.78%，黏土矿物平均含量为49.71%（图10-34、图10-35、图10-36）。

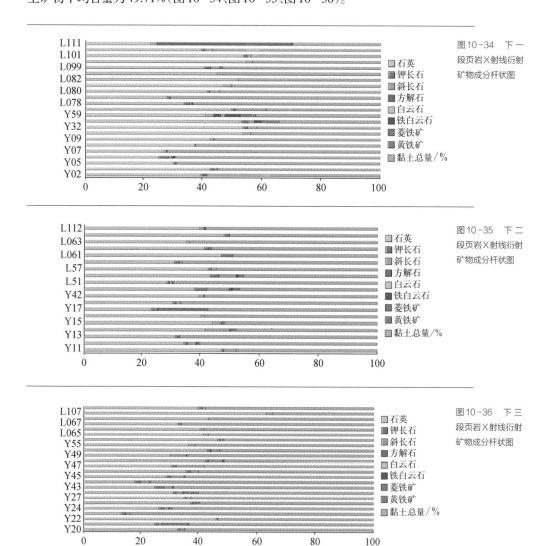

图10-34　下一段页岩X射线衍射矿物成分杆状图

图10-35　下二段页岩X射线衍射矿物成分杆状图

图10-36　下三段页岩X射线衍射矿物成分杆状图

由图10-37可以看出,山西组伊利石的平均含量最高,太原组居第二,其次是下一段和下二段,下三段的伊利石平均含量最小。

图10-37 南华北盆地上古生界不同页岩段黏土矿物平均含量的表化

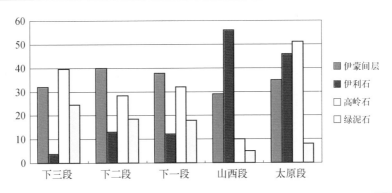

2. 有机质特征

沁水盆地下石盒子组下二段页岩TOC含量在0.036%~50.73%,全部样品平均值为2.37%。TOC含量大于1.5%的样品数量占全部样品数的33.9%。各TOC含量范围内样品数量分布如图10-38所示。

图10-38 沁水盆地下二段页岩TOC测试结果分布图

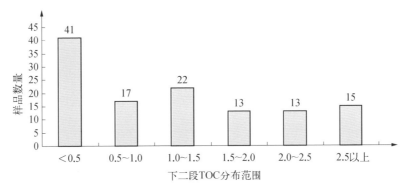

沁水盆地下二段TOC含量南部整体优于北部,南部最高可达1.4%,TOC含量在1.5%以上的地区主要分布在盆地南部端氏镇以南和盆地北部松塔县以北。中部TOC含量较低,多在0.5%~1.0%。

渤海湾盆地下石盒子组含有机质页岩有机碳含量在0.1%～2.5%，生烃潜量最高为1.72 mg/（g岩石），属于中碳－低碳页岩。

南华北盆地下石盒子组煤系含有机质页岩厚度为74.5～233.5 m，一般在130～200 m；有机碳含量介于0.01%～5.7%。其中，中碳页岩厚度为10～120 m，一般为30～100 m，占含有机质页岩的21%，低碳页岩占79%；太康东部－倪丘集地区厚度最大，一般为150～200 m。

上石盒子组含有机质页岩厚度为29～257 m，平均厚度大于150 m；中碳页岩厚度为10～60 m；鹿邑、太康西部地区含有机质页岩厚度相对较大，襄城、谭庄、倪丘集凹陷厚度相对较小，太康地区东部上石盒子组几乎不含有机质页岩。

沁水盆地下石盒子组下二段页岩R_o在1.2%～1.4%，平均为1.3%。盆地整体R_o均小于2.0%，绝大多数区域位于1.2%～2.0%。

10.4.3　储集性能

1. 储集空间类型及赋存方式

南华北盆地本套黑色页岩不缺乏微裂缝和孔隙，普通扫描电镜下可观察到颗粒粒间孔与粒内孔和微裂缝（图10-39）。

2. 物性特征

沁水盆地上古生界下石盒子组孔隙度值介于0.65%～13.45%，平均值为3.21%。渗透率值介于（0.000 26～2.145 650）× 10^{-3} μm²，平均值为1.5 × 10^{-5} μm²。

10.5　综合评价

华北地区鄂尔多斯盆地海陆过渡相本溪组是以黏土矿物为主的高碳页岩，山西组是以硅质含量为主的高碳页岩，太原组则是黏土矿物与硅质矿物含量相当、碳酸盐矿物含量较少的富碳页岩。

图10-39
南华北盆
地石盒子
组页岩电
镜下的孔
隙特征

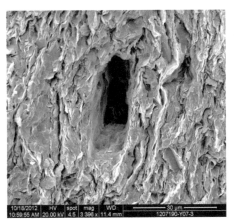

(a) 放大3 396倍,孔隙呈短柱状,孔径约为30 μm,
顺层分布 (样品编号:Y07,禹州2#井,639.2 m,
深484.5 m,下一段页岩)

(b) 放大2 299倍,孔隙呈次圆-不规则状,孔径为
10～15 μm,孔隙较富集 (样品编号:Y10,禹
州2#井,441 m,下二段页岩)

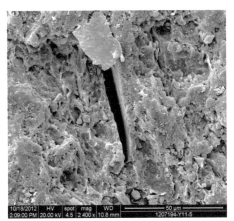

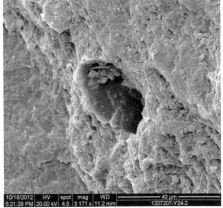

(c) 放大2 400倍,孔长约50 μm,部分泥质向云母化
伊利石转化 (样品编号:Y11,禹州2#井,441 m,
下二段页岩)

(d) 放大3 171倍,孔隙呈次椭圆状,孔径约为30 μm
(样品编号:Y24,禹州2#井,329.3 m,下二段
页岩)

第11章

四川盆地及周缘
中生界陆相领域

11.1 展布特征

四川盆地是中生代以来在上扬子准地台内经历了多期和多个方向的深断裂活动而形成的菱形构造-沉积盆地。中三叠世末期的早印支构造运动结束了四川盆地海相碳酸盐岩台地沉积环境,盆地区域性隆升遭受剥蚀,逐渐形成了区域性海陆相分界面。晚三叠世开始,盆地西部的龙门山开始向东逆冲推覆,导致盆地西缘造山隆起,海水逐渐退出盆地,沉积环境以三角洲、河流、湖泊相为特征;在印支晚幕运动后,早侏罗世以滨浅湖沉积环境为特征;中晚期侏罗世水体逐渐变浅,主要发育河流-三角洲沉积环境。因此,四川盆地陆相泥页岩主要发育于上三叠统须家河组和下侏罗统自流井组湖相泥页岩中。

四川盆地上三叠统须家河组沉积环境以海陆过渡相到河流-三角洲相含煤建造沉积为主,纵向上泥页岩主要分布在须家河组一、三、须五段,岩性主要为黑色泥页岩与粉砂岩互层,夹薄煤层和煤线。其中,须一段暗色泥页岩厚度介于50～350 m,分布情况具有局限性,沉积中心位于川西龙门山前缘中南段,厚度大于100 m,底部埋深一般大于4 200 m;须三段暗色泥页岩厚度介于50～700 m,沉积中心位于川西龙门山前缘中段,厚度大于100 m,底部埋深介于3 400～5 800 m;须五段暗色泥页岩厚度介于50～375 m,沉积中心位于川西龙门山前缘中南段-川中地区,厚度大于200 m,埋深一般介于2 000～4 100 m(图11-1)。

四川盆地下侏罗统沉积环境以滨浅湖-半深湖为主,为一套湖相泥岩与介壳灰岩不等厚互层沉积。纵向上,泥页岩主要分布在大安寨段,其次为东岳庙段和珍珠冲段,岩性为黑色泥页岩夹粉砂岩、石灰岩。平面上,展布具有东厚西薄的特征。暗色泥页岩厚度变化范围在20～240 m。沉积中心位于川中阆中-川东北宣汉、万州一带,暗色泥岩厚度普遍大于100 m;在川西南、川西地区较薄,一般介于20～50 m(图11-2)。在川东南的长寿-南川地区和川南的威远地区存在2个暗色泥质岩相对发育区,厚度分别在80～120 m和80～100 m。下侏罗统泥岩埋藏深度较浅,其中又以川西坳陷和川东北地区埋深最大,川西彭州一带埋深一般在2 600～3 400 m;阆中-宣汉一带埋深在1 400～3 400 m;川西南威远-资阳一带埋深很浅,仅在200 m左右;往川南方向,埋深有所增大,宜宾-长宁-合江一带埋深在1 400～2 200 m;在石柱复向斜埋深一般小于1 500 m。

图 11-1
四川盆地须
家河组须五
段暗色泥岩
厚度等值线

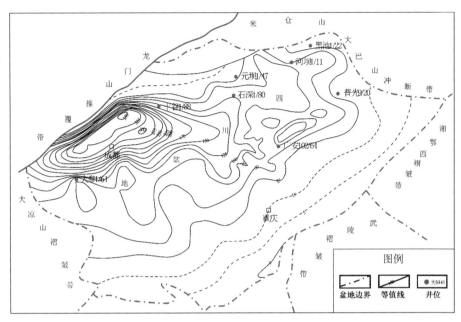

图 11-2
四川盆地下
侏罗统暗色
泥岩厚度等
值线

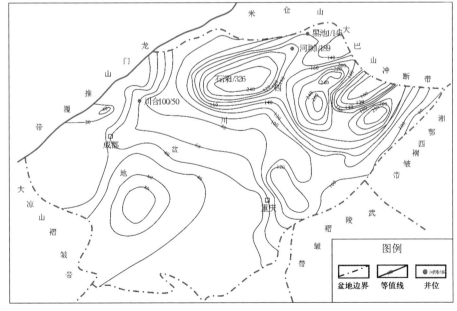

四川盆地自晚印支构造事件后,虽然西缘龙门山山系、北缘秦岭造山带及其四川盆地过渡的大巴山逆冲推覆带发生了强烈的构造隆升,但多局限在盆地边缘,在盆内的川西、川北、川东北地区则是相对稳定的深坳陷,构造相对稳定,大断裂不发育,在此构造背景下形成的河湖相泥页岩与石灰岩和致密砂岩的不等厚互层沉积,有利于页岩气保存。据统计,川西地区须五段暗色泥质岩厚度在200～350 m,泥质岩含量为55%;川东建南构造东岳庙段泥页岩及泥质灰岩最大单层厚度超过75 m,平均总厚度超过114 m,占地层厚度的比例一般超过89.7%;川东北元坝区块东岳庙-大安寨段泥页岩厚度在188.6～272.7 m,平均为230 m。

四川盆地及周缘陆相页岩气形成条件分析结果表明,上三叠统须家河组和下侏罗统自流井组广泛分布富含有机质的河、湖相泥页岩,这些泥页岩厚度较大,有机质丰度较高,储集条件较好,深度和演化程度适中,具有较好的页岩气形成条件和自生自储、连续型大面积分布的特点。通过老井复查、复试和水平井勘探评价,已在泥页岩中钻获了众多油气显示。其中,在川西钻遇须家河组的85口深井中,须五段见页岩气显示244层,累计厚度达884.29 m,占总显示层的18%;川东建南构造东岳庙段显示共22层,累计厚度为344.1 m,单层厚度平均为15.64 m。川东北元坝地区自流井组泥页岩中油气显示多达67层,累计厚度为125.05 m,集中分布在东岳庙段、马鞍山段和大安寨段,为页岩气勘探的有利层系。

11.2　矿物岩石学特征

11.2.1　页岩类型及结构构造

下侏罗统自流井组主要为浅湖相沉积。其中东岳庙-大安寨段岩性主要为深灰色和黑色泥页岩、褐灰色介屑灰岩、灰岩夹薄层细砂岩、粉砂岩、泥质粉砂岩。泥页岩净厚占层段总厚的比例均在50%以上,其所夹的灰岩或砂岩单层厚度一般均小于10 m。

11.2.2　矿物组成

据元坝地区下侏罗统岩心分析,泥页岩矿物成分以石英和黏土为主,含少量方解石、长石(图11-3)。其中,石英、方解石、长石等脆性矿物含量普遍在34%～67%,平均为53.3%;黏土含量在29%～66%,平均为45%(何发岐、朱彤,2012)。

四川盆地上三叠统须家河组泥页岩脆性矿物主要为石英(平均含量为54.5%),其次为长石(平均含量为5.5%);黏土矿物平均含量为38.5%,其中伊利石相对含量平均为60%,高岭石相对含量平均为10%,绿泥石相对含量平均为20%,伊蒙混层相对含量平均为10%;蒙皂石的含量为15%(陈文玲、周文等,2013)。

图11-3　四川盆地陆相泥页岩全岩X射线衍射碎屑矿物成分统计

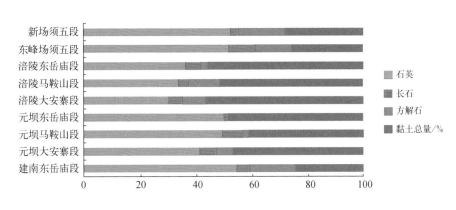

11.2.3　有机地化特征

四川盆地上三叠统须家河组泥页岩有机碳含量较高,一般在0.5%～5.090%,平均值为1.13%,其中须五段有机碳含量平均值为2.35%,最高可达16.33%,高于须一、三段,在川西坳陷须五段有机碳含量一般大于2%;有机质类型主要为腐殖型,演化程度在1.02% ~ 1.68%,处于成熟-高成熟演化阶段。川西地区泥页岩热演化程度较高,除龙门山前缘安县、绵竹、隆丰、大邑和洛带地区小于1.3%,处于成熟演化阶段以外,其他地区R_o均在1.3% ~ 1.8%,达到高成熟演化阶段。

四川盆地下侏罗统泥页岩有机碳含量变化范围较宽,一般介于0.2% ~ 2.4%,平面上总体呈现出北高南低的趋势,反映了明显受沉积相带控制的特点。高有机质丰度的泥页岩主要分布在川中阆中-大竹-重庆一带,有机碳含量普遍大于1.4%,其中川东北元坝区块泥页岩有机碳含量较高,大安寨段为0.58% ~ 3.64%,平均为1.2%;川东南涪陵区块东北部大安寨段泥页岩有机碳含量在0.62% ~ 3.81%,平均为1.44%;建南地区东岳庙段泥页岩有机碳含量在0.94% ~ 2.8%,平均为1.87%。有机质类型以偏腐泥混合型为主,热演化程度(R_o)在0.9% ~ 1.6%,已达到成熟到高成熟阶段,其中川东北地区热演化程度相对较高,R_o在1.5% ~ 1.8%,有利于天然气的生成。

四川盆地上三叠统须家河组的富有机质页岩段主要为第一段、第三段、第五段(简称须一段、须三段、须五段)的黑色泥岩、页岩及薄煤层,为湖泊和三角洲沉积体系的产物。须一、须三、须五段富有机质页岩有机碳的含量主要为0.5% ~ 9.790%,平均为1.96%;有机质类型主要以II_2型和III型干酪根为主,为腐殖型;大部分地区含有机质页岩成熟度较低,R_o值为0.8% ~ 1.5%。须一段、须三段、须五段富有机质页岩段总的生气强度在川西地区普遍大于$2 \times 10^9 \ m^3/km^2$。

11.3　储集性能

11.3.1　储集空间类型及赋存方式

由于页岩气具有以吸附状态为主的、大面积连续分布的、自生自储型、源内成藏特点,因此对于厚层页岩的成藏具有自我封闭的特点,保存的要求不像常规气藏那么苛刻。但对于陆相薄层页岩的成藏,游离气的含量仍取决于盖层或保存条件。因此,区域构造运动形成的大型断裂发育程度和上覆致密层的相对封盖都影响着页岩气的保存。

11.3.2 孔隙结构特征

四川盆地须家河组页岩储层的主要孔隙类型为粒间孔、粒缘缝、气孔、粒间溶孔、黏土矿物晶间隙以及微裂缝等,其中粒间微孔、粒间溶孔和粒缘缝的孔径可达到微米级(陈文玲、周文等,2013)。

11.3.3 页岩物性

通过对四川盆地陆相泥页岩储集特征的研究,结果表明四川盆地页岩具有较好的储集性,有利于页岩气的富集。川西须家河组页岩孔隙度在0.85% ～ 5.03%,平均为4.06%,高于砂岩和砾岩的孔隙度(平均为3.36%);而川东北地区下侏罗统大安寨段泥页岩的孔渗性明显高于介壳灰岩,页岩孔隙度在2.15% ～ 6.77%,平均为4.04%,渗透率在$(0.93 ～ 325) \times 10^{-3} \mu m^2$,平均为$5.129 \times 10^{-2} \mu m^2$;高于介屑灰岩的平均孔隙度(1.24%)和平均渗透率($1.93 \times 10^{-2} \mu m^2$)。

须家河组页岩的主要孔隙类型为粒间孔、粒缘缝、有机质气孔、粒间溶孔、黏土矿物晶间隙以及微裂缝等。其中有少数粒间微孔、粒间溶孔和粒缘缝的孔径可达到微米级。比表面积和孔径分析的孔径主要分布在0.895 ～ 19.907 nm,以微孔为主;微孔和中孔的体积占孔隙总体积的92.5%。影响孔隙发育的因素主要有埋深、成岩演化、矿物、有机质丰度和热演化。埋深增大会造成微孔和中孔的体积减小,但成岩演化的溶蚀作用和黏土矿物组合的变化有利于大孔的体积增加;总有机碳含量与微孔和中孔的体积、比表面积以及微米级孔径正相关,起到主控作用;有机质成熟度对孔径和孔体积的控制作用较弱。

11.3.4　储集性能评价

综合四川盆地主要页岩层段储层物性来看,四川盆地西部上三叠统陆相泥页岩孔隙度平均值为4.03%,渗透率平均值为 1.4×10^{-4} μm²。川东北下侏罗统陆相泥页岩孔隙度平均值为4.04%,渗透率平均值为 5.129×10^{-2} μm²(表11-1)。表明上三叠统及下侏罗统陆相泥页岩孔隙度情况相似,并且与美国大部分海相盆地泥页岩孔隙度相似,但两者在渗透率方面有着很大差别,川东北下侏罗统陆相泥页岩渗透率相对较高。

地　区	层　位	岩　性	孔隙度			渗透率 × 10³/μm²		
			最小值	最大值	平均值	最小值	最大值	平均值
川　西	上三叠统	泥页岩	0.85%	5.03%	4.03%	0.77	1.37	0.14
川东北	下侏罗统	泥页岩	2.15%	6.77%	4.04%	0.93	325	51.29

表11-1
四川盆地陆相泥质岩储集特征统计数据

11.4　岩石可压性

建南、元坝、涪陵下侏罗统自流井组和新场上三叠统须家河组岩心全岩 X 射线衍射碎屑矿物成分统计结果表明,四川盆地陆相泥页岩硅质矿物含量为30%～80%,平均为43.78%,其中下侏罗统泥页岩硅质矿物含量相对较低,主要分布在30%～54%,平均为41.53%,上三叠统须家河组泥页岩硅质矿物含量较高,主要分布在50%～80%,平均为51.67%,有利于压裂改造。通过对川东建南构造实施的直井和水平井东岳庙段泥页岩大型水力加砂压裂测试,分别获日产气近4 000 m³和14 000 m³工业气流,针对直井采用气举排水方式,日产气量稳定在2 200～2 700 m³。对川东北元坝地区5口井大安寨段泥页岩夹灰岩测试压裂获日产（13.97～50.7）×10⁴ m³的工业气流，表明四川盆地陆相页岩气藏富集条件较好，有效的压裂改造和合理的试采方式可保证页岩气藏的可持续生产。

与北美在海相泥页岩中成功开发的页岩气相比，我国主要含油气盆地中的页岩气是以赋存于陆相沉积岩中为基本特点的，因此陆相层系也是新的页岩气勘探开发重要领域。但陆相与海相页岩中的矿物成分、沉积结构存在一定的差别，与岩石力学性质有关的压裂特征是制约陆相页岩气能否取得有效开发的关键。四川盆地下侏罗统陆相页岩气主要发育于湖相泥页岩中。通过老井复查和重新评价，已在川东建南、元坝地区获得页岩气工业气流，展示了下侏罗统页岩气良好的潜力和可采性。对四川盆地下侏罗统页岩气形成条件和富集关键控制因素分析认为，下侏罗统湖相泥页岩分布广泛，具有自生自储连续型气藏的特点。泥页岩有机质丰度、滞留烃的厚度和较好的保存条件是下侏罗统页岩气富集的主控因素；脆性矿物含量给大型水力压裂改造创造了较好的条件；合理的试采方式是下侏罗统获得页岩气工业气流和长期稳产的关键；页岩气评价、压裂试验及测试证实，四川盆地下侏罗统页岩气是陆相页岩气突破和建产的有利目标。

11.5　综合评价

从四川盆地下侏罗统和上三叠统页岩单井日产气（0.4～50.7）×10⁴ m³来看，除了低于福特沃斯Barnett海相页岩单井日产气（10～100）×10⁴ m³外，相比于Lewis海陆过渡相页岩单井日产气（0.283 2～2.831）×10⁴ m³较高，整体与北美其他海相页岩单井日产气量相当，由此预示四川盆地陆相泥页岩含气丰富，与海相页岩气一样，具有较好的勘探前景。尽管四川盆地陆相层系普遍具有超压的特点，但从综合评价来看，四川盆地陆相层系有利区总体以Ⅰ类为主，分布范围在川中阆中-平昌、川中三台-广安、川东南涪陵-长寿、川西孝泉-新场、川中三台-广安等地。部分地区为Ⅱ类有利区，同时存在少量Ⅲ类有利区，分布在川东北元坝-达州、川东-川东南等处。

第12章

鄂尔多斯盆地及周缘 三叠系陆相领域

鄂尔多斯盆地是我国第二大中、新生代沉积盆地,面积约25×10^4 km²。盆地中蕴藏着丰富的油、气、煤、铀等矿产资源,有望成为我国大型综合能源接替基地。20世纪90年代以来,鄂尔多斯盆地已成为中国内地油气勘探开发热点的几大盆地之一。

鄂尔多斯盆地内页岩发育层系众多,含有机质页岩主要为三叠系延长组的黑色页岩,分布面积达10×10^4 km²,主要位于盆地南部。三叠统延长组长4+5段-长9段页岩中有机质丰度相对较高,也是区域内重要的生油、气层,页岩总厚300 ~ 500 m。在盆地内大部分地区,延长组与下伏中三叠统纸坊组呈平行不整合接触,与上覆侏罗系延安组或富县组呈平行不整合接触。在盆地边缘可见侏罗系角度不整合覆于延长组不同层段地层之上。

12.1　展布特征

盆地内延长组有两个沉积厚度较大的区域,一个是中部-东南部一线,沉积厚度达到1 100 ~ 1 500 m,为靖边-旬邑-铜川-延长-子长区域;另一个为西北贺兰山-石沟驿一线,厚度为2 000 ~ 3 000 m;盆地北部和西南部沉积厚度相对较小,在300 ~ 800 m。

按照沉积旋回将延长组从上到下分为10个油层组(表12-1),其特征反映了整个湖盆形成、发展和消亡的全过程:长10到长8期是初始坳陷、湖盆形成,长7期是湖盆最大扩展、强烈坳陷,长6期湖盆萎缩,长4+5期湖盆短暂扩张,长3、长2期湖盆再萎缩,长1期湖盆平稳坳陷、湖盆消亡(图12-1)。长9、长7、长4+5期是湖盆发展过程中的三大湖侵期,尤其在长7时期,湖侵范围达到了最大值,形成了盆地中生界有机质含量最高的一套页岩。

(1)长10-长9期

晚三叠世为湖盆早期发展阶段,水网交错,河流泛滥,形成砂岩为主的河流-三角洲平原沉积,后期有浅湖出现,随后盆地西南缘构造活动增强,湖平面下降。长10-长9期是湖泊-三角洲发育早期,长10期是湖盆在纸坊期末消亡之后重新形成的开端；长9期是以湖侵为主的时期,湖岸线迅速向盆地边缘推移,发育三角洲前缘亚相、浅湖、半深湖-深湖亚相,早期发生第一次湖侵,形成区域上分布稳定并可对比的第一套生油岩系标志层——"李家畔"页岩,位于长9顶部。长10期的沉积厚度较大,为280～350 m,长9期沉积厚度在90～120 m。含油(气)泥页岩段主要为深湖-半深湖沉积亚相、分布在盆地南部马家滩-盐池-吴旗-志丹-富县一带,有效厚度为5～30 m,深度自东南向西北埋深逐渐加深,埋深<2 500 m。

表12-1
鄂尔多斯盆地延长组地层划分及主要标志层(据中石化华北分公司)

系	统	组	段	油层组	厚度/m	岩性特征	标志层名称	位置
侏罗系	下统		富县组		0～150	厚层块状沙砾岩夹紫红色泥岩或两者成相变关系		
三　叠　系	上　统	延　长　组	第五段 T₃y⁵	长1	20～90	瓦窑堡煤系灰绿色泥岩夹粉细砂岩、炭质页岩及煤层	K₉	底
			第四段 T₃y⁴	长2	20～170	灰绿色块状中、细砂岩夹灰色泥岩	K₈	底
						灰、浅灰色中、细砂岩夹暗色泥岩		
				长3	20～160	浅灰色、灰褐色细砂岩夹暗色泥岩	K₇K₆	上底
			第三段 T₃y³	长4+5	45～110	暗色泥岩、炭质泥岩、煤线夹薄层粉-细砂岩	K₅	中
						浅灰色粉、细砂岩与暗色泥岩互层		
				长6	50～145	绿灰、灰绿色细砂岩夹暗色泥岩	K₄	顶
						浅灰绿色粉-细砂岩夹暗色泥岩		
						灰黑泥岩、泥质粉砂岩、粉-细砂岩互层夹薄层凝灰岩	K₂	底
				长7	80～120	暗色泥岩、油页岩夹薄层粉-细砂岩	K₁	中上
			第二段 T₃y²	长8	45～120	暗色泥岩夹灰色粉-细砂岩		
				长9	90～120	暗色泥岩、页岩夹灰色粉-细砂岩		
			第一段 T₃y¹	长10	280	肉红色、灰绿色长石砂岩夹粉砂质泥岩,具有麻斑结构		
	中统		纸坊组		300～350	上部灰绿、棕紫色泥质岩夹砂岩,下部为灰绿色砂岩、沙砾岩		

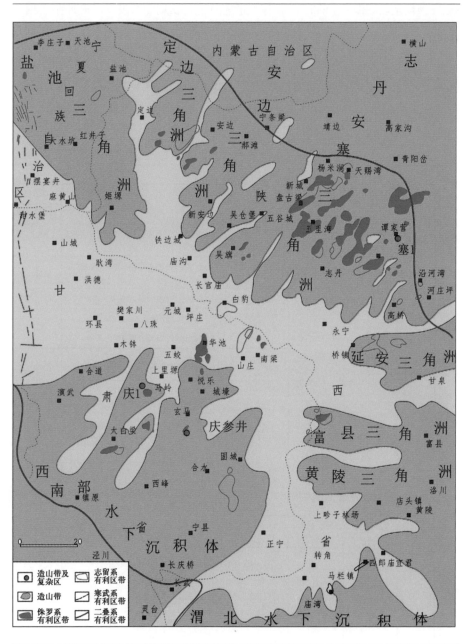

图12-1
鄂尔多斯盆地延长组沉积体系示意图(据中石化华北分公司)

图例:
造山带及复杂区 | 志留系有利区带
造山带 | 寒武系有利区带
侏罗系有利区带 | 二叠系有利区带

（2）长4+5期

长4+5期是继长6期大规模沉积充填之后的一次短暂的湖侵期，发育含油（气）

页岩,其平面分布受沉积控制,集中分布在盆地南缘的浅湖湖盆中心。沉积厚度中心在正宁的正2井-富县的中富28井之间,厚度大于25 m,向南至灵台,向北向东至富县,向西至西峰,其厚度逐渐减小。岩性为深灰色泥岩、泥质粉砂岩交互的湖沼相沉积,成为长6段及其下部储集层段的良好盖层;湖水进一步扩大,分割性减弱,三角洲建设进程趋于减慢,总体沉积厚度在80～100 m。

(3)长3-长1期

晚三叠世湖盆萎缩-消亡期,构造活动减弱并逐渐趋于稳定,湖平面不断下降,以三角洲平原发育为特征,湖沼广布,标志湖盆的最终消亡。

长3期湖盆开始逐步收缩,充填速度大于沉降速度,三角洲再次向湖心推进,开始发育三角洲平原亚相;长2期处于湖盆回返收缩期,水体变浅,湖盆边缘三角洲多连成一体,形成向湖盆中心推进的三角洲平原,近岸分流河道砂体多为厚层-块状中细粒长石砂岩,煤层发育,并见新芦木化石。长1期湖盆进一步收缩逐渐消亡,形成砂泥夹煤层组合,部分地区沉积缺失或因剥蚀而缺失。

12.2　　　矿物岩石学特征

12.2.1　　　页岩类型及结构构造

通过鄂尔多斯盆地部分钻井和野外露头调查实测及钻井岩心的观察,中生界含有机质页岩层系与沉积过程中的湖侵期相对应,主要发育延长组长9段、长7段和长4+5段,尤其是具有一定厚度的长7段底部张家滩油页岩,分布较为稳定;长9段顶部发育一套黑色、深灰色页岩及深灰色、灰绿色、黄绿色粉砂质页岩,厚度相对较小;另外,长4+5总体由泥岩、粉砂岩组成,也是中生界含油气页岩的发育层段。

(1)长9段页岩

长9段页岩类型主要有深灰色页岩、深灰色粉砂质页岩、黑色页岩、灰绿色粉砂质页岩、黄绿色粉砂质页岩等类型。薄片下观察粉砂质页岩内石英含量高，有机质主要以絮状不均匀分散（图12-2、图12-3）。长9段可以分为上下顶三部分，下部主要为灰色中-厚层状细砂岩夹深灰色、灰黑色砂质泥岩及杂色泥岩；上部为深灰色泥岩、炭质泥岩夹油页岩、薄层粉细砂岩；顶部发育一套区域稳定分布的"李家畔"页岩。这套页岩在区域上稳定分布，可用于对比。

图12-2 汭河剖面长9段粉砂质页岩（有机质含量少，呈絮状）

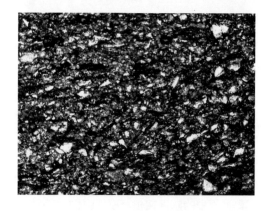

图12-3 普陀河剖面长9段粉砂质页岩（有机质絮状分散分布）

（2）长8段页岩

长8段整体变化不大，下部主要为灰绿色、灰黄色厚层-块状细砂岩夹灰色、灰绿色、深灰色粉砂质泥岩和粉砂岩；上部为灰色、深灰色泥岩、粉砂质泥岩、粉砂岩夹灰绿色、灰色厚层状中-细砂岩。

（3）长7段页岩

长7段页岩类型较丰富，主要有黑色页岩、深灰色页岩、深灰色粉砂质页岩、黄绿色粉砂质页岩、灰绿色粉砂质页岩、灰黑色页岩、灰黑色粉砂质页岩（图12-4、图12-5）、褐黄色页岩等。

长7期湖侵达到鼎盛期，是富有机质页岩发育的主要层段，也是最主要的生油岩系。长7段油层组底部发育一套稳定的厚度为8～24 m的"张家滩"页岩，其页理较发育，含有较多的动植物化石和黄铁矿散晶，是良好的区域对比标志层。张家滩页岩下部岩性主要为深灰色泥岩、泥质粉砂岩、灰黑色页岩、油页岩；上部岩性主要为深灰色、灰黑色泥岩夹泥质粉砂岩，反映深湖-半深湖相还原环境，厚度较大。该区域页岩电测曲线上表现为高伽马特征。

图12-4　金锁关剖面长7段纹层状粉砂质泥页岩(含有机质包裹碎屑颗粒纹层岩)

图12-5　金锁关剖面长7段纹层状粉砂质泥页岩(粉砂质以石英为主)

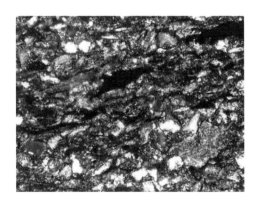

（4）长6段页岩

长6段页岩岩性为灰黑色泥岩、灰绿色泥岩、泥质粉砂岩、粉砂质泥岩与浅灰色、浅灰绿色粉–细砂岩互层，局部夹煤线和薄层凝灰岩。

（5）长4+5段页岩

长4+5段总体由泥岩、粉砂岩组成，俗称"细脖子段"（或高阻泥岩），分布较为稳定。下部岩性主要为浅灰色粉、细砂岩与暗色泥岩互层；上部岩性主要为暗色泥岩、炭质泥岩、煤线夹薄层粉–细砂岩。上、下两层被K_5标志层所分隔。电性特征为自然电位呈微小波状、泥岩段曲线大段偏正，自然伽马曲线和视电阻率曲线具有指状高值。

薄片中中生界长4+5段页岩类型主要有纹层状泥岩、泥质粉砂岩等类型；薄片上见有机质呈断续纹层、絮状分散不均等分布形式，颜色为黑褐色–褐色，有机质含量不高（图12–6、图12–7）。

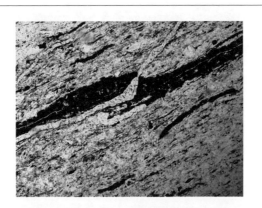

图12–6 汭水河长4+5段纹层状页岩（泥质有机质纹层断续分布）

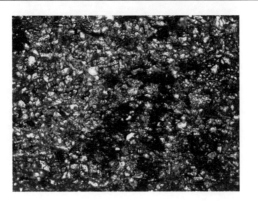

图12–7 汭水河长4+5段泥质粉砂岩（有机质絮状不规则分布）

（6）长3段

长3段自下而上可分为长3³、长3²、长3¹三个小层，岩性主要为灰色、灰绿色厚层状细砂岩与深灰色泥岩、粉砂质泥岩及粉砂岩互层，局部夹煤线。

（7）长2段

长2段自下而上可分为长2³、长2²、长2¹三个小层，岩性主要为灰色砂质泥岩、泥质粉砂岩及粉砂岩与灰色、灰白色、灰绿色中-厚层细砂岩不等厚互层，其顶部发育黑色泥、页岩、炭质泥岩。

（8）长1段

长1段由于气候湿润，植物茂盛，加之地形平缓，沉积物供给不足，全区普遍大面积沼泽化。下部岩性主要为深灰色、黄绿色泥岩及粉砂质泥岩与浅灰色粉细砂岩互层，上部岩性主要为灰黑色、深灰色、灰绿色泥岩及灰黑色炭质泥岩和少量煤层。

12.2.2　矿物组成

中生界延长组含气（油）页岩的矿物成分以石英、长石（斜长石和钾长石）、碳酸盐（方解石和白云石）、黄铁矿及黏土矿物为主。延长组含气（油）页岩的黏土矿物总量平均为47%（24%～55%），为蒙皂石、伊利石、绿泥石和伊蒙混层的组合，以伊利石和绿泥石为主。其中，蒙皂石平均含量为1%（1%～6%），伊利石平均含量为25%（7%～27%），绿泥石平均含量为13%（9%～27%），伊蒙混层平均含量为6%（0～7%）。

根据表12-2，纵向上看，伊蒙混层在长4+5段尚未出现，在长7段含量较多，到了

表12-2 鄂尔多斯盆地延长组页岩储层黏土矿物成分

层　位	黏土矿物/%					
	蒙皂石	伊利石	伊蒙混层	高岭石	绿泥石	总　量
长4+5段	0.7	7.6	0.0	6.8	8.8	23.9
长7段	0.6	27	6.8	1.7	12.9	49.0
长9段	6	21.8	0.0	0.0	27.1	54.9
延长组	0.9	25.4	6.4	2.0	13.1	47.4

长9段时,伊蒙混层含量变少,伊利石含量增多,高岭石含量表现为长4+5段>长7段>长9段;绿泥石含量表现为长4+5段<长7段<长9段。由此可知,成岩演化程度为长4+5段<长7段<长9段。

12.2.3 有机地化特征

1. 有机质含量

204个样品的实测和统计结果显示,盆地延长组页岩的TOC含量主要集中在0.32%～3%,占74%,含量大于7%的占8%。延长组页岩的TOC含量平均为2.68%。纵向上看,延长组长7段页岩的有机质丰度比长4+5段和长9段好。

通过TOC测井解释看出,长4+5段含油(气)页岩TOC含量相对较低,一般在1%～3.5%,主要集中于2%～3%,平面上受沉积相的控制,随着湖体加深而增加,由正宁往北至庆深1井有机碳含量由1%升高到2.5%。

长7段在盆地中南部有机碳含量平均值为3%～8%,其中耿7井、柳评177井为两个高值中心,分别达到8%、7%,全盆有机碳含量围绕这两个高值区向外呈环状减小。

盆地长9段含油(气)页岩有机碳含量也是受沉积相控制,与页岩厚度分布具有一致性,其有机碳含量主要分布于0.5%～5%,有机碳高值中心在安塞-下寺湾-富县地区,是长9段含气(油)页岩沉积最深的地区。

由于延长组含油(气)页岩大多分布在鄂尔多斯盆地南部,因此南部样品的分析对于了解延长组的有机质含量十分重要。根据中国石油化工集团公司华北分公司对鄂尔多斯盆地南部478个样品不同层段泥岩和油页岩的有机质丰度及其分布特征的系统分析(样品包括岩心、岩屑和野外露头样品)(表12-3),其结果如下。

根据岩心样品分析表明,长4+5段暗色泥岩TOC含量为0.20%～4.68%,平均值为0.83%。长4+5段暗色泥岩中S_1+S_2为0.09～31.48 mg/g,平均值为2.00 mg/g;氯仿沥青"A"含量为0.02%～0.10%,平均值为0.05%;总烃为

（21.13 ～ 246.13）mg/kg，平均值为 154.25 mg/kg；长 4+5 段油层组黑色页岩属于
高碳页岩。

表 12-3 鄂
尔多斯盆地南
部延长组不同
层段页岩有机
质丰度

层 位	岩 性	TOC/%	S_1+S_2/(mg/g)	氯仿沥青"A"/%	总烃/(mg/kg)	丰度评价
长 4+5 段	暗色页岩	0.20 ～ 4.68 1.02(28)	0.09 ～ 31.48 2.23(28)	0.02 ～ 0.18 0.08(9)	21.13 ～ 568.93 300.50(9)	中-低碳页岩
	黑色页岩	6.30(1)	48.08(1)			富碳页岩
长 6 段	暗色页岩	0.32 ～ 5.24 1.38(75)	0.19 ～ 40.59 3.96(75)	0.06 ～ 0.13 0.09(5)	36.59 ～ 560.14 268.02(5)	中碳页岩
	黑色页岩	9.28 ～ 16.10 11.30(6)	51.12 ～ 76.83 68.18(6)	0.11(1)	267.89(1)	富碳页岩
长 7 段	暗色页岩	0.01 ～ 5.91 1.86(108)	0.03 ～ 43.09 6.35(108)	0.01 ～ 0.99 0.30(15)	45.29 ～ 677.97 379.83(15)	中碳页岩
	油页岩	0.30 ～ 30.01 13.62(93)	0.12 ～ 139.86 56.52(93)	0.33 ～ 1.81 1.40(23)	79.37 ～ 684.96 434.85(23)	富碳页岩
	黑色页岩	6.82 ～ 20.64 10.14(14)	0.4 ～ 133.3 57.47(14)			富碳页岩
长 8 段	暗色泥岩	0.28 ～ 5.63 1.62(78)	0.10 ～ 37.84 4.05(78)	0.03 ～ 0.70 0.24(16)	102.08 ～ 777.33 416.57(16)	中碳页岩
	高碳泥岩	6.23 ～ 15.23 9.51(4)	24.7 ～ 79.95 43.52(4)			富碳页岩
长 9 段	暗色泥岩	0.03 ～ 5.37 1.51(41)	0.06 ～ 12.47 2.88(41)	0.02 ～ 0.38 0.14(7)	218.54 ～ 510.50 375.18(7)	中碳页岩
	油页岩	0.12 ～ 20.32 3.95(10)	0.12 ～ 68.35 13.87(10)	0.02 ～ 0.97 0.29(6)	117.82 ～ 615.15 289.96(6)	高碳页岩
	高碳泥岩	6.13 ～ 11.39 8.61(3)	11.29 ～ 23.57 17.50(3)			富碳页岩

据岩心样品统计，长 7 段暗色泥岩有机碳含量为 0.45% ～ 5.78%，平均值为
2.13%，TOC 在 0.5% ～ 1.0% 的样品占 24.3%，TOC 大于 1.0% 的样品占 70.3%。S_1+S_2
为 0.04 ～ 43.09 mg/g，平均值为 8.17 mg/g；氯仿沥青"A"为 0.04% ～ 0.69%，平均值
为 0.40%；总烃为（155.89 ～ 677.97）mg/kg，平均值为 482.87 mg/kg。油页岩有机碳

含量为1.85%～5.89%，平均值为3.97%，此值明显低于岩屑（TOC为12.44%）和野外露头油页岩样品（金锁关剖面TOC均值为23.84%，柳林剖面TOC均值为19.46%）的分析结果，这是由于未采集到好的油页岩岩心样品；S_1+S_2为5.96～32.85 mg/g，平均值为16.96 mg/g；氯仿沥青"A"为0.71%～1.39%，平均值为1.20%；总烃为（569.11～684.96）mg/kg，平均值为627.03 mg/kg。

长9段泥岩暗色泥岩有机碳含量为0.03%～5.31%，平均值为1.51%；S_1+S_2为0.06～12.47 mg/g，平均值为2.88 mg/g；氯仿沥青"A"为0.02%～0.38%，平均值为0.14%；总烃为（218.54～510.50）mg/kg，平均值为375.18 mg/kg。长9段油页岩有机碳含量为0.12%～20.32%，平均值为3.95%；S_1+S_2为0.12～68.35 mg/g，平均值为13.87 mg/g；长9段油页岩氯仿沥青"A"为0.02%～0.97%，平均值为0.29%；总烃为（117.82～615.15）mg/kg，其平均值为289.96 mg/kg。长9段高碳泥岩为6.13%～11.39%，平均值为8.61%，TOC值均大于1.0%的页岩样品占100%；S_1+S_2为11.29～23.57 mg/g，平均值为17.50 mg/g。有机质丰度指标综合评价为：长9段暗色泥岩为较好–好的页岩，长9段油页岩和高碳泥岩为好的页岩。

2. 有机质类型

延长组含油（气）页岩热解分析结果表明，各主要页岩层段有机质类型不同，长9段含油（气）页岩主要为Ⅱ～Ⅲ型，以Ⅱ型为主；长7段含油（气）页岩Ⅰ～Ⅲ型均存在，但以Ⅰ～Ⅱ₁型为主；盆地长4+5段含油（气）页岩主要为Ⅱ～Ⅲ型，其中以Ⅲ型为主。

通过热解数据得到T_{max}–HI有机质类型图（图12-8），盆地南部延长组页岩有机质类型以Ⅱ型为主，其次为Ⅲ型。镇泾、旬邑和富县地区长4+5段页岩有机质类型以Ⅱ₂～Ⅲ型为主，仅彬长地区偶见Ⅱ₁；镇泾和旬邑地区长6段页岩有机质类型以Ⅱ₁～Ⅱ₂型为主，彬长和富县主要分布Ⅱ₂型页岩；长7段页岩有机质类型均以Ⅱ₁～Ⅱ₂型为主，部分样品为Ⅰ型，有机质类型较好；富县地区长8段页岩有机质类型以Ⅰ型和Ⅱ₁型为主，其他地区有机质类型主要为Ⅱ₂～Ⅲ型；镇泾和彬长地区长9段页岩以Ⅱ₂～Ⅲ型为主，其他探区长9段页岩有机质类型以Ⅱ₁～Ⅱ₂型为主。

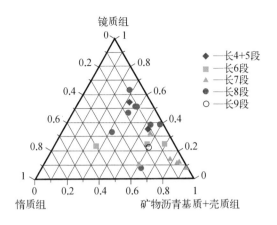

图12-8 鄂尔多斯
盆地南部不同层位
页岩中有机显微组
分三角图

鄂尔多斯盆地南部长7段油页岩的有机质类型明显好于长7段暗色泥岩,其中长7段油页岩有机质类型主要为Ⅱ₁,而长7段暗色泥岩有机质类型Ⅱ₁、Ⅱ₂型和Ⅲ型均有分布。

3. 页岩成熟度分布特征

盆地中生界延长组含油(气)页岩的R_o主要在0.5%～1.3%,总体上属于一套未成熟-成熟演化阶段。根据延长组野外采样R_o分析,延长组盆地西南缘和东南缘野外剖面的R_o值高于南缘野外剖面的R_o值,一般在0.8%～1.2%。南缘野外剖面的R_o值在0.5%～0.7%,总体属于成熟页岩。

不同层段页岩的成熟度存在差异。长9段页岩R_o为0.67%～1%,延长油矿-富县地区演化程度最高,长8段页岩镜质R_o为0.62%～1.02%,平均值为0.73%,处于低熟-成熟阶段;长7段页岩R_o为0.53%～1.33%,平均值为0.71%,处于低熟-成熟阶段;长6段页岩R_o为0.60%～1.15%,平均值为0.77%,处于成熟阶段;长4+5段页岩R_o为0.8%～0.95%,处于成熟阶段(图12-9)。

不同地区R_o随地层埋深增加而增大的速率存在一定的差别,总的来说,R_o随深度的增加有增大的趋势,页岩处于低熟-成熟阶段。长8段、长9段页岩T_{max}主要在440～460℃,长4+5段、长6段和长7段主要分布在430～450℃,这表明长8段和长9段页岩热演化程度明显高于长4+5段、长6段和长7段页岩。鄂尔多斯盆地隆起地区页岩陇东地区生油门限深度为1 500 m左右,埋深大于2 700 m进入高成熟阶段。

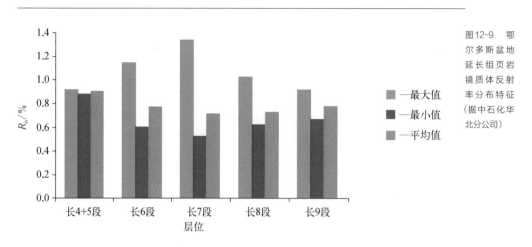

页岩

矿物岩

图12-9 鄂
尔多斯盆地
延长组页岩
镜质体反射
率分布特征
(据中石化华
北分公司)

第 12

12.3　储集性能

1. 储集空间类型

鄂尔多斯盆地低阻油层的储集空间以孔隙为主,发现少量裂缝。

2. 孔隙结构特征

通过扫描电镜下延长组富有机质页岩储层微观结构的观察来看,延长组储集空间类型多样,主要表现为粒间溶蚀微孔、粒内微孔、晶间溶孔、黏土矿物晶间孔、有机质内气孔、片理缝、粒缘缝等(图12-10)。

延长组井下泥页岩样品共统计孔隙174个,孔隙空间类型以粒间微孔为主,约占50%;其次是有机质内气孔,约占15%;再次是黏土矿物晶间孔,约占12%。粒间微孔、有机质内气孔和黏土矿物晶间孔是井下样品最主要的三种孔隙空间类型。

通过统计延长组泥页岩井下和野外696个孔隙,其孔隙空间类型以粒间微孔为主,约占28%;其次是黏土矿物晶间孔,约占22%;再次是晶间溶孔,约占15%;有机质内气孔占10%,也是主要的孔隙空间类型之一。

图12-10
鄂尔多斯盆
地延长组镜
下孔隙类型

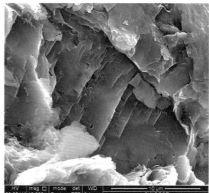

（a）汭河剖面长9段粒间溶蚀微孔新富6井长7段长石粒内溶孔

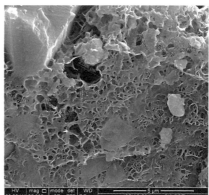

（b）红河22井长7段晶间微孔金锁关长7段蒙皂石脱水晶间孔

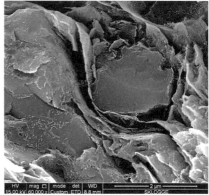

（c）红河22井长7段有机质微孔新富6井长7段粒缘缝

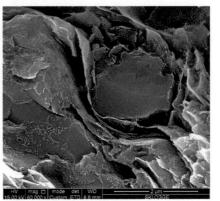

续图 12-10

(d) 泾河4井长7段片理缝仕望河长7段有机质内气孔

3. 孔隙度渗透率特点、比表面积

根据陕北斜坡南部不同地区长1~长10段油层组涉及上万个样品的孔隙度、渗透率资料统计结果显示(根据延长石油),全部样品孔隙度的平均值为11.66%,最大值35.00%出现在镇原马岭地区的长3粉砂岩-页岩中;渗透率平均值为3.008 5×10^{-3} μm^2,最大值为664.009×10^{-3} μm^2,出现在安五地区的长2段。

4. 储集性能评价

根据扫描电镜分析,对延长组各类孔隙进行直径大小的统计。通过对延长组井下样品的孔隙直径大小分析,直径主要分布在0~10 μm,集中分布在0~0.6 μm。延长组所有样品不同孔隙空间类型的直径从大到小依次是粒间微孔(2.1 μm)、晶间溶孔(1.4 μm)、黏土矿物晶间孔、粒缘微缝、粒内微孔、有机质内气孔和片理缝。

12.4　　岩石可压性

中生界延长组含气(油)页岩的矿物成分以石英、长石(斜长石和钾长石)、碳酸盐、黄铁矿及黏土矿物为主。石英平均含量为27.4%,长石平均含量为16.3%,碳酸盐平均含量为4.4%,黄铁矿平均含量为4.5%(表12-4)。

表12-4
鄂尔多斯盆地延长组页岩储层脆性矿物成分

层 位	脆性矿物含量/%			
	石 英	长 石	碳酸盐	黄铁矿
长4+5段	20.6	49.4	6.1	0.0
长7段	27.4	14.0	4.5	5.1
长9段	23.3	20.9	0.9	0.0
延长组	27.4	16.3	4.4	4.5

对脆性矿物的含量的研究主要集中在含油(气)页岩层段——长4+5段、长7段和长9段。中生界长4+5段脆性矿物组合(石英+长石+碳酸盐+黄铁矿)共占76%,以长石为主(平均49%)。

长7段含油(气)页岩的脆性矿物组合(石英+长石+碳酸盐+黄铁矿)共占51%,以石英为主(占27.4%)。

长9段含气(油)页岩的脆性矿物组合(石英+长石+碳酸盐+黄铁矿)共占45.1%,以石英为主(占23.3%)。

纵向上,延长组的矿物组合及含量在三套泥页岩层系中有变化,长4+5段的脆性矿物含量大于70%,岩性组合为石英+长石+伊利石+绿泥石;长7段脆性矿物含量大于35%,岩性组合为石英+长石+伊利石+绿泥石、石英+伊利石+绿泥石两类;长9段脆性矿物含量大于35%,岩性组合为石英+长石+伊利石+绿泥石一类。

页岩储层裂缝的产生有多种因素:当含油(气)页岩处于异常高压带、地层压力超过岩石抗破坏强度时,就容易产生裂缝。成岩阶段的热收缩、黏土矿物脱水等都容易产生微裂缝。当页岩中脆性矿物含量(石英+长石+碳酸盐等)较高时,在有构造运动或人工压裂时,容易形成天然或人工裂缝。就后期压裂改造而言,中生界延长组含油(气)页岩层段的脆性矿物含量一般大于35%,适合进行压裂。

12.5 综合评价

对鄂尔多斯三叠系陆相页岩综合评价后分类如下。

Ⅰ类区域以长7段为主要目的层,页岩气有利区在陕西下寺湾、富县之间,页岩油有利区位于伊陕斜坡南部宁夏灵武、甘肃环县与陕西庆城、甘泉之间。

Ⅱ类区域里,长7段页岩气有利区位于伊陕斜坡南部陕西华池、富县、洛川之间,页岩油有利区位于宁夏盐池与陕西吴旗、下寺湾、富县之间;长9段页岩气有利区位于伊陕斜坡南部吴旗、延安、富县一线,页岩油有利区位于陕西下寺湾地区;长4+5段页岩油有利区位于陕西正宁的正2井至富县的中富28井之间。

Ⅲ类区域里,长4+5段页岩气有利区位于伊陕斜坡陕西省彬县、富县与甘肃正宁之间,页岩油远景区位于伊陕斜坡彬长、正宁、富县之间;长7段页岩气有利区位于伊陕斜坡南部宁夏灵武、定边,甘肃崇信,陕西安塞、延长、宜川、洛川、旬邑之间,页岩油远景区位于伊陕斜坡南部宁夏盐池与陕西富县、庆阳、正宁之间;长9段页岩气理有利区位于伊陕斜坡南部庆阳、延安、富县之间,页岩油远景区分别位于宁夏盐池和陕西下寺湾、富县之间。

第13章

西北地区侏罗系
陆相领域

页岩
矿物岩石

图13-1
中国西北
地区页岩
油气评价
盆地分布

第13

中国西北地区分布着塔里木、准噶尔、柴达木3个大型含油气盆地和吐哈、酒泉、三塘湖、花海等近30个中小型含油气盆地,面积超过100×10^4 km^2(图13-1)。

13.1　展布特征

中国西北地区侏罗系含有机质页岩发育层系较多。其中,下侏罗统富有机质页岩主要形成于浅湖、半深湖和沼泽环境中,中侏罗统富有机质页岩主要形成于浅湖和半深湖环境中。

侏罗纪时,西北地区以陆相地层为主,盆地轮廓大体和三叠纪相同(陈建平等,1998)。中下统为含煤湖相沉积,岩性组合为砾岩、砂岩、炭质页岩夹煤层,上统为红层。页岩层段发育面积最广、厚度较大,主要集中在准噶尔盆地下侏罗统八道湾组、塔里木盆地下侏罗统阳霞组和中侏罗统克孜勒尔组、柴达木盆地下侏罗统湖西山组和中侏罗统大煤沟组、吐哈盆地下侏罗统八道湾组和中侏罗统西山窑组、民和盆地中侏罗统窑街组、潮水盆地中侏罗统青土井群、雅布赖盆地清河组及焉耆盆地下侏罗统八道湾组和中侏罗统西山窑组（陈建平等，1998；鲍志东等，2002；蔡佳等，2008；付玲等，2010；焦贵浩等，2005；李剑等，2009；刘洛夫，2000；马锋，2007；王雁飞，2004；袁明生等，2002）。

13.1.1　准噶尔盆地

准噶尔盆地下侏罗统八道湾组富有机质页岩主要发育在滨浅湖沉积环境中，盆地中心有小面积的半深湖相页岩发育（鲍志东等，2002）。有利页岩组合主要集中在八道湾组二段，分布范围广，厚度大，岩性组合以厚层的暗色页岩夹薄层砂岩为主，累计有效厚度达到200 m，向东至滴西地区，页岩沉积逐渐减薄（图13-2）（何登发等，2004；李剑等，2009）。

准噶尔盆地下侏罗统八道湾组含有机质页岩组合主要发育在盆地西北缘沙湾、玛湖地区以及盆地南缘。在五彩湾、滴水泉、乌伦古东部厚度为30～100 m，盆地东部大井地区主要以曲流河、三角洲沉积为主，岩性以砂岩及砂质含量较高的砂泥互层为主（李剑等，2009）。

13.1.2　塔里木盆地

塔里木盆地下侏罗统富有机质页岩的沉积环境大体上可以分为滨浅湖相、三角洲相、冲积扇相和三角洲平原相，呈东西条带状分布。中侏罗统富有机质页岩在北部靠近山前地区主要形成于浅湖相，中部形成于浅湖-半深湖相，西南部推测形成于滨湖相环境（康玉柱等，1996）。

塔里木盆地下侏罗统含有机质页岩组合单层厚度多在10～80 m，单层最大厚度可达76.7 m，累计厚度多在30～200 m（图13-3）。中侏罗统页岩发育的单层厚度多在10～80 m，最大可达499.51 m。累计厚度多在30～100 m（梁狄刚等，2004）（图13-4）。

页岩

矿物岩

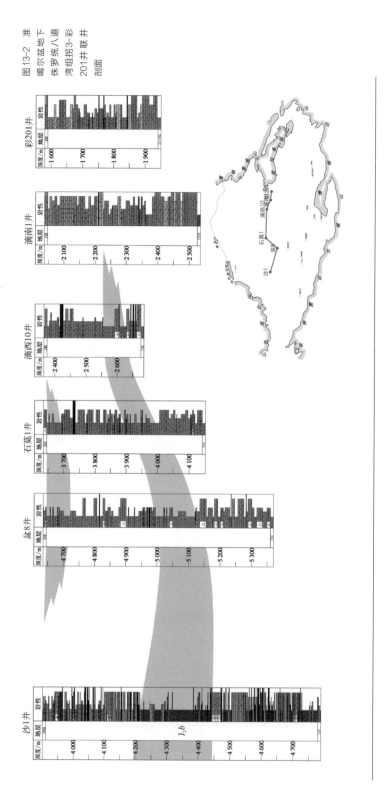

图13-2 准噶尔盆地下侏罗统八道湾组拐3-彩201井联井剖面

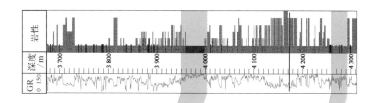

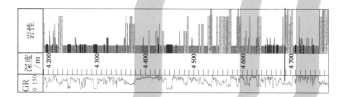

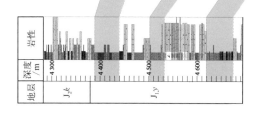

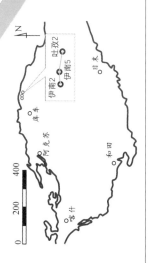

图13-3 塔里木盆地库车坳陷东部地区下侏罗统依南2井-吐孜2统联井剖面

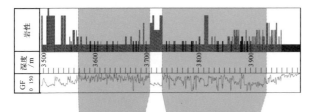

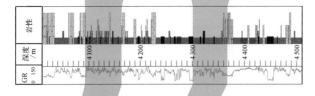

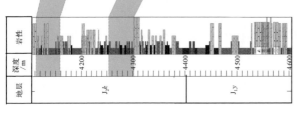

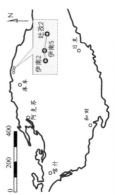

图13-4 塔里木盆地库车坳陷东部地区中侏罗统依南2井-吐孜2井联井剖面

塔里木盆地下侏罗统含有机质页岩主要分布于库车坳陷、塔西南地区及塔东地区，其中，库车坳陷和塔西南地区下侏罗统页岩相对较厚，厚度中心位于库车坳陷阳霞凹陷和喀什凹陷-叶城凹陷（梁狄刚等，2004；张宝民等，2000），最大厚度分别达到300 m和150 m，自凹陷中心向四周厚度逐渐减薄，直至尖灭。中侏罗统含有机质页岩主要分布于库车坳陷、塔西南及塔东地区，最大累计厚度位于库车坳陷阳霞凹陷，超过300 m，其次为喀什凹陷-叶城凹陷，厚度超过150 m，塔东地区相对较薄，最厚仅50余米（王振华等，2001）。

13.1.3 吐哈盆地

吐哈盆地中侏罗统七克台组和下侏罗统西山窑组富有机质页岩沉积于环境较温暖、潮湿的滨浅湖、沼泽、河流、三角洲环境。下侏罗统八道湾组富有机质页岩沉积于湖相、河流、湖沼、三角洲等环境中（姜振学等，2013；袁明生等，2002）。

吐哈盆地西山窑组富有机质页岩层段发育的面积、厚度以及分布稳定性均较差。西山窑组小草湖凹陷顶部和中部发育两套稳定页岩层段，其岩性组合主要为页岩夹炭质泥岩或薄煤层，底部页岩层段发育不稳定（袁明生等，2002；姜振学等，2013）（图13-5）。

吐哈盆地八道湾组埋深较大，钻井较少，发育两套富有机质页岩层段，分别位于其顶部和中部（图13-6）。

吐哈盆地侏罗系有利页岩层段，除八道湾组在托克逊凹陷和哈密坳陷有分布外，其余各组主要分布在台北凹陷。页岩层段累计厚度在30～120 m；台北凹陷小草湖次洼页岩层段厚度达到最大，约为120 m；胜北次洼北部和丘东次洼北部页岩层段厚度达到100 m；托克逊凹陷和哈密坳陷页岩层段厚度较台北凹陷偏薄（贾承造等，2005）。

西山窑组页岩主要分布在台北凹陷。在胜北次洼和小草湖次洼页岩层段厚度达到最大，小草湖次洼页岩层段累计厚度最大达到80 m；胜北次洼为60 m，丘东次洼页岩层段累计厚度相对较小，约为40 m；托克逊凹陷和哈密坳陷页岩层段偏薄（袁明生等，2002）。

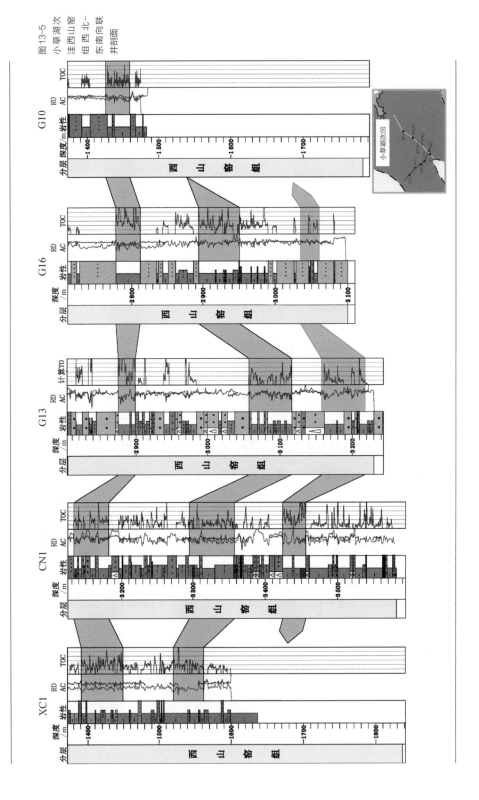

图13-5 小草湖次洼西山窑组西北-东南向联井剖面

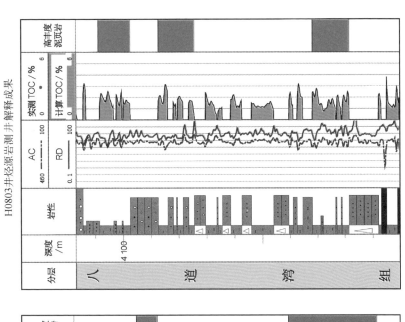

H0803 井烃源岩测井解释成果

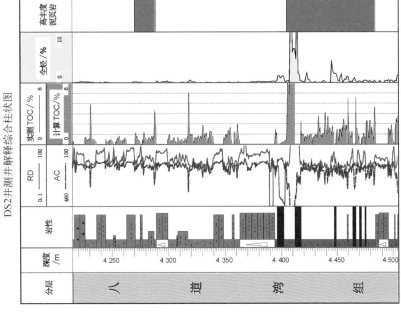

DS2 井测井解释综合柱状图

图 13-6 吐哈盆地八道湾组富有机质页岩层段综合柱状图

13.1.4　柴达木盆地

柴达木盆地下侏罗统湖西山组有利页岩层段主要分布在柴北缘西段,可大致划分出两个含气页岩段。上部含气层段在冷湖构造带多口钻井有揭示,冷科1井最厚可达190 m左右,深85井、深86井在60 ~ 70 m,预测在一里坪坳陷和昆特伊凹陷内,该含气页岩段厚度主要分布在30 ~ 90 m(付玲等,2010;焦贵浩等,2005)。

柴达木盆地中侏罗统大煤沟组五段含气页岩段主要分布在苏干湖坳陷、鱼卡断陷、红山断陷、欧南凹陷和德令哈断陷。厚度主要在30 ~ 70 m;苏干湖坳陷中侏罗统页岩气有效层段厚度较大,可达100 m以上,分布面积较小(林腊梅等,2004;刘洛夫等,2000;刘云田等,2007;马锋等,2007)。

13.1.5　中小盆地

中小型盆地中,民和盆地中侏罗统窑街组富有机质页岩发育在滨浅湖-半深湖环境中,盆地西部边缘发育湖沼相泥岩。潮水盆地中下侏罗统青土井群富有机质页岩主要发育在浅湖环境中。雅布赖盆地中侏罗统新河组富有机质页岩发育在半深湖-深湖环境中。焉耆盆地下侏罗统八道湾组富有机质页岩发育于滨浅湖、浅湖和沼泽环境中;三工河组富有机质页岩主要发育在滨浅湖环境中;中侏罗统西山窑组富有机质页岩以三角洲和滨湖沉积环境为主(贾承造等,2005)。

1. 民和盆地

民和盆地中侏罗统窑街组中下部的富有机质页岩段主要为黑色泥岩,连续性较好。东西向联井剖面表明,窑街组含有机质页岩层段在永登凹陷的东部较好,向西有减薄的趋势。南北向联井剖面表明,从东向西含有机质页岩厚度有增大的趋势,最厚可达148 m(图13-7)。永登凹陷周家台附近富有机质页岩厚度最大可达140 m,从凹陷中心向四周减薄,巴州凹陷厚度较小,在40 m左右(贾承造等,2005)。

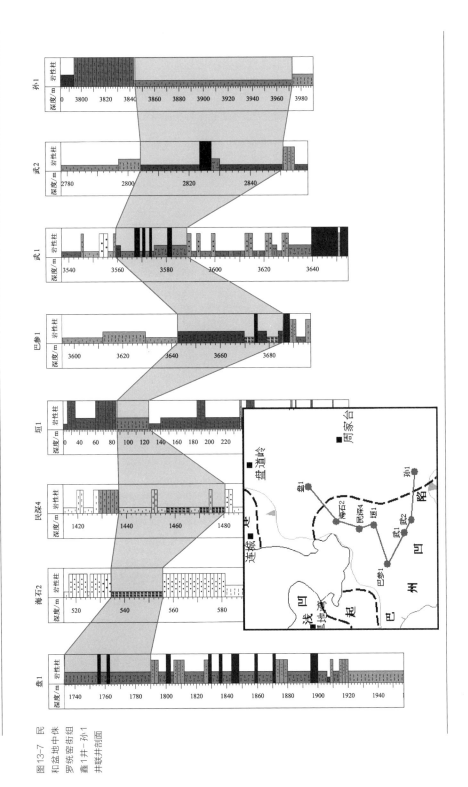

图13-7 民和盆地中侏罗统窑街组鑫1井-孙1井联井剖面

2. 潮水盆地

潮水盆地中侏罗统青土井群含气页岩层段以厚层深灰色泥岩、厚层深灰色油页岩为主,夹薄层深灰色粉砂质泥岩。该区富有机质页岩层段组合主要为深灰色泥岩夹黑色页岩、浅灰色粉砂质泥岩,含气页岩层在窑5井厚60 m、窑南5井厚60 m、油探1井厚80 m(图13-8)(王昌桂等,2008)。

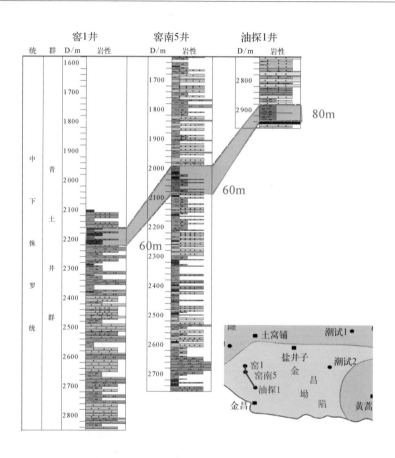

图13-8 潮水盆地金昌坳陷中侏罗统青土井群窑1井-油探1井联井剖面

潮水盆地中侏罗统青土井群含气页岩层段在红柳园坳陷和金昌坳陷较厚,最大厚度为90 m,阿右西坳陷最大厚度为60 m。在红柳园坳陷和金昌坳陷内分别存在两个厚度分布高值区(张磊等,2009)。

3. 雅布赖盆地

雅布赖盆地主要的富有机质页岩层段为中侏罗统新河组的下部。雅探4井的含气页岩层段主要为深灰色泥岩，雅探4井页岩累计厚度近400 m，分布在350～710 m。雅布赖盆地侏罗系有利页岩存在两个沉积中心，分别为雅探4井和萨尔台坳陷中心，最大厚度达350 m，向四周逐渐减薄（姜振学等，2013）。萨尔台坳陷西部不发育含有机质页岩（图13-9）。

图13-9 雅布赖盆地侏罗系新河组雅参1井-雅参4井联井剖面

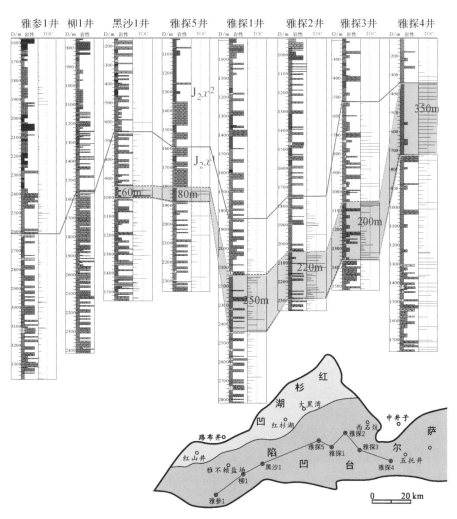

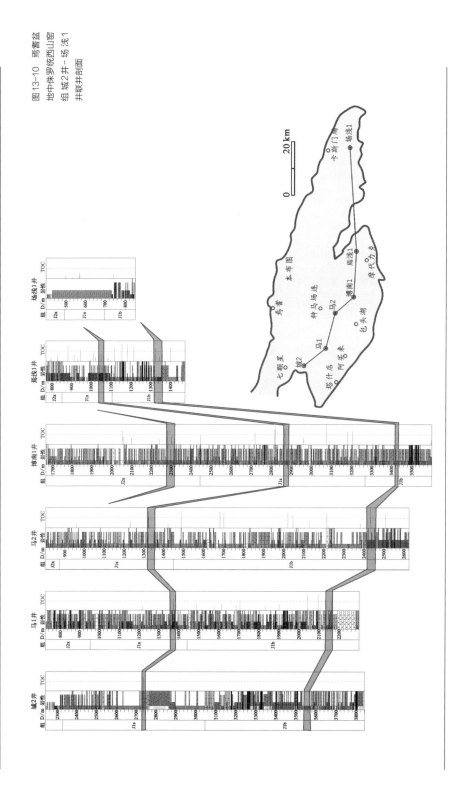

图13-10 焉耆盆
地中侏罗统西山窑
组 城2井-场浅1
井联井剖面

4. 焉耆盆地

焉耆盆地中侏罗统西山窑组富有机质页岩在马井附近最厚(肖自觍等,2008;柳广弟,2002),近50 m,向四周减薄;三工河组富有机质页岩主要分布在该组底部,在焉参1井和马2井附近沉积较厚,最厚超过40 m;西山窑组富有机质页岩仅在焉参1井和博南1井附近有少许沉积,沉积厚度约20 m(图13-10)。

八道湾组含气页岩厚度分布如图13-12所示,最大厚度在马2井附近,达50 m。三工河组含气页岩最大厚度在七里铺、种马场连和包头湖附近,达45 m,沿着七里铺、种马场连和包头湖厚度中心向四周减薄(姜在兴等,1999;陈文学等,2001)。西山窑组含气页岩最大厚度在七里铺、种马场连和包头湖附近,达30 m,沿着七里铺、种马场连和包头湖厚度中心向四周减薄。

13.2 矿物岩石学特征

13.2.1 页岩类型及结构构造

准噶尔盆地中生界下侏罗统岩性组成比较单一,主要为成分较纯的黑/灰色泥岩、粉砂质泥岩、泥质粉砂岩与砂岩,偶有薄煤层出现(图13-11)。塔里木盆地侏罗系主体上为滨浅湖相、河沼相,含气层系的岩性总体上以灰黑色泥岩、黑色炭质泥岩、粉砂质泥岩及粉砂岩等夹层的岩性组合为主(张宝民等,2000;张水昌等,2000)(图13-12)。柴达木盆地下侏罗统湖西山组和中下侏罗统大煤沟组,岩性主要为富有机质暗色页岩,夹有煤层,分布在盆地北缘,属河湖相含煤建造(徐文等,2008;阎存凤等,2011;杨永泰等,2001)(图13-13)。吐哈盆地中下侏罗统为含煤碎屑岩建造,主要岩性为灰黑色泥岩、粉砂质泥岩、泥质粉砂岩,夹薄层细砂岩、炭质泥岩及煤岩(姜振学等,2013)(图13-14)。

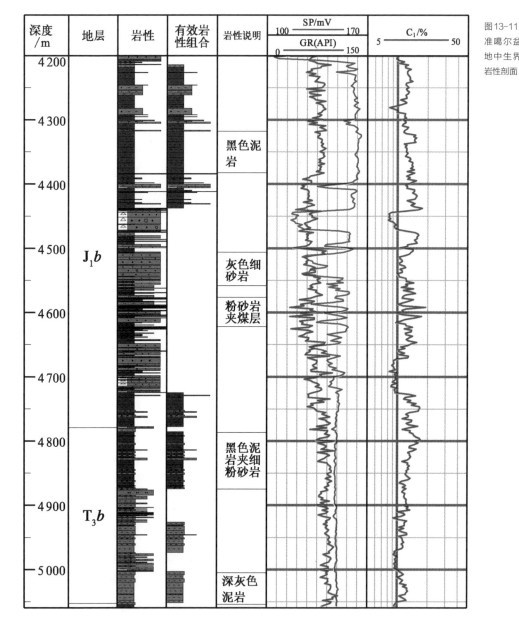

图13-11
准噶尔盆
地中生界
岩性剖面

第 13

图13-12 塔里木盆地侏罗系岩性剖面

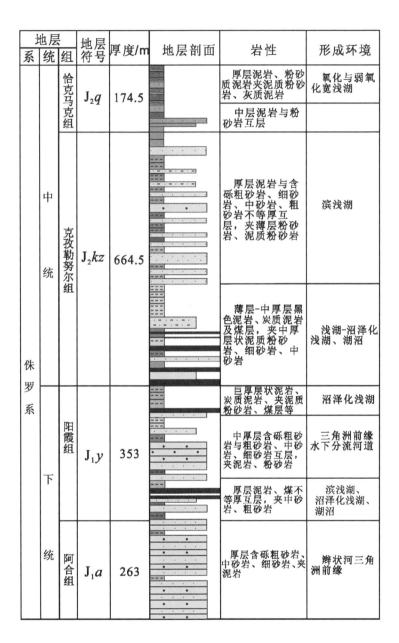

地层			地层符号	厚度/m	地层剖面	岩性	形成环境
系	统	组					
侏罗系	中统	恰克马克组	J_2q	174.5		厚层泥岩、粉砂质泥岩夹泥质粉砂岩、灰质泥岩	氧化与弱氧化宽浅湖
						中层泥岩与粉砂岩互层	
		克孜勒努尔组	J_2kz	664.5		厚层泥岩与含砾粗砂岩、细砂岩、中砂岩、粗砂岩不等厚互层，夹薄层粉砂岩、泥质粉砂岩	滨浅湖
						薄层-中厚层黑色泥岩、炭质泥岩及煤层，夹中厚层状泥质粉砂岩、细砂岩、中砂岩	浅湖-沼泽化浅湖、湖沼
	下统	阳霞组	J_1y	353		巨厚层状泥岩、炭质泥岩、夹泥质粉砂岩、煤层等	沼泽化浅湖
						中厚层含砾粗砂岩与粗砂岩、中砂岩、细砂岩互层，夹泥岩、粉砂岩	三角洲前缘水下分流河道
						厚层泥岩、煤不等厚互层，夹中砂岩、粗砂岩	滨浅湖、沼泽化浅湖、湖沼
		阿合组	J_1a	263		厚层含砾粗砂岩、中砂岩、细砂岩、夹泥岩	辫状河三角洲前缘

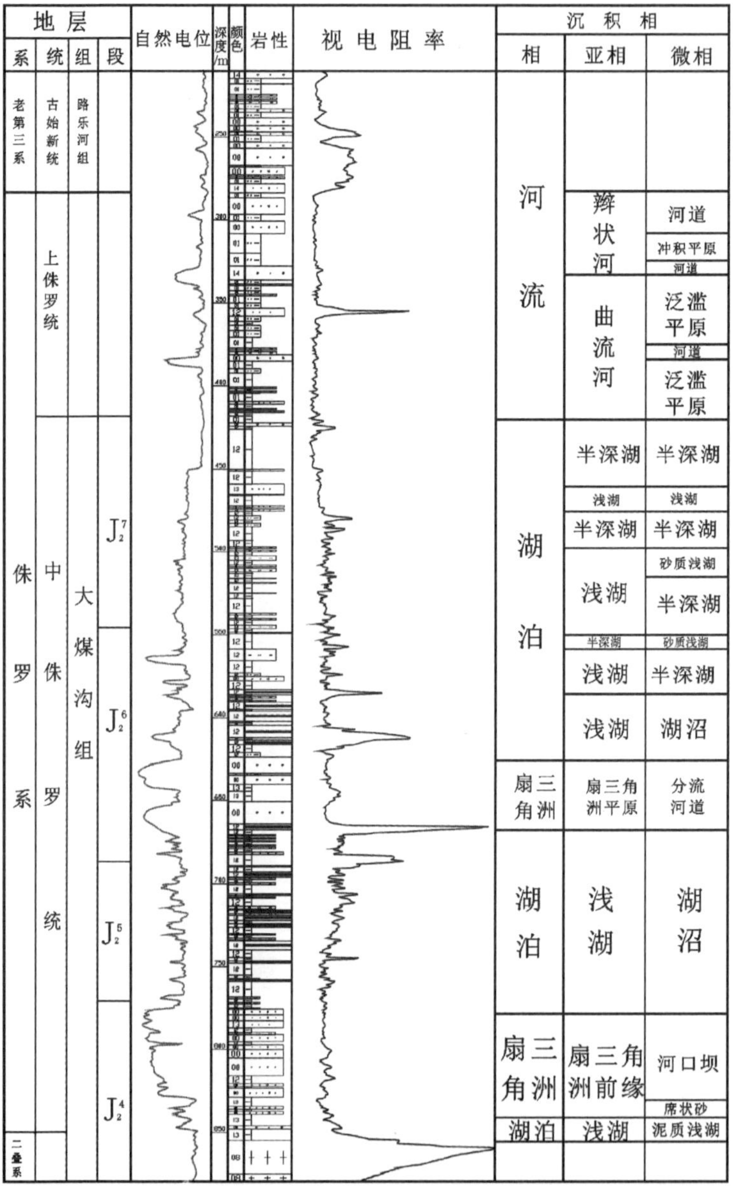

地层				自然电位	深度/m	颜色	岩性	视电阻率	沉积相		
系	统	组	段						相	亚相	微相
老第三系	古始新统	路乐河组							河流	辫状河	河道
											冲积平原
											河道
侏罗系	上侏罗统									曲流河	泛滥平原
											河道
											泛滥平原
	中侏罗统	大煤沟组	J₂⁷						湖泊	半深湖	半深湖
										浅湖	浅湖
										半深湖	半深湖
										浅湖	砂质浅湖
											半深湖
										半深湖	砂质浅湖
			J₂⁶							浅湖	半深湖
											湖沼
									扇三角洲	扇三角洲平原	分流河道
			J₂⁵						湖泊	浅湖	湖沼
			J₂⁴						扇三角洲	扇三角洲前缘	河口坝
											席状砂
二叠系									湖泊	浅湖	泥质浅湖

图13-13 柴达木盆地侏罗系岩性剖面

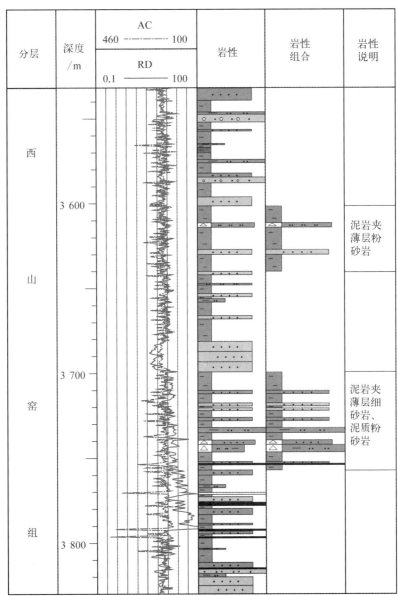

图13-14 吐哈盆地侏罗系岩性剖面

分层	深度/m	AC 460 ┄┄ 100 / RD 0.1 ── 100	岩性	岩性组合	岩性说明
西山窑组	3 600 3 700 3 800				泥岩夹薄层粉砂岩 泥岩夹薄层细砂岩、泥质粉砂岩

13.2.2　　　矿物组成

　　西北区中下侏罗统页岩矿物组成比三叠系页岩种类多,黄铁矿、菱铁矿、方沸石等矿物含量明显增加,这反映出中、下侏罗统沉积环境还原性较强(图13-15)。下侏罗统黏土矿物含量在40%～60%,多数样品脆性矿物含量超过40%。中侏罗统页岩矿物组形成与下侏罗统相似,其中塔里木盆地中侏罗统脆性矿物含量比下侏罗统明显增加(图13-16)。

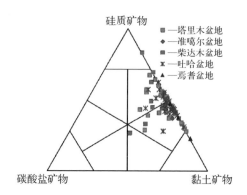

图13-15　西北地区各盆地下侏罗页岩岩石矿物组成三角图

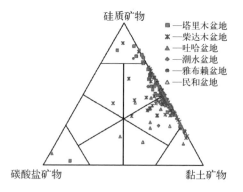

图13-16　西北地区各盆地中侏罗统页岩岩石矿物组成三角图

　　下侏罗统页岩黏土矿物主要以伊利石和伊蒙混层为主,伊利石+伊蒙混层含量超过50%,其中塔里木盆地高岭石含量高于其他各盆地,高岭石含量超过46%,伊利石+伊蒙混层含量低于35%。中侏罗统页岩黏土矿物组成各盆地差异较大。雅布赖盆地、潮水盆地及塔里木盆地黏土矿物以伊利石和伊蒙混层为主,塔里木盆地伊利石与伊蒙混层含量超过70%,较下侏罗统含量明显增加。民和盆地和柴达木盆地高岭石含量较高,大部分样品高岭石含量超过40%(姜振学等,2013)(图13-17、图13-18)。

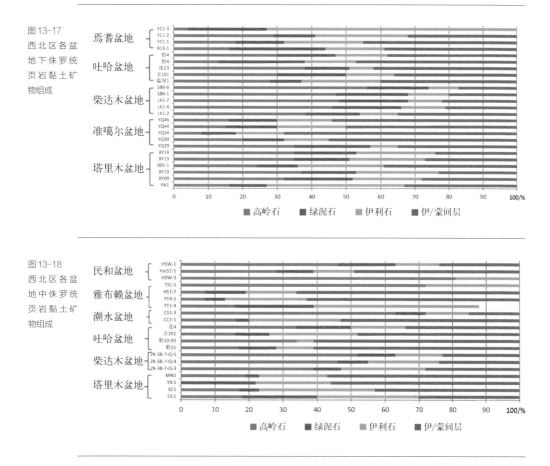

图13-17 西北区各盆地下侏罗统页岩黏土矿物组成

图13-18 西北区各盆地中侏罗统页岩黏土矿物组成

13.2.3 有机地化特征

侏罗系是西北地区页岩最发育的层系,主要发育在中、下侏罗统,在多个盆地都有分布。下侏罗统高丰度页岩主要发育在塔里木盆地阳霞组、柴达木盆地湖西山组、准噶尔盆地八道湾组、吐哈盆地八道湾组、焉耆盆地八道湾组和三工河组。其中,准噶尔盆地、柴达木盆地和焉耆盆地八道湾组页岩有机质丰度最高,平均值均超过2.0%(王振华等,2001;马锋等,2007;柳广弟等,2002;徐凤银等,2003)。塔里木盆地和吐哈盆地下侏罗系暗色页岩有机质丰度相对较低,平均值为1.35%左右,但是TOC>2.0%的样品出现频率大于20%,仍具有良好的生气潜力(表13-1、图13-19)。

表13-1 西北区中、下侏罗统页岩气层段TOC统计

盆地 TOC/% 层位	塔里木	准噶尔	柴达木	吐哈	民和	潮水	雅布赖	焉耆
中侏罗统	0.05~7.78 1.36(18)		0.07~9.08 1.84(284)	0.5~2.45 1.1(98)	0.3~9.97 3.67(18)	0.72~3.16 1.159(8)	0.46~6.8 1.77(14)	0.23~5.86 1.77(41)
下侏罗统	0.06~6.17 1.34(50)	0.04~10.08 2.09(175)	0.07~10.29 2.65(264)	0.5~3.05 1.35(36)				0.12~5.95 2.2(267)

中侏罗统页岩较下侏罗统页岩分布范围更广泛,但是有机质丰度相对较低。中侏罗统页岩主要发育在塔里木盆地克孜勒努尔组和恰克马克组、柴达木盆地大煤沟组、吐哈盆地西山窑组、民和盆地窑街组、潮水盆地青土井群、雅布赖盆地新河组和焉耆盆地西山窑组。仅民和盆地中侏罗统页岩有机质丰度平均值>2.0%,为3.67%,其他盆地中侏罗统页岩有机质平均值均<2.0%(表13-1、图13-20、图13-21)。

根据有机显微组分、岩石热解参数、干酪根元素、干酪根碳同位素等综合分析,塔里木盆地侏罗系页岩干酪根类型以II₁型和III型为主;柴达木盆地与吐哈盆地侏罗系页岩有机质类型较好,均以II型为主;准噶尔盆地侏罗系页岩干酪根类型主要集中在II₂型和III型(图13-22)。

中小型盆地干酪根元素分析数据较少,主要运用了岩石热解分类法。潮水盆地和焉耆盆地侏罗系页岩有机质类型均以III型为主;雅布赖盆地侏罗系页岩有机质类

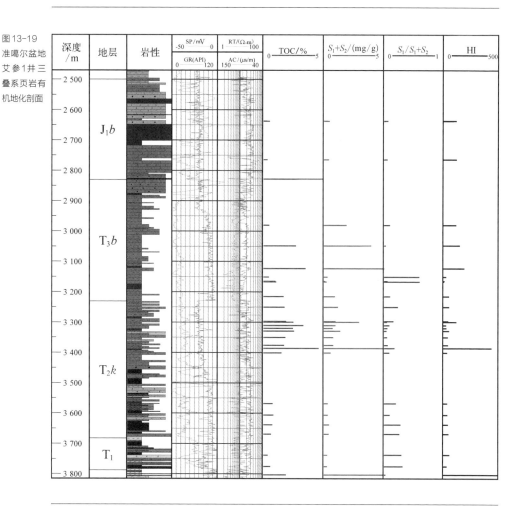

图13-19
准噶尔盆地
艾参1井三
叠系页岩有
机地化剖面

型较多, Ⅰ、Ⅱ₂和Ⅲ型干酪根均有发育; 民和盆地侏罗系页岩有机质类型总体以Ⅱ型为主, 部分油页岩类型较好为Ⅰ型(图13-22)。

西北地区下侏罗统页岩在塔里木盆地、吐哈盆地和焉耆盆地埋藏相对较浅, 准噶尔盆地和柴达木盆地埋藏较深。准噶尔盆地下侏罗统八道湾组页岩埋深整体从北向南逐渐变大, 北部乌伦古地区湖相页岩埋深范围在1 500～2 500 m, 处于低熟-成熟阶段, 南缘腹部发育较好的湖相页岩埋深均超过4 500 m, 最深达9 000 m, 主要处于高成熟-过成熟生气阶段(李剑等, 2009); 柴达木盆地湖西山

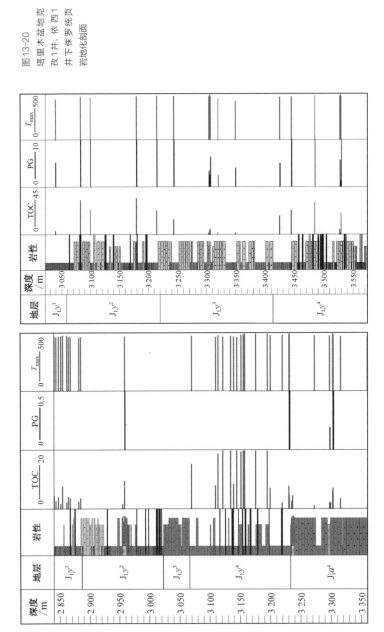

图13-20
塔里木盆地克
孜1井、依西1
井下侏罗统页
岩地化剖面

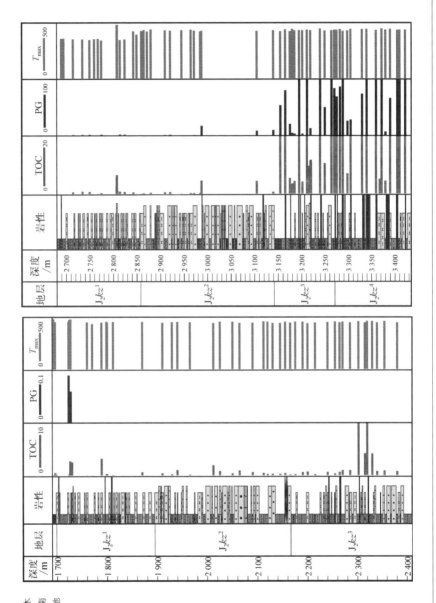

图13-21 塔里木盆地克孜1井、依南4井中侏罗统页岩页岩地化剖面

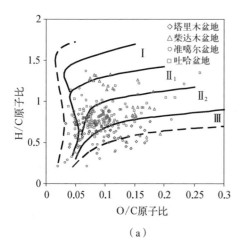

（a）

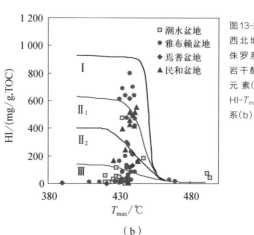

（b）

图13-22
西北地区
侏罗系页
岩干酪根
元素(a)、
HI-T_{max}关
系(b)

组页岩埋深总体在8 000～10 000 m，R_o主要在0.8%～3.0%（焦贵浩等，2005；林腊梅等，2004；刘洛夫等，2000；刘云田等，2007）；塔里木盆地下侏罗统页岩埋深总体在3 000～5 000 m，相应的R_o主要分布在0.5%～2.5%，处于成熟-高过成熟阶段（康玉柱等，1996）；焉耆盆地下侏罗统页岩埋深总体小于4 000 m，R_o分布范围为0.57%～1.86%，总体处于成熟-高成熟生烃演化阶段（柳广弟等，2002）。

西北区中侏罗统页岩仅在柴达木埋深较大（大于4 000 m），R_o值总体大于0.8%，最高值可达4%，处于成熟-过成熟演化阶段。吐哈盆地和塔里木盆地中侏罗统页岩埋深小于4 000 m，R_o总体小于1.0%，主要处于成熟阶段，塔里木盆地部分区域处于高成熟阶段，R_o值达到2.0%（陈建平等，1998）。中小型盆地除了民和盆地中侏罗统页岩埋深较大，其他盆地中侏罗统页岩埋深均较浅。民和盆地窑街组总体埋深在3 500 m以上，最深可达5 500 m以上，R_o值变化于0.7%～2.0%，处于成熟-过成熟阶段。潮水盆地青土井群、雅布赖盆地新河组和焉耆盆地西山窑组页岩层段最大埋深均为2 800 m，R_o总体小于1.0%，主要处于低熟阶段（贾承造等，2005）。

13.3 储集性能

13.3.1 储集空间类型及赋存方式

在西北地区页岩的观察过程中,发现结晶较好的黄铁矿、石盐、石膏等自生矿物,其矿物颗粒间孔隙发育。黏土矿物在成岩过程中可发生重结晶形成较完好的晶体,呈现出书页状、花瓣状,晶体间形成孔隙空间[图13-23(a)(b)],球状黄铁矿形成之后填充于黏土矿物之间的缝隙中,多个黄铁矿颗粒集中发育,其间形成明显的孔隙[图13-23(c)]。

图13-23 西北地区不同盆地页岩次生晶间孔发育特征

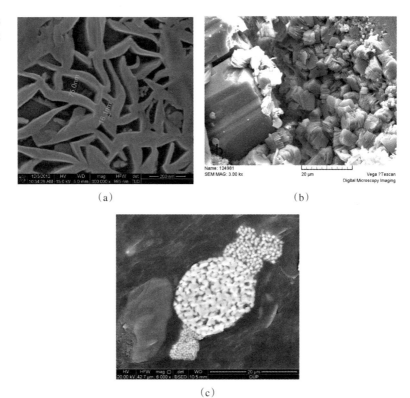

(a)

(b)

(c)

(a) BY1井,688.43 m,J₂y,灰黑色泥岩,不同方向的高岭石晶体间的微孔隙;(b)民和盆地,ZK1504井,J₂y 931.5 m;
(c) BY1井,610 m,J₂y,灰绿色泥岩,书页板状高岭石晶体间的微孔隙塔里木盆地中生界页岩中可观察到菱铁矿、长石、黏土矿物等由于溶蚀作用而产生的孔隙。扫描电镜下可观察到菱铁矿遭受溶蚀而产生的微孔隙[图13-24（a）]。页岩中有机酸的生成导致有机质内部或其附近的碳酸盐矿物发生溶蚀[图13-24（b）]。此外，黏土矿物也可以发生溶蚀作用，产生溶蚀孔隙[图13-24（c）]。

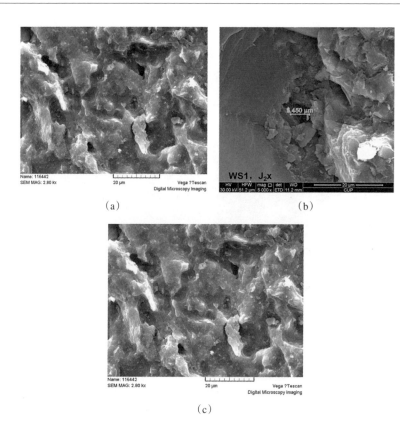

图13-24 西北地区不同盆地页岩溶蚀孔隙发育特征

（a）塔里木盆地库车河剖面，J_1y，溶蚀痕迹；（b）吐哈盆地，WS1井，3 586.5 m，J_2x，碳酸盐矿物溶蚀孔；
（c）塔里木盆地库车河剖面，J_1y，灰黑色泥岩，长石溶蚀孔

由于有机质热演化程度相对较低，西北地区中生界页岩样品观察到的有机质孔较少，多为零星发育，呈椭圆形、圆形或不规则形状。生烃作用强烈时，众多孔隙集中发育，呈蜂窝状，孔隙之间亦可相互连通[图13-25（a）（b）]。

图13-25
西北地区不
同盆地页岩
有机质孔隙
发育特征

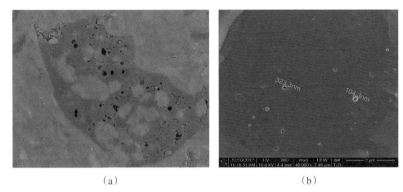

（a） （b）

（a）民和盆地，ZK1 504 井，J_2y，931.5 m；（b）塔里木盆地克孜1井，4 236.9 m，J_1y，灰黑色泥岩，有机质孔

通过扫描电镜下观察以及能谱扫描，泥岩中的长石、黏土矿物中微米级的裂缝发育程度较高，大部分为颗粒间的收缩缝，可以作为天然气储集的空间（图13-26）。

图13-26
西北地区不同
盆地页岩微裂
缝发育特征

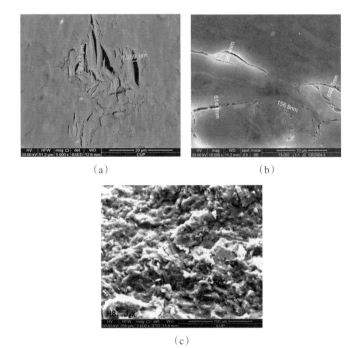

（a） （b）

（c）

（a）准噶尔盆地，彩16井，J_1b，2 831 m，深灰色泥岩；（b）柴达木盆地，龙1井，J_2d，1 395 m，灰黑色炭质页岩；

（c）吐哈盆地，H8井，J_2x，3 947.8 m灰色泥岩

13.3.2 物性特征

1. 孔隙度

侏罗系各个盆地孔隙度分布具有相似性,以塔里木盆地和柴达木盆地为例,页岩孔隙度主要集中在0.5% ~ 5%。塔里木盆地侏罗系孔隙介于0.5% ~ 5%的样品占总样品数的86%,其中孔隙度介于0.5% ~ 1%的占25%(图13-27)。柴达木盆地孔隙度在0.5% ~ 4.5%范围内分布比较平均(图13-28)。

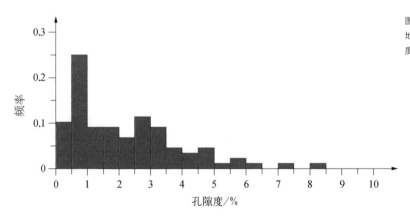

图13-27 塔里木盆地侏罗系页岩孔隙度频率分布

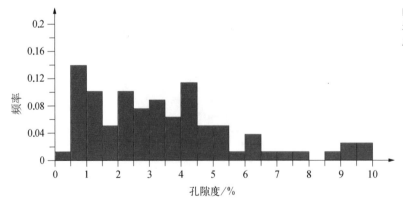

图13-28 柴达木盆地侏罗系页岩孔隙度频率分布

美国Barnett产气页岩储层岩心分析总孔隙度分布在2.0%～14.0%,平均为4.2%～6.5%。西北地区各层系除部分露头样品孔隙度较大以外,钻井岩心样品孔隙度主要分布在5%以内,与美国Barnett产气页岩储层相似。

2. 脉冲孔隙度

受常规孔隙度测试主要针对砂岩,及实验手段的局限,通过研究对不同盆地页岩样品进行了脉冲孔隙度测试。页岩埋深较浅时孔隙度较大,主要集中在5%～10%。埋深超过2 000 m后孔隙度迅速减小至5%以下。中小盆地由于样品埋深较浅,孔隙度主要集中在6%～8%(图13-29)。柴达木盆地、塔里木盆地、准噶尔盆地孔隙度主要集中在3%～5%。吐哈盆地脉冲孔隙度主要集中在1%～2%(图13-30)。

图13-29 西北地区不同盆地页岩脉冲孔隙度与深度关系

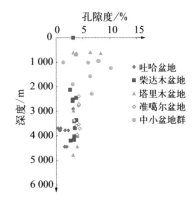

图13-30 西北地区不同盆地页岩脉冲孔隙度分布特征

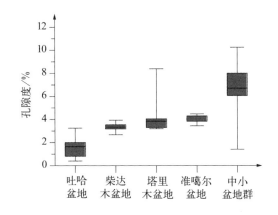

3. 孔径分布

西北地区各个盆地不同层位的页岩孔径分布数值略有差异，主要介于 2 ～ 10 nm，以中孔为主（姜振学等，2013），样品受风化影响部分孔隙直径分布在 10 ～ 1 000 nm（图 13-31 ～图 13-38）。孔容随孔径的变化率即 $dV/dlgD$，其中 V 为孔体积，cm^3/g；D 为孔径，nm。

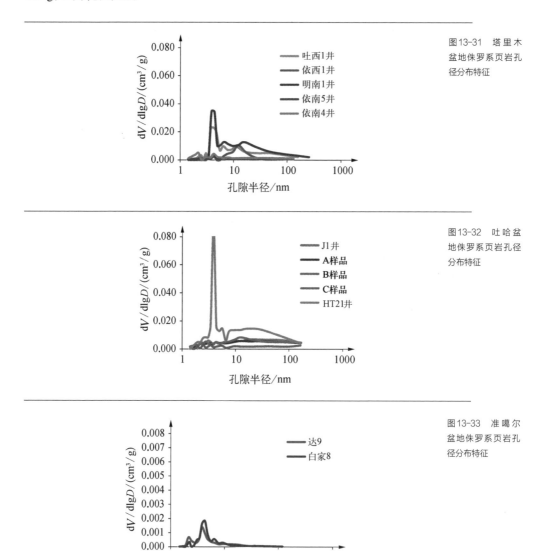

图 13-31　塔里木盆地侏罗系页岩孔径分布特征

图 13-32　吐哈盆地侏罗系页岩孔径分布特征

图 13-33　准噶尔盆地侏罗系页岩孔径分布特征

图13-34 焉耆盆地侏罗系页岩孔径分布特征

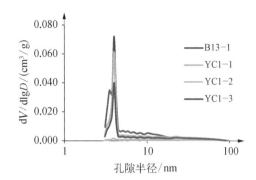

图13-35 民和盆地侏罗系页岩孔径分布特征

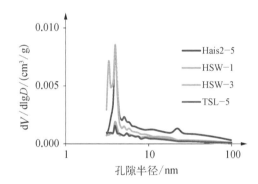

图13-36 雅布赖盆地侏罗系页岩孔径分布特征

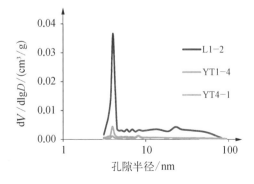

图13-37 潮水盆地侏罗系页岩孔径分布特征

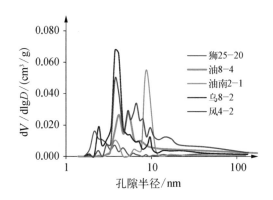

图13-38 柴达木盆地新近系页岩孔径分布特征

13.4 综合评价

侏罗系是西北区页岩气最为发育的层位,页岩气有利区分布广泛,主要分布在塔里木盆地、准噶尔盆地、柴达木盆地、吐哈盆地和中小盆地,共27个区域。富有机质页岩广泛存在,具有分布稳定、连续性好、厚度变化大、埋深变化大、有机质含量高、成熟度偏低等特点。综合评价结果显示,塔里木盆地库车坳陷拜城凹陷-阳霞凹陷北部、塔东草湖-满东地区和塔西南喀什-叶城凹陷;柴达木盆地鱼卡断陷、红山-欧南凹陷、德令哈断陷和苏干湖坳陷（中侏罗统大煤沟组），冷湖构造带（下侏罗统湖西山组），吐哈盆地胜北次洼、丘东次洼、小草湖次洼和哈密凹陷（中侏罗统西山窑组），胜北次洼北部和丘东次洼山前带及小草湖次洼（下侏罗统八道湾组），准噶尔盆地达巴松一带（下侏罗统八道湾组）为有利的页岩油气发育区。

东北地区白垩系
陆相领域

松辽盆地是我国东北地区一个具断坳双重结构的最大的中新生代陆相含油气盆地，地理位置介于东经119°40′～128°24′，北纬42°25′～49°23′，长750 km，宽330×370 km，横跨黑龙江、吉林、辽宁三省和内蒙古自治区，总面积约26×10⁴ km²，是一个北北东向展布的菱形沉积盆地。盆地内部发育大面积中、新生代地层，白垩系是松辽盆地的主要沉积地层，分布范围广、沉积厚度大，是盆地主要生、储油岩系。自下而上发育下白垩统火石岭组、沙河子组、营城组、登娄库组、泉头组；上白垩统青山口组、姚家组、嫩江组、四方台组、明水组。

14.1 展布特征

14.1.1 松辽盆地北部上白垩统青山口组

青山口组自上至下水体由浅变深，由半深湖至深湖，发育棕红色、紫红色、绿灰色、灰色、深灰色及黑色泥岩，砂质岩夹层由多变少，沉积环境由氧化环境逐渐转变为还原环境，在青一段下部发育富有机质页岩，有机质丰度由低变高。缺氧的沉积环境非常适合有机质的保存，形成了比较厚的暗色页岩（图14-1）。青一段早、中期，松辽盆地构造沉降速率大于沉积物供应速率，湖岸线向东侧盆缘方向推进，沿齐家、古龙、大安、长岭至梨树和三肇一带形成沉降中心，岩相由泉头组沉积时期的滨浅湖亚相发展为深湖-半深湖亚相，全盆地呈现以深湖-半深湖为中心的环状相带分布，并形成一个向东张开的缺口。青一段沉积晚期，盆地构造沉降速度有所减慢，陆源沉积物不断向湖盆注入堆积导致湖平面相对下降，呈现湖退现象，盆地内广泛发育有河流和滨浅湖沉积，深湖面积明显缩小。

青山口组主要沉积相类型包括冲积扇相、泛滥平原和河流相、泛滥平原相、（扇）三角洲分流平原相、（扇）三角洲前缘相、滨浅湖相、半深湖-深湖相、深水湖底扇、碳酸岩盐台地相、平原淤积相等。

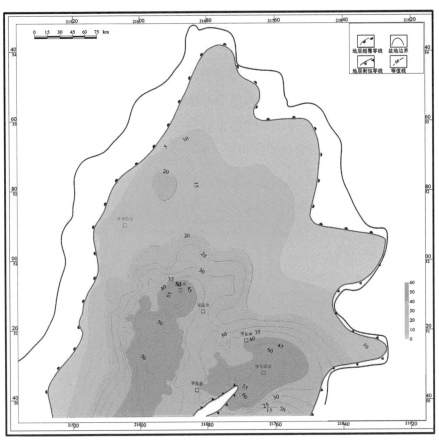

页岩
矿物岩石

图14-1
松辽盆地北部
青一段含气
页岩段等厚
图(李梅等,
2013)

第14

青一段有机碳含量为0.73%～8.68%,平均2.13%;生烃潜量为8.36 mg/g岩石;热演化程度在0.7%～1.3%,靠近湖盆中心可达1.5%,总体处于湿气阶段(R_o为0.4%～2.0%),与阿巴拉契亚盆地Ohio页岩气藏(R_o为0.4%～1.3%)、伊利诺斯盆地New Albany页岩气藏(R_o为0.4%～1.0%)热演化程度相近。

14.1.2　松辽盆地北部上白垩统嫩江组一段

嫩一段沉积时期,松辽盆地发生了第二次大规模的湖侵,湖水迅速扩张并近乎覆盖全盆地,盆地中部广泛发育半深湖-深湖相沉积。嫩一段自下至上水体由浅变深,由半深湖至深湖,发育绿灰色、灰色、深灰色及黑色泥岩,砂质岩夹层由多变少,沉积环境由氧化环境逐渐转变为还原环境,在嫩一段上部发育富有机质页岩(图14-2)。

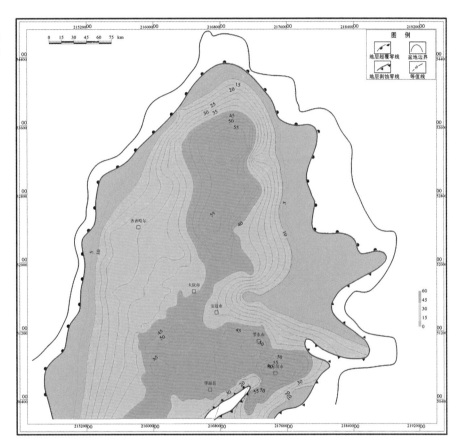

图14-2
松辽盆地北部
嫩一段含气页
岩段等厚图

嫩一段有机碳含量为0.096% ~ 13.55%,有机碳含量主要集中分布在0.5% ~ 3.0%,平均值为1.88%。嫩一段有机碳含量最小值为0.096%,最大值为13.55%。从嫩一段有机碳含量纵向分布特征看,嫩一段上部有机碳含量明显高于下部有机碳含量,这充分反映了嫩一段有机碳含量的非均质性,与嫩一段时期沉积特点是一致的。

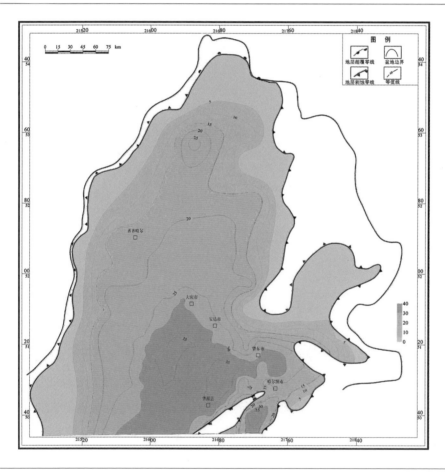

14.1.3　松辽盆地北部上白垩统嫩江组二段

　　嫩二段沉积时期是整个松辽盆地沉积范围最大的时期,湖盆分布范围很广,甚至超出了现在的盆地边界。该时期除北部和东部物源外,西部也出现小规模砂岩带。在嫩二段湖扩体系域时期,砂体厚度小,分布范围小,含砂率也很低。湖盆内大部分地区为深湖和半深湖沉积,仅在最北部发育有范围很小的三角洲沉积体系。到高位体系域沉积时期,湖盆范围有所减小,在盆地北部发育鸟足状三角洲,在东北部、西部和西南部发育有朵叶状三角洲朵体。总体来说,嫩二段松辽盆地三角洲体系不发育,主要为湖泊沉积,嫩二段富有机质页岩主要发育在嫩二段沉积序列的下部(图14-3)。

图14-3
松辽盆地北部
嫩二段含气页
岩段等厚图

嫩二段有机碳含量高,页岩有机碳含量平均为2.16%;热演化程度R_o为0.4%～0.8%,与美国安特里姆页岩(R_o为0.4%～0.6%)和美国阿巴拉契亚盆地俄亥俄页岩(Ohio)成熟度相似。

14.1.4　松辽盆地南部梨树断陷

梨树断陷在纵向上发育多套暗色页岩层系,主力暗色页岩层系为沙河子组和营城组,主要存在三套富有机质页岩层段,其中营一段可以划分为两套富有机质页岩段,梨树断陷营一段沉积期,盆地东部和北部为三角洲沉积,中部与西侧为湖相沉积,营一段两个富有机质页岩层段空间发育不尽相同,其中Ⅰ泥组分布于断陷东部,Ⅱ泥组页岩主要分布于断陷中部。沙二段发育一套连续的富有机质页岩,其页岩段分布范围较营城组小,主要分布在断陷中西部深洼部位。

梨树断陷三套富有机质页岩分布总体较稳定,除对应地层缺失区域外,基本全区均有分布。营一段Ⅱ泥组页岩顶面埋深在1 100～4 500 m范围不等,从西部深洼区向东北逐渐变浅,桑树台深洼区埋深多超过3 000 m,最大埋深超过4 500 m,苏家屯次洼顶面埋深一般在1 300～3 100 m,双龙地区埋藏最浅,多在1 000～1 200 m。富有机质页岩厚度在0～170 m,除北部斜坡带、东部斜坡带、苏家屯次洼东北部和七棵树地区页岩厚度较薄外,其他地区厚度均超过30 m,达到评价下限值。桑树台深洼及八屋、十屋地区页岩厚度多超过100 m;苏家屯次洼页岩厚度在0～100 m,从西向东呈现逐渐减薄的趋势;双龙次洼页岩厚度在30～60 m。

营一段Ⅰ泥组页岩顶面埋深呈现与Ⅱ泥组相同的趋势,同一地区页岩的顶面埋深约比Ⅱ泥组深100 m。页岩分布范围较Ⅱ泥组有所扩大,主要表现为东部斜坡带及七棵树地区页岩分布范围扩大,此外,苏家屯次洼页岩分布范围也有所扩大。营一段Ⅰ泥组厚度在0～160 m,厚度最大区仍在桑树台深洼,多大于100 m;苏家屯次洼厚度分布趋势与Ⅱ泥组基本一致,只是分布范围有所扩大;双龙次洼厚度较大区分布范围有所减小,页岩厚度大于50 m的范围主要分布在SW21至SW20井区附近;

太平庄及七棵树地区页岩厚度也多在50 m以上。

沙二段页岩分布范围更大,基本全区均有分布。顶面埋深在1 400 ~ 4 800 m,除桑树台深洼外其他地区多小于3 500 m,苏家屯次洼埋深在1 800 ~ 3 200 m,从西南向东北物源区呈现减薄的趋势;东部斜坡带多数地区埋深也均达到2 500 m以上;北部斜坡带及双龙次洼埋深相对较浅,多小于2 000 m;太平庄、七棵树地区顶面埋深一般在1 800 ~ 2 500 m。从页岩厚度来看,桑树台洼陷页岩厚度多大于100 m;双龙次洼页岩厚度也较大,厚度多在50 ~ 160 m,苏家屯次洼呈现东西两边薄、中间厚的特征,这主要受沉积相的影响;八屋、十屋及七棵树地区页岩厚度一般也大于50 m,东南斜坡带及皮家地区页岩厚度多小于30 m。

14.1.5　　松辽盆地南部长岭地区

长岭地区坳陷阶段发生了两次大型湖泛事件,湖盆范围以青山口初期和嫩江组初期最广,两次湖进到湖退过程发育了青山口组和嫩江组含有机质页岩,是长岭地区最主要的页岩发育层段。长岭地区富有机质页岩层段主要赋存在嫩江组一段、二段及青山口组一段顶部,可划分为三套富有机质页岩。

长岭地区嫩江组一、二段页岩分布范围广,且厚度较稳定,基本全区可稳定追踪,而青一段顶部富有机质页岩段分布范围较局限,主要分布在北部深洼部位,长岭以南及白城、洮安一带多缺失本套富有机质页岩。

嫩二段富有机质页岩顶面埋深在400 ~ 1 700 m范围不等,呈现从四周向洼陷中心厚度逐渐增大的趋势,农安及白城一带最浅,埋深在500 m以下,长岭-乾安-大安一带埋深最大,多超过1 500 m;富有机质页岩厚度分布在30 ~ 120 m,坳陷中心的乾安-松原-大安一带厚度多超过100 m。嫩一段富有机质页岩顶面埋深在500 ~ 1 900 m,平面分布趋势与嫩二段相同,由坳陷周缘向中心埋深逐渐增大,乾安一带最大埋深可达到2 000 m左右;富有机质页岩厚度在20 ~ 100 m,呈现从西南物源区向东北深洼区逐渐增大的趋势,腰英台及黑帝庙地区最大厚度超过100 m,北部大安地区也达到90 m以上。青一段顶部富有机质页岩段埋深较大,多处于700 ~ 2 400 m,

坳陷中心的长岭-乾安一带埋深最大,多超过2 000 m;富有机质页岩厚度总体较薄,
主要分布在0～50 m,大于30 m的范围较小,主要分布在腰英台、黑帝庙及乾安-大
安一带。

14.2　　　矿物岩石学特征

14.2.1　　　松辽盆地北部上白垩统

14.2.1.1　　　页岩类型及结构构造

　　松辽盆地北部青一段、嫩一段和嫩二段层段主要表现为大套厚层页岩、厚层页
岩与薄层砂质岩石的岩性组合特征。此外,在页岩层内还发育钙质、砂质条带和介形
虫层(图14-4)。因此,储层的岩石类型主要为灰-灰白色粉砂岩、细砂岩、中粒砂岩、
灰-灰黑色粉砂质页岩、泥质粉砂岩以及黑色页岩等。

图14-4
松辽盆地北部
页岩储层钙
质、砂质条带
和介形虫层

　　沙河子组页岩岩石类型主要为暗色页岩、含炭质页岩、细砂岩、沙砾岩、粉砂岩、
粉砂质页岩、泥质粉砂岩。

14.2.1.2 矿物组成及特征

齐平1井X射线衍射–岩石矿物含量结果显示青一段钙质含量多为1%～16.2%，长英质成分（脆性矿物）多为37%～68.3%，黏土矿物多为15.5%～57.5%（图14-5）。其中，粉砂质泥岩类的矿物组成为，钙质含量一般在15%～25%，长英质成分一般为55%～70%，黏土矿物一般<20%；泥岩类的矿物组成为，钙质含量一般<10%，长英质成分一般为50%～60%，黏土矿物一般在15%～50%。总体而言，松辽盆地北部青一段页岩脆性矿物含量较高，具有较好的造缝能力，适合通过压裂技术开采。

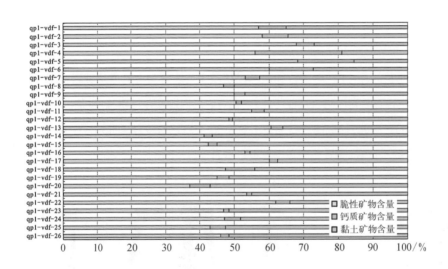

图14-5 松辽盆地北部青一段页岩矿物百分含量

14.2.1.3 有机质特征

1. 有机质类型

利用源岩干酪根元素分析结果划分有机质类型，松辽盆地青一段源岩在Van Krevelen图上主要分布在 I 型和 II$_1$型区域，热解HI与T_{max}图上同样反映出青一段源岩主要为 I 型，部分为 II$_1$型（图14-6）。

图 14-6
松辽盆地青一
段页岩有机质
类型划分

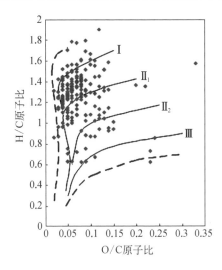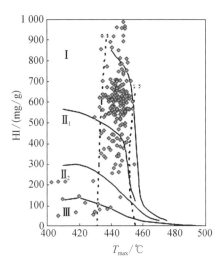

从松辽盆地嫩一段、嫩二段有机质类型划分图上看,嫩江组嫩一段和嫩二段的有机质类型,无论是 H/C-O/C 图解还是 HI-T_{max} 图解,均普遍发育Ⅰ型、Ⅱ型、Ⅲ型干酪根(图 14-7)。

图 14-7
松辽盆地
北部嫩一
段、嫩二
段有机质
类型划分

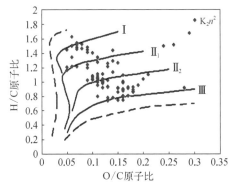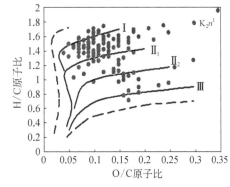

2. 有机碳含量及其变化

青一段有机碳含量为 0.012% ～ 12.55%,有机碳含量变化区间较大,充分反映了青一段有机碳含量的非均质性。有机碳含量最小值只有 0.012%,最大值可达

12.55%，平均值为2.63%（1 731个数据），总体反映了青一段为富有机质页岩的特点。松辽盆地北部青一段暗色页岩整体为高丰度页岩，在主力凹陷区内TOC一般均大于2%，相对高的TOC含量在三肇北部到长垣南部出现一个高值带，沿朝长阶地为另一个高值带，在这两个高值带TOC一般大于3%，而在古龙和三肇凹陷南部TOC小于3%，在滨北地区TOC则一般多在2%以下（表14-1）。

层位	松辽盆地北部			三肇凹陷			古龙凹陷			齐家凹陷		
	TOC /%	"A" /%	S_1+S_2 /(mg/g)	TOC /%	"A" /%	S_1+S_2 /(mg/g)	TOC /%	"A" /%	S_1+S_2 /(mg/g)	TOC /%	"A" /%	S_1+S_2 /(mg/g)
K_2qn^1	2.84	0.42	16.37	2.84	0.6	16.95	2.47	0.55	7.66	2.56	0.44	15.25
层位	大庆长垣			宾县王府			朝阳沟阶地			黑鱼泡凹陷		
	TOC /%	"A" /%	S_1+S_2 /(mg/g)	TOC /%	"A" /%	S_1+S_2 /(mg/g)	TOC /%	"A" /%	S_1+S_2 /(mg/g)	TOC /%	"A" /%	S_1+S_2 /(mg/g)
K_2qn^1	3.15	0.503	20.43	3.15	0.48	20.5	3.76	0.445	22.7	2.05	0.184	12.13

嫩一段有机碳（TOC）含量为0.096%～13.55%，有机碳含量主要集中分布在0.5%～3.0%区间，平均值为1.88%。嫩一段有机碳含量最小值为0.096%，最大值为13.55%，充分反映了嫩一段有机碳含量的非均质性，与嫩一段时期沉积特点一致。有机碳高值区主要分布在齐家-古龙、三肇、朝长地区。

嫩二段有机碳（TOC）含量为0.102%～12.95%，有机碳含量主要集中分布在0.5%～3.0%区间，平均值为1.93%。嫩二段有机碳含量最小值为0.102%，最大值为12.95%，充分反映了嫩二段有机碳含量的非均质性，与嫩二段时期沉积特点一致。有机碳高值区主要分布在齐家-古龙南部、三肇、滨北朝长等地区。

3. 有机质成熟度

松辽盆地青一段页岩镜质体反射率R_o在0.4%～1.3%，处于未熟到成熟演化阶段，总体上随深度的增加R_o逐渐增大，R_o=0.7%时对应的深度大约在1 500 m，R_o=1.0%对应的深度为2 000 m。青一段泥岩埋深大于2 250 m时，处于湿气阶段（R_o>1.3%），以生气为主。青一段页岩的有机质成熟度为0.4%～1.3%，其成熟区（R_o>0.7%）范围主要分布在齐家-古龙凹陷、三肇凹陷、黑鱼泡凹陷、长垣南及王府凹陷,而其他地区均处于未成熟-低成熟范围,R_o大于0.8%的页岩分布与R_o大于0.7%的基本相似。

与青一段热演化程度相比,嫩江组的热演化程度较低。嫩一段热演化程度R_o为0.4% ~ 0.8%;嫩二段热演化程度R_o为0.4% ~ 0.8%。嫩一段和嫩二段热演化程度小于1.3%,尚未进入湿气阶段,嫩一段页岩热演化程度在0.7% ~ 0.8%的分布区域较大,主要分布在松辽盆地北部齐家-古龙地区,其次为三肇地区。嫩二段热演化程度在0.7% ~ 0.8%的分布区域较小,主要分布于松辽盆地北部齐家-古龙地区。从嫩一段和嫩二段页岩有机质成熟度的数值分析,松辽盆地北部嫩一段和嫩二段,除齐家-古龙地区达到低成熟外,松辽盆地北部其他绝大部分地区的页岩处于未成熟阶段。

14.2.2   松辽盆地南部梨树断陷

1. 页岩类型及结构构造

梨树断陷页岩划分为6种岩石类型(表14-2),分别为纹层状页岩、层状硅质页岩、层状灰质页岩、层状页岩、块状页岩和炭质泥岩。

表14-2
梨树断陷不同类型页岩测井响应特征

岩石类型	自然伽马(GR)	自然电位(SP)	声波时差(AC)	电阻率	密度(DEN)	补偿中子(CNL)
纹层状页岩	中高	中低	高	中高	低	中高
层状硅质页岩	高	低	中	高	中	低
层状灰质页岩	中	高	中高	低	低	高
层状页岩	中高	中	中高	中高	中	中高
块状页岩	低	低	低	中	高	低
炭质泥岩	中低	低	中	中低	低	中

2. 矿物组成及特征

梨树断陷营一段页岩黏土矿物含量多分布在39.6% ~ 65.8%,脆性矿物含量也相对较高,多分布在32.1% ~ 50.5%,平均值为43.3%,苏家屯地区梨2井脆性矿物含量平均为43.7%（图14-8），岩石可压性较好。

　　沙二段页岩脆性矿物含量为19.2%～60%，平均值为38.6%，其中SW332井2 989.3 m页岩脆性矿物含量最高，达60%，梨2井脆性矿物含量分布在30%～35%，苏家屯地区脆性矿物含量平均为43%，可压性较好（图14-9）。

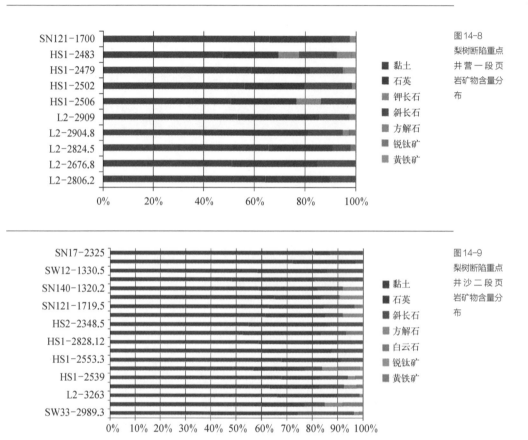

图14-8 梨树断陷重点井营一段页岩矿物含量分布

图14-9 梨树断陷重点井沙二段页岩矿物含量分布

3. 有机质特征

1）有机质类型

　　根据岩石热解分析资料对干酪根的划分结果，梨树断陷营城组干酪根类型为II_1型+II_2型+III型，以II_2和III干酪根为主（图14-10），沙河子组干酪根类型以II_2型和III型为主（图14-11）。

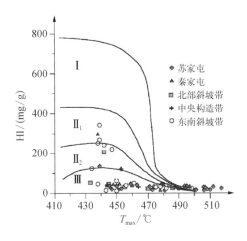

图14-10 梨树断陷
沙河子组岩石热解
有机质类型

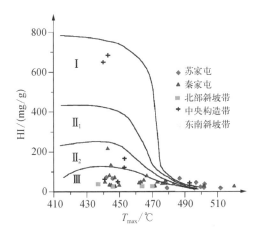

图14-11 梨树断陷
营城组岩石热解划
分有机质类型

2）有机碳含量及其变化

从梨树断陷营城组及沙河子组页岩实测有机碳及氯仿沥青"A"含量来看（表
14-3）：营城组一段Ⅱ泥组页岩TOC实测分布范围为0.06% ～ 5.03%，平均值为
1.062%，氯仿沥青"A"含量平均值为0.33%，热解"S_1"含量平均为0.07 mg/g；营城
组一段Ⅰ泥组页岩TOC实测分布范围为0.26% ～ 12.01%，平均值为1.96%，氯仿沥
青"A"含量平均值为0.19%，热解"S_1"含量平均为0.13 mg/g；沙二段页岩TOC实测

分布范围为0.11%～8.2%，平均值为1.45%，氯仿沥青"A"含量平均值为0.404%，热解"S₁"含量平均为0.17 mg/g。氯仿沥青"A"及热解"S₁"含量较有机碳反应的生烃潜力低，这可能主要是由于梨树断陷热演化成熟度普遍较高造成的。

表14-3
梨树断陷页岩
有机质丰度统
计

层　段	岩　性	有机碳含量/%	沥青"A"含量/%	S_1含量/(mg/g)
营一Ⅱ页岩段	泥　岩	$\dfrac{0.06\sim5.03}{1.062(39)}$	$\dfrac{0.011\,8\sim1.150\,6}{0.33(10)}$	$\dfrac{0.01\sim0.28}{0.07(24)}$
营一Ⅰ页岩段	泥　岩	$\dfrac{0.26\sim12.01}{1.96(95)}$	$\dfrac{0.016\,4\sim0.352}{0.19(12)}$	$\dfrac{0.01\sim0.51}{0.13(40)}$
沙二段	泥　岩	$\dfrac{0.11\sim8.2}{1.45(52)}$	$\dfrac{0.016\,4\sim4.323}{0.404(16)}$	$\dfrac{0.01\sim1.22}{0.17(52)}$

　　营一段Ⅱ泥组TOC主要分布在0.5%～2.3%，TOC大于1.0%的区域主要分布在桑树台洼陷、苏家屯次洼和双龙次洼局部地区，其余地区多在1.0%以下；营一段Ⅰ泥组有效页岩（TOC>0.5%）分布范围有所扩大，大于1.0%的区域也增大，桑树台深洼区和苏家屯次洼中心区TOC含量达到2.0%以上，七棵树和秦家屯局部地区TOC也达到1.0%以上；沙二段有效页岩分布范围更大，基本全区TOC均大于0.5%，TOC大于2.0%的区域主要分布在桑树台深洼区、双龙次洼中心区及七棵树地区，TOC在1.0%～2.0%的区域分布在桑树台洼陷大部、苏家屯次洼西南、太平庄、七棵树及河山井区附近，此外，双龙次洼绝大多数地区TOC也达到1.0%以上。

　　3）有机质成熟度

　　营一段页岩成熟度均较高，R_o值达到1.7%～2.3%，进入大量生气阶段，具备较大的页岩气勘探潜力，这种成熟度特征与目前苏家屯次洼内分布的油气特征较为一致。东南斜坡带秦家屯地区，河山1、河山2井页岩有机质R_o相对较低，主要分布在0.65%～0.9%，以生油为主。

　　营一段有效页岩分布范围内，R_o主要分布在0.5%～2.0%，其中R_o大于1.3%的区域主要分布在桑树台洼陷、八屋、十屋及苏家屯次洼西南部苏2井附近，表明这些地区页岩热演化程度较高，已进入高熟-过熟演化阶段，以生气为主；而斜坡部位、苏家屯次洼大部和双龙次洼页岩R_o多在0.5%～1.3%，以生油为主。沙河子上部页岩R_o分布延续了营一段的分布趋势,只是进入生烃门限和生气门限范围内的分布范围有所扩大,研究区有效页岩分布范围内的页岩R_o基本均在0.5%以上,R_o大于1.3%的区域除营一段分布范围外,七棵树地区SW8井区附近页岩也进入大于1.3%的范围,进入生气阶段;斜坡部位、双龙次洼及苏家屯次洼大部页岩R_o主要分布在0.5%~1.3%,以生油为主。

14.2.3 松辽盆地南部长岭地区

1. 页岩类型及结构构造

长岭地区页岩划分为5种岩石类型(表14-4),分别为纹层状油页岩、纹层状灰质泥岩、层状-纹层状泥岩、块状-层状灰质泥岩和块状页岩。

表14-4
长岭地区不同
页岩岩石类型
测井响应特征

岩石类型	分布层位	自然伽马(GR)	自然电位(SP)	声波时差(AC)	电阻率	密度(DEN)	补偿中子(CNL)
纹层状油页岩	嫩一段顶部	高	无幅度	高	高	中低	中
纹层状灰质泥岩	嫩一段	中高	无幅度	高	中	低	高
层状-纹层状泥岩	嫩二段下	低	无幅度	中	中低	中低	中
块状-层状灰质泥岩	嫩二段上	中	无幅度	中	中低	中高	中低
块状页岩	青一段顶部	高	上扬	低	中高	高	低

2. 矿物组成及特征

长岭地区不同层位及同一层位不同地区之间页岩矿物含量组成不尽相同。腰南5井嫩一段页岩均以黏土矿物为主,黏土矿物含量为45%~55%,石英矿物含量约为30%,长石含量一般为10%~12%,方解石含量为2%~10%,另外含少量菱铁矿、黄铁矿及重晶石。腰英台地区腰南4井青一段页岩黏土矿物含量高,平均为55.4%,石英含量为20%~30%,斜长石含量为15%~20%,其余矿物含量较少。所图地区仙1井青一段页岩黏土矿物含量相对较低,平均为33.6%,石英含量相对对较低,在

10% ～ 15%,硅酸盐矿物方沸石矿物含量在10% ～ 15%,斜长石和碳酸盐矿物含量较高,均在10% ～ 25%;其次为黄铁矿,含量一般在5% ～ 10%(图14-12)。综合看来,嫩一段及青一段页岩脆性矿物含量均较高,都在35%以上,岩石可压裂改造性较好。

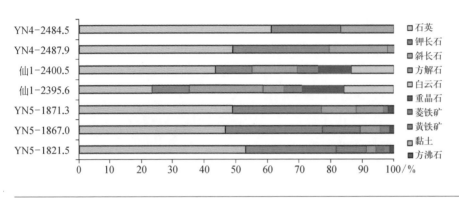

YN4-2484.5
YN4-2487.9
仙1-2400.5
仙1-2395.6
YN5-1871.3
YN5-1867.0
YN5-1821.5

0 10 20 30 40 50 60 70 80 90 100/%

□石英
■钾长石
□斜长石
□方解石
□白云石
■重晶石
■菱铁矿
■黄铁矿
□黏土
■方沸石

图14-12
长岭地区嫩一段和青一段顶部页岩矿物含量组成直方图

3. 有机质特征

1)有机质类型

长岭地区4口井的嫩一、二段和青一段富有机质页岩的热解氢指数(HI)和T_{max}判别有机质类型图(图14-13)和腰南5井嫩一、二段页岩氢氧指数关系(图14-14)可

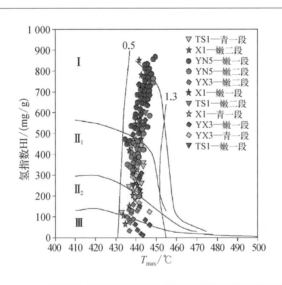

I
0.5
II$_1$
1.3
II$_2$
III

氢指数HI/(mg/g)
1 000
900
800
700
600
500
400
300
200
100
0
400 410 420 430 440 450 460 470 480 490 500
T_{max}/℃

▽ TS1—青一段
★ X1—嫩二段
● YN5—嫩一段
● YN5—嫩二段
◆ YX3—嫩二段
★ X1—嫩一段
▽ TS1—嫩二段
☆ X1—青一段
● YX3—嫩一段
◇ YX3—青一段
▼ TS1—嫩一段

图14-13
长岭地区四口井嫩一、二段和青一段页岩热解氢指数(HI)和T_{max}判别有机质类型

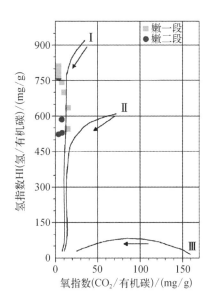

图 14-14　长岭地区腰南 5 井嫩一、二段页岩氢氧指数判别有机质类型

以看出：嫩二段页岩有机质类型以 II$_1$、II$_2$ 型为主，兼有 I 型和少量的 III 型干酪根；嫩一段页岩有机质类型好，主体以 I 型为主，兼有少量 II$_1$、II$_2$ 型有机质；青一段页岩有机质类型从 I 型到 III 型均有分布，受沉积相控制，各类有机质类型在空间上呈现一定规律性变化，坳陷中心区域腰英台、黑帝庙及乾安、大安地区页岩地区有机质类型为 I 和 II$_1$ 型、正兰-黑帝庙-腰英台南有机质类型为 II$_1$ 和 II$_2$ 型、正兰南-黑帝庙南-东岭有机质类型则为 III 型。

2）有机碳含量及其变化

三套含有机质页岩的 TOC 总体较高，绝大多数样品的实测 TOC 均在 0.5% 以上。嫩二段 88 个页岩样品中有 81.8% 的样品 TOC 达到 1.0% 以上，其中 56.8% 的样品 TOC 处在 1.0%～2.0%，其余样品的 TOC 含量大于 2.0%，属于中碳页岩；嫩一段 133 个页岩样品中 98.5% 的样品实测 TOC 大于 1.0%，其中超过 70% 的样品 TOC 大于 2.0%，为高碳页岩，还有 21% 的样品 TOC 大于 4.0%，属于富碳页岩；青一段 26 个页岩样品中有 34.6% 的样品 TOC 处于 0.5%～1.0%，属于低碳页岩，另外有53.85%的样品的TOC在1.0% ～ 2.0%，其余11.5%的样品TOC大于2.0%，为中碳页岩。总体看来，嫩一段页岩有机质丰度最高，嫩二段及青一段页岩相对较低。

从三套富有机质页岩的TOC平面分布图来看：嫩二段富有机质页岩的TOC主要分布在1.0% ～ 2.2%，总体呈现从西南向东北逐渐增大的趋势，坳陷中心部位乾安-大安一带页岩TOC含量较高，大于2.0%，其他地区页岩TOC多在1.0% ～ 2.0%，有机质丰度中等；嫩一段页岩有机质丰度较高，几乎全区范围内都大于2.5%，在长岭、黑帝庙、乾安-大安一带TOC更高，大于4.0%；青一段顶部页岩TOC主体位于0.8% ～ 3.0%，总体呈现东高西低、北高南低的分布格局，乾安、大安、农安及松原地区页岩TOC均大于2.0%，生烃潜力较高。

3）有机质成熟度

嫩二段页岩成熟度总体较低，腰英台、所图、黑帝庙及大安一带页岩成熟度相对较高，超过0.7%；嫩一段页岩的成熟度分布与嫩二段类似，只是进入生烃门限的范围有所扩大，R_o大于0.7%的区域也有所扩大，主要集中在长岭以北、乾安以南及大安地区；青一段顶部页岩成熟度范围进一步扩大，西南部正兰、东部孤家店及松原一带也进入成熟区域，R_o大于0.7%的区域进一步扩大，主要集中在长岭以北、嫩江以南、SN191井以东、松原以西地区，腰英台、乾安地区页岩R_o最大演化至0.9%以上，进入生油高峰阶段。

14.3　　　储集性能

14.3.1　　　松辽盆地北部上白垩统青山口组

1. 储集空间及赋存方式

页岩储层以裂缝、薄层钙质、砂质或介形虫层条带等储集空间发育，水平微裂缝和垂直微裂缝发育（哈14井），具有"密集的裂缝网络"，与Pearsall页岩颗粒内"孔隙网络"孔隙结构类似。页岩气主要以吸附状态赋存于页岩孔隙中，而游离态气主要赋存于裂缝中。

2. 孔隙结构及特征

扫描电镜下，在青一段页岩储层发育段，页岩裂缝十分发育，扫描电镜观察发现，页岩发育密集的微裂缝、晶间微缝、粒间溶蚀孔、晶间微孔和石英次生等，组成"水平+垂直的裂缝网络系统"（图14-15～图14-17）。

图14-15 松辽盆地北部青一段页岩储层发育微裂缝和晶间微缝

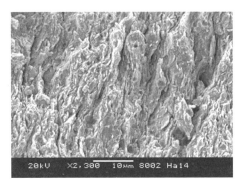

（a）泥岩水平缝发育（齐平1井）　　（b）石英、黄铁矿晶间微缝（齐平1井）

图14-16 松辽盆地北部青一段页岩储层发育粒间溶孔

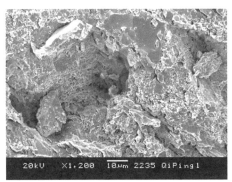

（a）粉砂岩粒间孔（齐平1井）　　（b）溶蚀微孔（10 μm×7 μm，哈14井）

页岩
矿物组

第14

图14-17
松辽盆地
北部页岩
青一段储
层石英晶
间 微 溶
孔、次生
石英发育

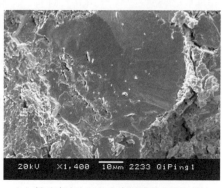

(a) 黑灰色泥岩石英颗粒内微溶孔(齐平1井)　　(b) 粉砂岩次生石英发育微溶孔(齐平1井)

3. 物性特征

青一段页岩孔隙度为2.84% ～ 5.25%, 平均为4.43%, 渗透率为(0.001 36 ～ 8.052 4)×10⁻⁴ μm², 平均值为9.18×10⁻⁵ μm²。岩石比表面分布在2.968 ～ 2.997 m²/g, 总孔体积为0.110 43 ～ 0.143 24 mL/g, 平均孔直径为6.254 ～ 9.254 nm。青一段页岩孔隙度和渗透率的实验测试结果与美国威德福实验室的测定结果具有很大的相似性, 属特低孔特低渗性储层。

4. 吸附能力

页岩等温吸附实验是评价页岩吸附能力的重要手段。青一段页岩层段$P5$、$P25$、$P50$、$P75$和$P95$概率条件下, 兰氏压力(p_L)的概率值为$P5=1.50$ MPa, $P25=1.30$ MPa, $P50=1.16$ MPa, $P75=0.98$ MPa, $P95=0.78$ MPa; 兰氏体积(V_L)的概率为$P5=2.31$ m³, $P25=2.04$ m³, $P50=1.94$ m³, $P75=1.86$ m³, $P95=1.70$ m³。

松辽盆地青一段暗色泥岩吸附气含量与有机碳含量的线性关系如图14-18所示。齐平1井和英29井钻遇的青一段页岩, TOC含量在1.8%~3.2%, 吸附气量在(1.5 ～ 2.0)m³/t, 且吸附气量与TOC之间存在较为明显的正相关关系, 暗色页岩中有机碳含量越高, 吸附气量越大。该特点与南方海相下古生界页岩相似, 页岩含气量与有机质含量之间存在正相关关系, 类似特点在北美地区Barnett页岩和Marcelles页岩中也有观察到。这也说明, 青一段页岩具有较好的页岩气形成条件。根据该线性关系, 建立松辽盆地青一段页岩中页岩气吸附量与有机碳含量关系式为: $G_{sc} = 0.35 \times TOC + 0.86$。

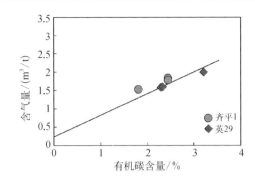

图 14-18 松辽盆地
青山口组一段吸附
气含量与有机碳含
量关系

14.3.2　松辽盆地北部上白垩统嫩江组

1. 储集空间及赋存方式

嫩江组嫩一段和嫩二段埋深接近,储层孔隙类型差异不大。扫描电镜下,嫩江组暗色页岩结构较为致密,见少量微孔隙,多在 1 ～ 3 μm,少量 4 ～ 5 μm,偶见微孔缝 5.5 μm × 18 μm。嫩一段孔隙度和渗透率测试结果显示,嫩一段页岩孔隙度为 3.65%,页岩渗透率为 1.573×10^{-5} μm²,属特低孔特低渗性储层(图 14-19、图 14-20)。

图 14-19
松辽盆地
北部嫩一
段页岩储
集空间微
观结构
(英 12 井)

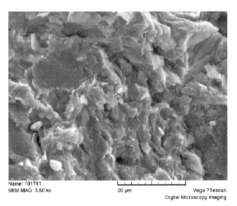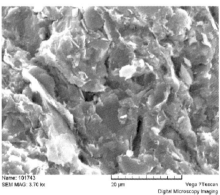

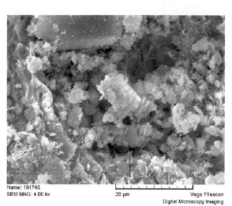

图14-20
松辽盆地
北部嫩二
段页岩储
集空间微
观结构(英
16井)

2. 物性特征

嫩二段孔隙度和渗透率测试结果显示,嫩二段页岩孔隙度为3.67% ~ 5.15%,平均为4.36%;页岩渗透率为$(0.54 \sim 6.515) \times 10^{-6} \ \mu m^2$,平均为$3.07 \times 10^{-6} \ \mu m^2$。根据储集条件评价标准,其物性条件属于1类-2类,储集条件相对较好,属特低孔特低渗性储层。岩石比表面分布在$3.237 \sim 3.542 \ m^2/g$,总孔体积为$0.077 \ 29 \sim 0.081 \ 28 \ mL/g$,平均孔直径为$7.245 \sim 7.448$ nm。

3. 吸附能力

对松辽盆地嫩二段暗色页岩进行等温吸附实验,并评价该段页岩的页岩气吸附能力和含气性。结果显示,嫩二段页岩层段$P5$、$P25$、$P50$、$P75$和$P95$概率条件下,兰氏压力(P_L)的概率为$P5=1.50$ MPa,$P25=1.30$ MPa,$P50=1.16$ MPa,$P75=0.98$ MPa,$P95=0.78$ MPa;兰氏体积(V_L)的概率值为$P5=2.31 \ m^3$,$P25=2.04 \ m^3$,$P50=1.94 \ m^3$,$P75=1.86 \ m^3$,$P95=1.70 \ m^3$。

由等温吸附曲线可以看出,松辽盆地嫩二段暗色页岩在较低压力阶段表现为较高的吸附气量,同时页岩吸附气量与有机碳含量之间关系密切,呈现出较为明显的正相关关系。有机碳含量越高,页岩样品等温吸附气含量越高(图14-21)。该特点与国内、北美地区主要的页岩等温吸附特征相似。实验得出,松辽盆地嫩二段暗色泥岩吸附气含量与有机碳含量关系式为: $G_{sc}=1.35 \times TOC+0.11$。

图 14-21
松辽盆地嫩
江组吸附气
含量与有机
碳含量关系

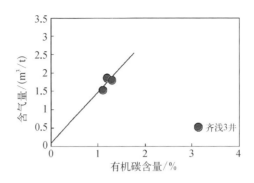

14.3.3 松辽盆地南部梨树断陷

梨树断陷苏2井营一段页岩孔隙度分布在0.89% ~ 5.8%,平均值为3.52%,3个样品测得的渗透率数据,最高为$1.54 \times 10^{-3} \mu m^2$,其他2个样品的渗透率较低,分别为$1.41 \times 10^{-5} \mu m^2$和$1.16 \times 10^{-6} \mu m^2$,具有相对较好的孔渗储集性能。

扫面电镜分析营一段页岩层间裂缝发育,且多被高等植物残体充填,黏土矿物顺层发育,高等植物残片多被炭化,内部微孔隙发育良好,炭屑内还发育超微孔隙,炭化孢子囊中内部微孔隙和气孔发育良好。此外,还在石英脉中常见块状沥青充填石英粒间孔隙,沥青颗粒间还残余有微孔隙发育,总体上具备较好的油气储集空间(图14-22)。

图 14-22
苏家屯次
洼 苏2井
营一段页
岩扫描电
镜图片

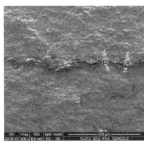

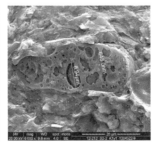

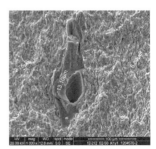

(a)层间缝　　　　　　(b)炭化孢子囊内部微孔隙和气孔　　　(c)高等植物残片内见微孔隙

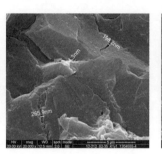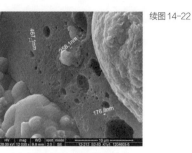

（d）高等植物残片炭化　　（e）沥青颗粒间残余微孔隙　　（f）炭屑内的超微孔隙放大

14.3.4　松辽盆地南部长岭地区

长岭地区腰南5井嫩二段3个页岩样品的孔隙度较高,分布在8.08% ～ 10.91%,平均值为9.52%,渗透率较低,平均值为7.68×10^{-7} μm^2；嫩一段 12 个页岩样品中四个样品的孔隙度大于4%,其余8个样品的孔隙度均小于1%,主要分布在0.1% ～ 0.5%,平均值为0.38%,2 个样品的渗透率分别为2.37×10^{-6} μm^2和4.27×10^{-6} μm^2。腰南5井嫩一、二段泥页层间缝、微裂隙、粒间孔、粒内微孔、有机质残屑内孔等均较发育,连通性好,为页岩油气形成聚集提供了良好的条件。

14.4　岩石可压性

14.4.1　松辽盆地北部上白垩统

（1）脆性指数

通过对齐平1井X射线衍射-岩石矿物含量结果显示,青一段钙质含量多为1% ～ 16.2%，长英质成分（脆性矿物）多为37% ～ 68.3%，黏土矿物多为15.5% ～ 57.5%。

（2）岩石力学性质

岩石的力学参数主要有：弹性模量E、泊松比v、剪切模量G、体积模量K等。徐家围子断陷3块沙河子组页岩样品进行了岩石力学参数测试，测得样品的静态参数（表14-5、图14-23）。

表14-5 岩心单轴岩石力学参数结果

序　号	样品编号	实验岩心编号	弹性模量/MPa	泊松比	抗压强度/MPa
1	DWFS-1	Liu1-1	15 515	0.129	80
2	DWXWZS-2	Liu1-2	11 081	0.065	36
3	DWXWZS-1	Liu2-6	16 866	0.106	49

图14-23 DWFS-1样品单轴岩石力学实验

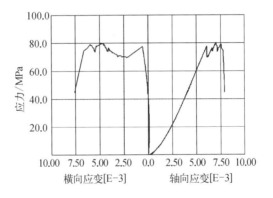

14.4.2 松辽盆地南部梨树断陷

通过公式计算梨树断陷营一段页岩脆性指数多分布在32.1% ～ 50.5%，平均值为43.3%，苏家屯地区梨2井脆性指数平均为43.7%，岩石可压性较好。沙二段页岩脆性指数为19.2% ～ 60%，平均值为38.6%。其中，梨2井脆性指数分布在

30% ～ 35%,苏家屯地区脆性指数平均为43%,岩石的可压性较好。

14.4.3　松辽盆地南部长岭地区

　　长岭地区不同地区、不同层位页岩的脆性指数不尽相同。腰南5井嫩一段页岩脆性指数分布在42% ～ 52%,腰南4井青一段页岩脆性指数分布在35% ～ 50%,所图地区仙1井青一段页岩脆性指数分布在30% ～ 55%。综合分析认为,嫩一段及青一段页岩脆性指数均较高,岩石可压裂改造性较好。

14.5　综合评价

　　松辽盆地青一段含气(油)页岩层段厚度大,平均厚度分别为40.50 m、43.11 m,分布稳定,面积分别可达16 588.09 km^2、21 271.84 km^2。含气页岩层段有机碳含量为1.50% ～ 12.55%,含油页岩层段有机碳含量为1.0% ～ 12.55%。含气(油)页岩层段热演化程度在0.5% ～ 1.5%,靠近湖盆中心可达2.0%,总体处于湿气阶段(R_o: 0.4% ～ 2.0%),与阿巴拉契亚盆地Ohio页岩气藏(R_o: 0.4% ～ 1.3%)、伊利诺斯盆地New Albany页岩气藏(R_o: 0.4% ～ 1.0%)热演化程度相近。页岩储层以裂缝、薄层钙质、砂质或介形虫层条带等为储集空间,发育(孔隙类型)。扫描电镜观察发现,水平微裂缝和垂直微裂缝发育(哈14井),具有"密集的裂缝网络",与Pearsall页岩颗粒内"孔隙网络"孔隙结构类似。页岩层系资源丰度高、资源潜力大,多井见到丰富的油气显示和气测异常,多井获得工业油流。页岩层段埋藏条件适中,其中含气页岩层段主体埋深1 200 ～ 2 400 m,含油页岩层段主体埋深900 ～ 2 400 m上覆地层较厚,与美国五大页岩层系埋深相当(800 ～ 2 600 m);同时,处于构造相对稳定区,无岩浆活动,无规模性通天断裂破碎带,因而保存条件较好。因此,是松辽盆地最有潜力的页岩层系。青一段页岩层系发育典型的"泥包砂"页岩地层组合,大套页岩与砂岩和粉砂岩夹层共同储气,与福特沃斯盆地Barnett页岩地层组合相似,易形成"混合岩性型"的页岩气藏。

松辽盆地北部嫩江组一段含气页岩有效厚度为30～50 m,平均厚度41.46 m,分布面积达9 709.79 km²,含油页岩有效厚度30～45 m,平均厚度为37 m,分布面积约15 195.58 km²;嫩二段含气页岩有效平均厚度33 m,分布面积2 622.82 km²,含油页岩层段有效厚度30～60 m,分布面积15 626.21 km²,具有形成规模页岩气(油)的物质基础。嫩一段含气页岩有机碳(TOC)含量1.50%～13.55%,含油页岩层段1.00%～13.55%;嫩二段含气页岩有机碳(TOC)含量1.50%～12.55%,含油页岩层段1.00%～13.55%。嫩一段含气页岩层段主体埋深800～1 800 m,含油页岩层段主体埋深300～1 800 m;嫩二段含气页岩层段主体埋深700～1 600 m,含油页岩层段主体埋深600～1 700 m。页岩层系发育典型的"泥包砂"页岩地层组合,大套页岩与砂岩和粉砂岩夹层共同储气,与福特沃斯盆地Barnett页岩地层组合相似。嫩一段含气页岩层段热演化程度R_o为0.7%～0.9%,含油页岩层段R_o为0.5%～0.9%,有机质以Ⅰ型和Ⅱ$_1$型为主;嫩二段含气页岩层段热演化程度R_o为0.7%～0.8%,含油页岩层段R_o为0.5%～0.8%,干酪根类型为Ⅰ$_1$型和Ⅰ$_2$型。与美国安特里姆页岩(R_o:0.4%～0.6%)页岩相比,页岩气资源潜力较大。

松辽盆地南部页岩的实测孔隙度多为3%～4%,有利于油气的聚集。梨树断陷脆性矿物含量总体与典型页岩气勘探区类似,压裂过程中易产生裂缝,而其沙河子组和营城组页岩层系中大量的粉砂岩、细砂岩或砂岩夹层、开启或未完全充填的天然裂缝也可提高储层渗透性,断层和裂缝带内渗透率性更强,是良好的页岩气储层。

第15章

东部断陷盆地古近系陆相领域

15.1　　　展布特征

断陷盆地是指断块构造中的沉降地块,又称地堑盆地。主要构造形式常见地堑和半地堑两种形式,断陷盆地横剖面多呈两侧均陡的地堑型,或一侧陡一侧缓的箕状型正断层。断陷盆地的内部可分为陡坡带、缓坡带和中部深陷带,沉降中心位于陡坡带坡底,沉积中心位于中部偏陡坡侧,凹陷内部还有主干断层控制的次级沉积中心和水下隆起分布。我国东部古近系的一些含油气盆地如渤海湾盆地、南襄盆地、江汉盆地、松辽盆地和苏北盆地等均属于断陷盆地。本书在参考全国页岩油气资源评价及选区研究成果的基础上,主要针对渤海湾盆地、南襄盆地、江汉盆地及苏北盆地的古近系陆相页岩进行分析和评价。

15.1.1　　　渤海湾盆地

渤海湾盆地新生界发育湖相暗色页岩,但在时空展布上存在差异。始新世发生三次较大规模的湖平面上升,孔店组、沙河街组和东营组均有页岩发育,形成了最大湖泛期的孔二段、沙四段上部和沙三段、沙一段页岩中有机质含量最高、也是区域内最主要的烃源岩。其中,沙三段沉积时水域面积最大、含有机质页岩厚度大、分布范围广,是渤海湾盆地最好的生油层系;沙四段含有机质页岩主要分布在济阳坳陷、下辽河坳陷和临清东濮凹陷;孔二段分布较局限,主要在黄骅坳陷南部和临清坳陷。

1. 济阳坳陷

济阳坳陷在始新世早期湖盆进入断坳阶段,构造运动相对稳定,湖盆持续下沉,气候温暖潮湿,古地形相对高差较小,有多条河流水系向湖泊注入,带来大量营养物质,湖生生物大量生长繁盛,发育了咸水-半咸水环境的沙四上亚段、沙一段和淡水环境的沙三下亚段、沙三中亚段暗色页岩,根据地震解释和钻井资料揭示,济阳坳陷页岩层主要赋存于古近系沙河街组沙四上亚段、沙三下亚段、沙三中亚段和沙一段。

沙四上亚段沉积时期湖泊逐渐形成,但各次洼分割性较强,水体较浅,主要为滨浅湖沉积,形成了砂泥岩-碳酸盐含量较高的蒸发岩地层,其中东营凹陷形成了一套以灰褐色钙质页岩、泥岩为主,夹薄层白云岩、泥质白云岩、碎屑白云岩、鲕状灰岩、油页岩和页岩为标志的典型的层间层理发育富含生物化石的咸水–半咸水湖相沉积。沙四上亚段页岩厚度相对较小,车镇凹陷、惠民的临南洼陷页岩厚度只有100 m左右;东营、沾化凹陷页岩厚度相对较大,一般在250～300 m;而惠民凹陷的滋镇、阳信洼陷的页岩厚度最大,可达350～400 m。

沙三下段沉积时期是强烈断陷期,在拉伸背景下基底快速沉降,形成了持续时间较长的深湖环境。沙三早期气候湿润,是湖域面积最大、水体最深的时期,随着湖盆下降,湖水加深,湖生生物大量繁盛,浮游生物及底栖生物均发育,组成生物富集层与页岩互层的韵律层,形成了一套厚度较大的油页岩、钙质页岩和灰色页岩,各次洼相互连通,形成了湖盆。暗色页岩"南薄北厚"的特征十分明显,东营、惠民凹陷含有机质页岩厚度通常在250 m左右。而沾化、车镇凹陷含有机质页岩厚度相对较大,其中车西、大王北、郭局子、四扣和渤南等洼陷含有机质页岩厚度均达到了400～450 m,五号桩和孤南、富林洼陷含有机质页岩厚度相对较小,但也在300 m以上。

沙三中段继承了沙三早期的特征,是湖盆稳定沉降期,沉积形成了钙质页岩和含有机质暗色页岩,但不同凹陷略有差异。东营凹陷的利津、民丰和牛庄洼陷厚度最大,页岩厚度一般约400 m,最厚可达500 m;博兴洼陷相对较薄,页岩厚度在300 m左右。惠民凹陷以临南洼陷厚度最大,页岩厚约250 m。而沾化、车镇凹陷页岩厚度较小,次级洼陷的页岩厚度通常只有150 m左右。

沙一下亚段沉积时期,气候潮湿,基底再次下沉,湖水扩张又一次形成水域广阔、沉积环境稳定的咸化、半咸化环境的较深湖相沉积,由下到上分别由白云岩、泥质白云岩、油页岩、钙质页岩和含有机质页岩组成。含有机质页岩总体特征是北厚南薄、东厚西薄。其中,以车西、大王北、渤南和五号桩等洼陷最厚,厚度均在400 m以上;而东营凹陷、惠民凹陷则相对较薄,东营凹陷以利津、博兴洼陷厚度最大,厚度在250 m左右;惠民的临南洼陷最薄,其暗色泥岩厚度只有150 m左右。

2. 东濮凹陷

临清坳陷以沙三段为主要含有机质页岩层,其次为沙四段、沙一段,页岩厚度在60～1 000 m。

东濮凹陷为典型的古近系断陷湖盆,沉积了厚达6 500 m的下第三系湖相砂泥岩与含盐组合。根据地震解释和钻井资料揭示,页岩层主要赋存于古近系沙河街组沙四上亚段、沙三段和沙一段。其中,沙三段是东濮凹陷主要的含有机质页岩发育层系,具有形成页岩油气藏的良好条件。

东濮凹陷发育有五个次级含有机质页岩沉积洼陷:濮城-前梨园洼陷、柳屯-海通集洼陷、葛岗集洼陷、南何家-孟岗集洼陷和观城洼陷。其中,北部的濮城-前梨园洼陷与柳屯-海通集洼陷长期大幅度、继承性沉降,含有机质页岩沉积厚度大,是最有利的生油洼陷。而葛岗集洼陷在第三纪中期大幅度沉降,晚期抬升;南何家-孟岗集洼陷早期沉降幅度小,晚期大幅度沉降。

沙三段为一套下细上粗的反旋回沉积,在中央隆起带厚度在1 500～2 500 m,在前梨园洼陷厚度达3 000 m以上。按照原勘探地质分层,沙三段由上而下划分为沙三^1、沙三^2、沙三^{3}及沙三^{4}四个亚段,其岩性剖面的突出特点是发育有三套盐岩沉积,Es$_3$盐间页岩有机质含量高,沉积厚度大,分布范围广,属于深湖-半深湖相沉积。

沙三^{3}亚段暗色页岩厚度一般在100～400 m,存在文留、胡状集、葛岗集、前梨园、马厂等多个沉积中心,最大沉积厚度可达300～400 m,凹陷北部观城及南部梁寨一带厚度较小,东部洼陷带厚度大于西部洼陷带。岩性主要为灰-深灰色泥岩及深灰色、灰色含膏页岩、白云质页岩、钙质页岩夹薄层褐色页岩。

沙三^{2}亚段沉积中心位于海通集-胡状集一带,在白庙和前梨园也存在两个次级沉积中心。凹陷南部脑里集-三里集一带厚度较薄。沙三^{2}上部含有机质页岩最厚处主要分布于东西两洼,最厚处可达400 m,大部分厚约100～300 m。岩性主要为褐色油页岩、含膏泥岩及薄层深灰色泥岩、钙质泥岩。沙三^{2}下部厚度分布不均,最厚处可达600 m,主要分布在柳屯-海通集洼陷带。

沙三^{1}亚段泥岩除西南部长垣-马厂一带厚度较薄外,其他地区厚度都大于100 m,其中又以前梨园洼陷厚度最大,达到400～500 m,在孟居一带厚度也较大,达到300 m,北部卫城-观城一带厚度在100～200 m。岩性以灰色、深灰色泥岩为主,部分夹灰色页岩、钙质页岩、油页岩。

沙一段含有机质页岩主要分布于北部的柳屯-海通集洼陷和前梨园洼陷。暗色泥岩厚度主要分布在100～200 m,岩性以油页岩、泥岩为主。

综合分析,东濮凹陷主要有沙三段和沙一段两套含有机质页岩。沙三^{2}亚段厚度最大,最厚处可达900 m,其次为沙三^{3}亚段;从整体来看,北部含有机质页岩厚度大于南部,西部洼陷带厚度大于东部洼陷带。

3. 冀中坳陷

冀中坳陷下第三系经历了三次区域性湖浸,分别是Es_4-Ek期、Es_3期和Es_1早期,其中沙三期和沙一早期是两次最大的湖浸期,由此形成了冀中坳陷下第三系三套含有机质页岩,并以饶阳、霸县、廊固三大凹陷为最佳生油区。

冀中坳陷廊固凹陷的主要生油岩系为沙三段、沙四段、孔店组,霸县凹陷以沙三段,饶阳凹陷以沙三段、沙四段、孔店组为主要含页岩层系,深县孔二段有机质含量最高,为主要生油岩系,其次为沙三段,晋县以孔店组、束鹿以沙三段、保定以沙四段-孔店组页岩有机质含量最高,为区域内主要生油岩系。冀中地区含有机质页岩发育厚度为200 ~ 2 000 m。

冀中坳陷Es_4段、Es_3段、Es_1段段泥岩分布范围广,岩性以黑色、灰黑色页岩为主,属于深湖-半深湖相沉积。钻探岩屑表明该层段页岩含油性较好。其中Es_4段黑色含有机质页岩厚度平均为50 ~ 700 m,西厚东薄,保定、廊固、晋县3个洼陷最大,为100 ~ 1 000 m,底部埋深2 700 ~ 8 000 m。Es_3段页岩厚度平均为50 ~ 800 m,东厚西薄,饶阳、霸县、廊固3个洼陷沉积厚度最大,为100 ~ 800 m,底部埋深为2 000 ~ 7 000 m。Es_1段页岩主要分布在东部的饶阳、霸县、深县、束鹿洼陷,页岩厚度平均在50 ~ 500 m,底部埋深在2 000 ~ 3 600 m。

4. 黄骅坳陷

黄骅坳陷含有机质页岩发育层段主要为沙河街组、孔店组,也是区内主要的生油层,属于深湖-半深湖相沉积,厚度为700 ~ 2 500 m。含有机质页岩在岐口、板桥凹陷主要发育在沙河街组三段、二段;其次为孔店组二段、一段;再次为沙河街组一段河二段至三段。

Es_3段页岩主要分布在北部的岐口、板桥凹陷及西南部沧州凹陷,平均厚度为10 ~ 1 600 m,北厚南薄,岐口洼陷厚度最大,最厚达1 600 m。Es_2段泥岩分布有限,主要分布在北部的岐口、板桥凹陷,含有机质页岩厚度平均为10 ~ 400 m,岐口洼陷最大,达400 m。Es_1段页岩分布面积较大,主要分布在北部的岐口、板桥、北塘凹陷及西南部盐山凹陷。Es_1中段含有机质页岩厚度平均为10 ~ 400 m,板桥洼陷最大,达400 m。Es_1下段含有机质页岩厚度平均为10 ~ 400 m,岐口洼陷最大,达400 m。

15.1.2 南襄盆地

南襄盆地为燕山晚期开始形成的中、新生代陆相山间断陷盆地,沉积盆地周缘受到断层的控制,总面积约 17 000 km²,盆地内包括泌阳、南阳和襄枣凹陷,凹陷的沉积厚度、分布面积、生油条件及油气富集程度差异较大。

泌阳凹陷位于河南省南部的唐河县和泌阳县,是南襄盆地中的一个次级凹陷,沉积厚度大(最大可达 9 000 m),自下而上划分为玉皇顶-大仓房组、核桃园组及廖庄组,其中核桃园组是晚始新世湖盆稳定沉积阶段的产物,以较深湖相灰色泥岩、砂岩为主,夹白云岩,为凹陷的主要含有机质页岩发育层系。泌阳凹陷古近系自上而下主要发育了渐新统廖庄组、核桃园组、大仓房组和玉皇顶组。

古近系廖庄组厚 0 ～ 720 m,分上、下两段。下段为棕红色含砾砂岩、砂岩与棕红、紫红和灰绿色泥岩、粉砂质泥岩互层,属河流冲积平原沉积。上段以灰绿、灰色泥岩、膏岩与棕红色泥岩互层为主,属于膏盐湖沉积。该组自下而上形成一个由粗变细的沉积旋回,与下伏地层整合接触。

古近系核桃园组厚 1 600 ～ 3 700 m,是泌阳凹陷的含油层系。根据岩石组合、沉积旋回及岩性特征,自上而下将核桃园组分为三段,即核一段、核二段、核三段。核一段厚 0 ～ 592 m,以灰-灰绿色泥岩为主夹油页岩和砂岩,沉积中心发育多层芒硝。核二段厚 112 ～ 943 m,为灰、深灰色泥岩、泥质白云岩夹灰褐色和浅褐色白云岩、页岩、砂岩和天然碱,上部灰-灰绿色泥岩增多。核三段厚 1 531 ～ 2 288 m,以灰黑色-深灰色泥岩为主夹泥质白云岩、白云岩和砂岩,顶部夹薄层天然碱和页岩及钙质页岩。核三段是泌阳凹陷的主力含油层系,根据沉积旋回和电性差别,又可进一步分为上、下两个亚段和 8 个砂层组。核桃园组是泌阳凹陷主要的生油与储集岩段。其中以核三段为主,核二段次之。

古近系大仓房组厚 300 ～ 1 000 m,为一套暗棕红色泥岩、砂质泥岩夹砂岩,其顶部泥岩中常见石膏晶体和斑块或薄夹层,向上灰色泥岩逐渐增多,与核桃园组呈过渡关系。该组与下伏玉皇顶组整合接触。

古近系玉皇顶组厚 2 000 ～ 3 000 m,以暗红色泥岩与浅棕红色沙砾岩为主,夹薄层紫红色泥岩、砂岩。

南阳凹陷内核桃园组是主要含油目的层,最厚约2 500 m。根据凹陷的沉积构造、油气藏分布特征以及现今的构造格局,可将凹陷划分为三个构造带,即北部斜坡带、中部凹陷带和南部断超带。南阳凹陷古近系最大厚度约为4 800 m,自上而下划分为廖庄组、核桃园组、大仓房组和玉皇顶组,构成一个完整的沉积旋回。

古近系廖庄组为凹陷回返上升期的沉积,为棕黄、紫红色泥岩及灰绿色砾岩、含砾砂岩、粗砂岩及泥质粉砂岩互层的"粗红"沉积。在其沉积末期,由于区域性抬升而遭受剥蚀,分布于南部边界断层附近。

古近系核桃园组为凹陷稳定下沉-回返初期的沉积,发育一套暗色泥岩和灰白色砂岩、粉砂岩,最大厚度在2 500 m左右,是南阳凹陷的主要生油和含油层系。

古近系大仓房组为凹陷早期沉积,末期开始向咸化湖泊相过渡。魏40井揭露的大仓房组最为齐全,其厚度约为1 225 m,下部为大段紫红、棕红色砂质泥岩夹薄层浅棕红色粉砂岩、砂岩;中部以厚层棕红色泥岩为主;上部为中厚层棕红、灰色泥岩夹浅灰色泥质粉砂岩、粉砂岩、泥质白云岩及少量泥灰岩,泥岩中有石膏团块。与玉皇顶组相比,大仓房组砂质减少,而泥质增多,顶部开始出现浅灰色、深灰色泥岩。

古近系玉皇顶组为凹陷活动初期沉积充填,仅南1井和魏40井等少数井揭露。上部为大段暗紫色泥岩、含砾泥岩夹薄层棕红色泥质粉砂岩;下部为多层暗紫、灰黄、棕色砾岩、砂质砾岩和含砾砂岩。

15.1.3　江汉盆地

江汉盆地的古近系主要发育了潜江组和新沟嘴组两套页岩油层系(图15-1),按其沉积相带分为陆相滨浅湖页岩油和陆相浅水三角洲页岩油。陆相滨浅湖页岩油分布潜江凹陷新生界下第三系潜江组和新沟嘴组。陆相浅水三角洲页岩油分布陈沱口凹陷新生界下第三系新沟嘴组、江陵凹陷新生界下第三系新沟嘴组及沔阳凹陷新生界下第三系新沟嘴组。陆相四个沉积凹陷中以潜江凹陷潜江组页岩油最为富集。

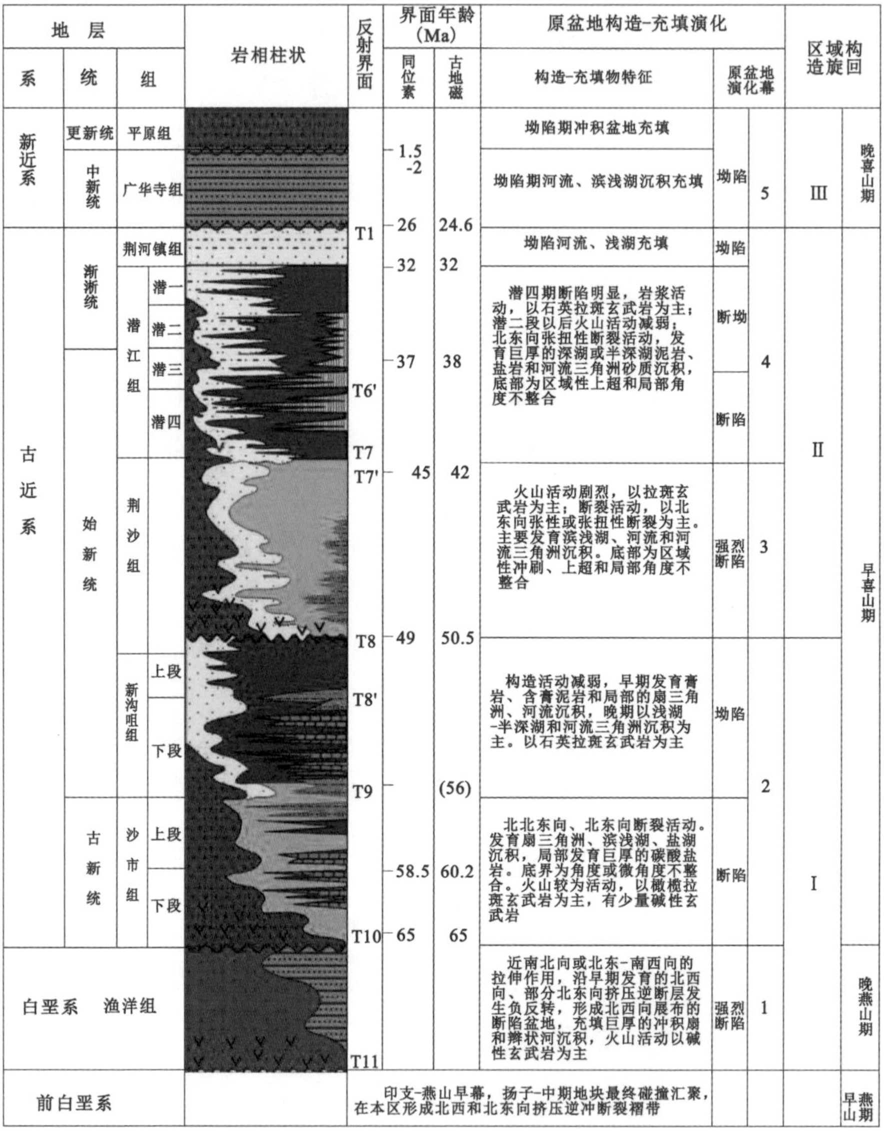

地 层			岩相柱状	反射界面	界面年龄（Ma）		原盆地构造-充填演化		区域构造旋回
系	统	组			同位素	古地磁	构造-充填物特征	原盆地演化幕	

地层·系	地层·统	地层·组	岩相柱状	反射界面	同位素	古地磁	构造-充填物特征	原盆地演化幕	区域构造旋回
新近系	更新统	平原组			1.5 -2		坳陷期冲积盆地充填	坳陷 5	晚喜山期 III
	中新统	广华寺组					坳陷期河流、滨浅湖沉积充填		
古近系	渐新统	荆河镇组		T1	26 32	24.6 32	坳陷河流、浅湖充填	坳陷	
		潜江组（潜一、潜二、潜三、潜四）		T6'	37	38	潜四期断陷明显，岩浆活动以石英拉斑玄武岩为主；潜二段以后火山活动减弱，北东向张扭性断裂活动，发育巨厚的深湖或半深湖泥岩、盐岩和河流三角洲砂质沉积，底部为区域性上超和局部角度不整合	断坳 4 断陷	早喜山期 II
	始新统	荆沙组		T7 T7'	45	42	火山活动剧烈，以拉斑玄武岩为主；断裂活动，以北东向张扭性或张性断裂为主。主要发育浅湖、河流和河流三角洲沉积。底部为区域性冲刷、上超和局部角度不整合	强烈断陷 3	
		新沟咀组（上段、下段）		T8 T8'	49	50.5	构造活动减弱，早期发育膏岩、含膏泥岩和局部的扇三角洲、河流沉积，晚期以浅湖-半深湖和河流三角洲沉积为主。以石英拉斑玄武岩为主	坳陷 断陷 2	
	古新统	沙市组（上段、下段）		T9 T10	58.5 65	(56) 60.2 65	北北东向、北东向断裂活动。发育扇三角洲、滨浅湖、盐湖沉积，局部发育巨厚的碳酸盐岩。底部为角度或微角度不整合。火山较为活动，以碱橄拉斑玄武岩为主，有少量碱性玄武岩	断陷 I	
白垩系		渔洋组		T11			近南北向或北东-南西向的拉伸作用，沿早期发育的北西向、部分北东向挤压性逆断层发生负反转，形成北西向展布的断陷盆地，充填巨厚的冲积扇和辫状河流沉积，火山活动以碱性玄武岩为主	强烈断陷 1	晚燕山期
前白垩系			印支-燕山早幕，扬子-中期地块最终碰撞汇聚，在本区形成北西和北东向挤压逆冲断裂褶带						早燕山期

图15-1 江汉盆地地层及生储盖组合

15.1.4　苏北盆地

　　苏北盆地的古近系含有机质页岩发育层系主要在阜宁组、戴南组和三垛组，各组厚度不同。阜宁组具粗-细-较粗-细两个正旋回四分性特征。苏北地区各凹陷和低凸起上广泛残留分布,盆地西缘有多处露头。沉积厚度受隆坳格局和大断裂控制,凹陷厚、斜坡薄,沉降中心在高邮凹陷。因后期剥蚀,地层保存不全,自凹陷向斜坡再到凸起残留地层渐老,残留渐薄,厚度在0～2 300 m。纵向上,岩性呈红-黑-灰-黑变化,全盆四分明显,横向发育稳定。沉积中心位于东部盐城-海安一线,暗色泥岩发育,砂岩薄细;西部受近物源影响,红粗层相对发育;洪泽凹陷为闭塞环境沉积了石膏-盐岩。

阜一段(E_1f^1)为棕色、棕褐色泥岩与浅棕色、灰白色细砂岩,粉砂岩不等厚互层,底部见含砾中砂岩,上部夹灰色泥岩,厚度在650 m;与下伏K_2t呈局部假整合-整合接触。

阜二段(E_1f^2)下部为灰黑色泥岩、灰质泥岩夹生物灰岩、鲕粒灰岩、粉细砂岩,中部灰黑色泥岩与泥灰岩、白云质灰岩、油页岩薄互层,上部灰黑色泥岩,地层厚度为280 m;本段是优质页岩发育段,岩电性标志明显,也是区域对比标志层;与下伏E_1f^1整合接触。阜二段除金湖凹陷西斜坡下亚段为砂岩外,整体为一套富含有机质的暗色页岩,具有厚度大、分布广的特征。阜二段富有机质页岩埋深相对较浅多小于2 400 m,凹陷深凹带埋深也相对较浅,除高邮和溱潼凹陷深凹带埋深大于4 000 m外,其他凹陷深凹带埋深均在3 000 m左右。

阜三段(E_1f^3)为灰、深灰色泥岩与灰色泥质粉砂岩、细砂岩不等厚互层,纵向具有粗-细-粗旋回特征,厚度在300 m;与下伏E_1f^2整合接触。阜四段(E_1f^4)下部为深灰色泥岩与同色粉砂质泥岩互层,岩电特征突出,为区域对比标志层;上部灰黑色泥岩夹同色薄层泥灰岩、泥云岩、油页岩,是主要优质页岩段。地层厚度350 m;与下伏E_1f^3呈整合接触。阜四段为一套半深湖-深湖相页岩,总厚度最大可达500余米,但是由于后期翘倾、剥蚀作用影响,凹陷和低凸起及隆起部位页岩厚度差异较大,相低凸起部位页岩厚度逐渐变薄。纵向上,富有机质页岩主要分布于阜四段上亚段,其厚度受剥蚀作用影响,自深凹带向斜坡带逐渐由250 m变薄。

阜四段埋深最浅,多在1 500～3 500 m。盐城凹陷和海安凹陷埋深最浅,多小于2 500 m;金湖凹陷次之,除龙岗次凹外,其他地区埋深均小于3 000 m;高邮凹陷深凹带埋深相对较大,大于3 500 m,局部可达4 000 m。

戴南组(E_2d)岩性具有粗-细-粗旋回两分性特征,中西部地区的凹陷在其主体和内斜坡部位有沉积, 东北部地区的凹陷大范围缺失, 仅个别次凹零星分布; E_2d^2 沉积范围比 E_2d^1 略大, 以高邮和金湖的深凹最为发育, 厚度为 0 ～ 1 530 m。本组岩性变化大, 西部粗红, 缺乏暗色泥岩标志层, 金湖仅深次凹小范围有, 高邮、溱潼暗色泥岩相对发育。戴一段 (E_2d^1) 中下部为灰、棕色泥岩与灰色细-中砂岩、含砾砂岩不等厚互层, 下粗上细; 上部为 4 ～ 5 层深灰色泥岩夹灰色细-中砂岩, 泥岩电性低阻特征突出, 为对比标志层, 地层厚度在 450 m; 与下伏 E_1f 不整合接触。戴二段 (E_2d^2) 为灰白、浅棕色不等粒砂岩与棕、紫红色不等厚互层, 间夹灰色泥岩, 纵向呈粗-细-粗的旋回沉积, 厚度为 550 m; 含有与 E_2d^1 相同的介形类、轮藻和孢粉组合。与下伏地层呈假整合-整合接触。

三垛组 (E_2s) 岩性具粗-细-粗旋回两分性特征。沉积范围较 E_2d 扩大, 东台坳陷水体统一, 但继承箕状格局, 凹陷主体厚、斜坡薄, 高邮深凹厚达 1 425 m。盐阜坳陷各凹陷沉积厚度小, 盐城凹陷最厚 830 m。全盆岩性变化较稳定, 总体呈 E_2s^1 "泥包砂"、E_2s^2 "砂包泥"; 西部略粗红, 东部沿盐城、海安地区灰色泥岩发育, 部分泥岩含膏, 并夹两套炭质泥岩。垛一段 (E_2s^1) 下部为灰色不等粒砂岩夹棕红、黑色泥岩, 黑色泥岩厚 10 ～ 20 m 具有高电导率特征, 是岩电标志层; 中部为棕红、咖啡色泥岩夹灰、浅棕色砂岩、黑色玄武岩; 上部为浅灰、棕红色砂岩夹棕红色泥岩。地层厚度 480 m; 与下伏 E_2d 假整合接触。垛二段 (E_2s^2) 以灰白、浅棕色中-厚层砂岩夹棕、棕红色泥岩, 厚度为 560 m; 与下伏 E_2s^1 局部假整合-整合接触。

15.2　矿物岩石学特征

15.2.1　页岩类型及结构构造

1. 渤海湾盆地

按照断块来看, 渤海湾盆地古近系富有机质页岩主要分布在济阳坳陷、东濮凹陷和冀中坳陷、黄骅坳陷和过河坳陷。

（1）济阳坳陷

沙一段、沙三、沙四段等多套页岩发育层系受物源、水动力条件、沉积水介质化学条件影响及成岩作用改造，纯页岩很少发育；陆源碎屑及碳酸盐矿物含量、产状变化，形成了岩石类型多样的特点。录井资料显示沙四段主要岩性为深灰色湖相泥岩与灰褐色油页岩，沙三段主要岩性为深湖相泥岩、页岩和油页岩，沙一段主要岩性为泥岩和页岩。目前的测试资料表明：岩石成分包括泥质、方解石、黄铁矿、炭质、砂质、白云石、磷质等，并可见薄壳介形虫片、脊椎动物等生物碎片；主要矿物组成为泥质、方解石和石英，三者之和常常超过岩石矿物组成的90%，其中泥质包括黏土矿物和黏土粒级石英等陆屑。总体看来，沙四段页岩岩性主要为泥岩、泥灰岩和灰岩，少部分是白云岩；沙三段主要岩性为泥岩、粉砂质泥岩、泥灰岩、灰泥岩，少量灰岩等；沙一段主要岩性为白云岩，其次为（含）灰质泥岩。

（2）东濮凹陷

沙三下亚段暗色页岩岩性主要为灰-深灰色泥岩及深灰色、灰色含膏泥岩、白云质泥岩、钙质泥岩夹薄层褐色页岩。沙三中亚段岩性主要为褐色油页岩、含膏泥岩及薄层深灰色泥岩、钙质泥岩。沙三上亚段泥岩岩性以灰色、深灰色页岩为主，部分夹灰色页岩、钙质页岩、油页岩。沙一段岩性以油页岩、泥岩为主。

（3）冀中、黄骅坳陷

沙河街组含有机质页岩岩性主要为灰-深灰色页岩、钙质泥岩夹薄层褐色页岩。

2. 南襄盆地

南襄盆地发育的页岩有五类，分别为泥质粉砂岩、粉砂质页岩、隐晶灰质页岩、重结晶灰质页岩及白云质页岩。这五类岩性代表着特殊的沉积环境，按照岩石矿物学可以分为两类：含泥硅质页岩、含泥碳酸盐质页岩。

含泥硅质页岩常呈灰色或灰黄色，岩心上纹层结构不明显，粒度明显较粗，触摸上去有颗粒感。其中，陆源粉砂和黏土整体含量较高，一般大于70%，且粉砂含量大于黏土，而碳酸盐含量较低。粉砂质页岩呈灰色或深灰色，颜色相对较浅，整体纹层发育，仅部分层段为3～5 cm块状夹层形式。碳酸盐含量较低，通常在20%以下，陆源碎屑的含量较高，粉砂和黏土整体含量大于70%，且黏土含量大于粉砂，粉砂含量一般在30%～35%，以石英和斜长石为主。

含泥碳酸盐质页岩常呈深灰色或灰黑色，方解石含量较高，平均大于25%，且黏土含量大于粉砂，有机质含量较高，主要呈纹层状构造。从岩心及薄片上均可看到明暗相间的纹层水平或波状分布。其浅色方解石层厚度较大，暗色富有机质层颜色较深，陆源碎屑含量较少，零星散布于黏土层中。白云质页岩在岩心上呈灰色，稍弱纹层状，块较整、少碎裂，遇盐酸反应不剧烈。其白云石含量达20%～25%，镜下常以隐晶状与黏土组分混杂呈透镜体状断续排列或呈层状略起伏波动，多以泥晶纹层状形式与方解石层及黏土层互层，偶见菱形自形白云石晶体孤立存在或断续成层。

3. 苏北盆地

苏北盆地古近系阜二段页岩基本是深灰色、黑色页岩，含有少量灰质成分。泥质以伊利石为主，具有重结晶特性。石英为主的粉砂零星分布；有机质和黄铁矿呈碎屑状、条纹状分布；介形类生屑顺层定向分布（图15-2、图15-3）。

图15-2 花2井阜二段
3 404.82 ～ 3 405.02 m
灰黑色页岩

图15-3 新朱1井阜二段
2 714.86 m硅质页岩

碳酸盐质页岩在苏北地区主要发育在阜二段和阜四段,为灰色、深灰色,页理较泥岩不发育,性硬,不易风化,属于静水的深湖-半深湖相沉积。碳酸盐成分以灰质为主,页岩节理发育较差,性硬质脆,泥晶方解石分布不均,层状富集或与泥质混杂分布。少量石英粉砂零星分布,泥质细粉砂条带状、斑状聚集;有机质呈条纹状、碎屑状分布。

阜二段底部发育较好的灰黄色油页岩。油页岩新鲜面为灰黑色,风化后略显灰色,弱油脂光泽,岩石较为疏松,能用指甲划出光滑的条痕,油页岩呈薄的叶片状或薄片状,可用小刀剥离出毫米级叶片,油页岩易碎,破碎后断口呈贝壳状。油页岩常可闻到沥青味。

15.2.2　矿物组成

1. 渤海湾盆地

济阳坳陷沾化凹陷四套页岩全岩矿物主要以碳酸盐为主,其次为黏土矿物,普遍含有石英和黄铁矿,碳酸盐含量均以方解石为主,其中沙四上亚段页岩碳酸盐含量最高、其次为沙三下亚段,沙三下亚段和沙四上亚段页岩方解石含量平均值在50%以上,沙三中亚段和沙一段页岩中方解石含量略低,但平均值均在30%以上。沙四上、沙三下、沙三中大部分样品中均含有一定量的白云石。四套页岩黏土矿物含量和石英均低于50%,沙三下亚段和沙四上亚段页岩均值均低于20%,低于沙一段和沙三中亚段。

与沾化凹陷相比,东营凹陷页岩矿物含量变化范围较大,总体碳酸盐含量较低、陆源碎屑含量和黏土矿物含量较高,值得注意的是,东营凹陷沙三中亚段黏土矿物含量相对较高,均值可达40%,其他各层系黏土矿物含量均值均在30%以下,具有较高的脆性矿物含量。

东濮凹陷沙三段矿物类型主要为黏土、石英、斜长石、方解石、白云石,其次是黄铁矿、硬石膏、菱铁矿,其中黏土含量主要分布在4.7% ～ 52.1%,平均含量为26.1%,含量小于30%的样品占多数。石英含量主要分布在3.5% ～ 25%,平均含量为15.67%。斜长石在每个页岩样品中均有分布，主要分布在2%～51.9%，平均含量为16.4%，不同深度的样品含量变化较大。方解石含量主要分布在1%～45.6%，其中，3 258.2 m段样品岩性为膏岩盐，方解石含量高达98%。白云石含量主要分布在1.1%～45%，平均含量为12.91%。其次，黄铁矿、菱铁矿、硬石膏发育于部分井段，含量较低。东濮凹陷沙三段脆性矿物类型主要为石英、方解石、白云石等碳酸盐岩矿物。脆性矿物含量主要分布在6.7%～72%，平均含量为43.84%，其中，脆性矿物含量大于40%的样品数为66.67%，具备较好的开发条件。东濮凹陷沙三段黏土矿物主要由伊利石、蒙皂石、伊/蒙混层、高岭石、绿泥石组成，其中伊利石含量分布在45%～81%，平均含量为64.5%。其次是伊/蒙混层，含量在17%～38%，平均含量为27.1%。蒙皂石含量在10%～20%，平均含量为16.5%。绿泥石和高岭石含量较少，平均含量分布在3.71%～7.25%。

2. 南襄盆地

泌阳凹陷深凹区页岩全岩X衍射分析表明，页岩石英、碳酸岩（方解石、白云石）、长石等脆性矿物含量较高，脆度大，具备进行页岩油气储层压裂改造的条件。脆性矿物成分主要有石英、斜长石、钾长石、铁白云石、方解石，部分样品含少量菱铁矿和黄铁矿，脆性矿物体积分数约占54%～78%。

南阳凹陷石英、碳酸盐、长石等脆性矿物与泌阳凹陷相比含量减少，根据现有资料，页岩层平均脆性矿物含量相对较高，达到52.93%～63.88%。

3. 苏北盆地

苏北盆地的三套页岩层系的全岩定量的分析结果表明，页岩层系的石英+长石+黄铁矿的含量在23%～38%，黏土矿物含量在31%～68%，而碳酸盐矿物含量在第三系页岩层系就呈明显增加趋势。通过统计和计算，其中泰二段、阜二段、阜四段的石英+长石+黄铁矿含量分别为23.3%～37%，黏土矿物含量为45.5%～56%，碳酸盐矿物含量为7%～21.3%。通过黏土矿物相对含量分析结果表明，苏北地区页岩层系的黏土矿物主要成分为伊利石和大量的伊蒙混层，含有少量的高岭石和绿泥石，不含蒙皂石。其中伊利石含量在12%～26%，平均值为12.3%，明显小于古生界页岩的伊利石含量；I/S则在71%～86%，平均值为77.5%；间层比则大部分超过50%，为无序间层。

15.2.3　有机地化特征

1. 渤海湾盆地

渤海湾盆地中的济阳坳陷沙四上、沙三下和沙一段页岩有机质均以Ⅰ型和Ⅱ₁型为主，富含藻类化石，是类型很好的湖相页岩，沙三中亚段页岩有机质类型相对较差，主要为Ⅰ型～Ⅱ₂型。

济阳坳陷沙四上亚段页岩有机碳含量主体为1.5%～6%，最高为10.24%，平面分布差异较大，其中东营凹陷有机碳含量最高；沙三下亚段页岩有机碳含量主体为2%～5%，最高为16.7%，全区分布；沙三中亚段页岩有机碳含量主体为1.5%～3%，最高为7.5%，全区分布；沙一段页岩主体为2%～7%，最高为19.6%，全区分布；不同层系页岩有机碳含量均有次洼边部向中部地区逐渐变好的趋势，相比而言，沙四上亚段、沙三下亚段和沙一段页岩有机碳含量高于沙三中亚段。

济阳坳陷沙三中、下亚段页岩镜质体反射率（R_o）主要在0.5%～1.3%，处于成熟阶段，沙四上亚段R_o在0.5%～1.6%，主体处于成熟演化阶段，部分地区埋深较大而进入高成熟演化阶段，沙一段页岩R_o在0.3%～0.7%，主要处于低熟–成熟阶段，其中车镇和沾化凹陷局部地区的沙一段页岩R_o大于0.5%，已进入成熟阶段，东营和惠民凹陷沙一段页岩R_o均小于0.5%，仅处于低熟阶段。

东濮凹陷不同地区含有机质页岩干酪根类型不同，其中濮城–前梨园洼陷沙三段页岩干酪根主要为Ⅱ₁型，其次为Ⅰ型，少量Ⅱ₂型，沙一段主要为以Ⅰ型为主；柳屯–海通集洼陷沙三段页岩干酪根以Ⅱ₁型为主；文留地区沙三段和沙一段页岩干酪根以Ⅱ₁型和Ⅰ型为主，极少的Ⅱ₂型；桥白地区沙三段页岩干酪根以Ⅱ₁和Ⅱ₂型为主，沙一段以Ⅱ₁型为主；马寨地区页岩干酪根以Ⅱ₂型为主，部分为Ⅱ₁型和Ⅲ型。

东濮凹陷含有机质页岩非均质性很强，不同层位页岩有机质丰度分布差别比较明显，同一层位泥岩样品中有机质丰度变化也很大，沙三段和沙一段页岩丰度均较高，其中沙三下亚段页岩中有机质含量最好，有机碳含量分布在0.14%～5.69%，平均值为1.36%；氯仿沥青"A"含量分布在0.001 4%～10.97%，平均值为0.290 4%；生烃潜量为0.05～68.53 mg/g，平均值为4.27 mg/g；总烃含量为12～63 582 μg/g，平均值为3 060 μg/g；其次为沙三中亚段和沙一段，沙三上亚段相对较差。

冀中坳陷孔店组大部分地区孔店组泥岩有机质类型主要以Ⅲ型为主,饶阳和晋县相对较好,主要为Ⅱ-Ⅲ型。沙四段含有机质页岩廊固凹陷、霸县凹陷干酪根类型以Ⅱ$_2$~Ⅲ型为主。沙三段、沙一段页岩干酪根镜类型主要为Ⅱ$_2$~Ⅱ$_1$型。

冀中坳陷孔店组页岩有机碳含量主要分布在0.4%~3.0%,大于1.0%的页岩占28%左右;氯仿沥青"A"含量主要分布在0.01%~0.3%,大于0.1%的占33%。其中在廊固凹陷有机质丰度相对最高,有机碳含量平均为0.79%,氯仿沥青"A"含量平均为0.053%;晋县次之,有机碳含量平均为0.58%,氯仿沥青"A"含量平均为0.001 909%。饶阳、霸县、深县、徐水、保定凹陷有机质丰度依次降低。沙四段页岩有机碳含量为0.3%~1.5%,属于贫碳-低碳页岩。廊固凹陷丰度较高,平均有机碳含量为1.0%~1.5%,霸县凹陷平均有机碳含量为0.3%~1.0%,属于贫碳-中碳页岩,保定、深县凹陷平均有机碳含量为0.5%~1.5%,氯仿沥青"A"含量平均为0.110%~0.192%,属于中碳页岩。沙三段页岩有机质丰度高,有机碳含量为0.5%~3.0%。饶阳、霸县凹陷有机质丰度相对最高,平均有机碳含量为1.0%~3.0%,氯仿沥青"A"含量分布在0.074%~0.154%,平均为0.105 6%,廊固、深县凹陷依序次之,属于中碳-高碳页岩。沙一段页岩分布局限,在本区沙河街组页岩层系有机质丰度较低,有机碳含量主要分布在0.3%~2.0%,最高可达2.15%,属于高碳页岩;饶阳凹陷平均有机碳含量为1.0%~2.0%,霸县有机碳含量为0.5%~1.0%,廊固丰度最低,有机碳含量为0.1%~0.5%,氯仿沥青"A"平均为0.025%,属于贫碳页岩。

冀中坳陷沙三段和沙四段页岩主体处于成熟、高成熟演化阶段;镜质体反射率R_o在0.8%~2.5%,沙四段在廊固达到4.0%,处于过熟阶段。沙一段整体处于成熟演化阶段,霸县、廊固凹陷演化到高成熟阶段R_o在0.5%~1.5%,为成熟页岩。

黄骅坳陷孔店南区孔二段干酪根为Ⅰ型(偏腐泥型),沙三段为Ⅱ$_1$型。在歧口凹陷除沙三段为Ⅰ型外,其余层系干酪根类型均属Ⅱ$_1$型;而板桥凹陷内沙二段、沙一段干酪根类型呈Ⅱ$_2$型,沙三段则属Ⅲ型(偏腐殖型),北塘凹陷,各层系干酪根类型则均属Ⅱ$_2$~Ⅲ型。

黄骅坳陷所有页岩层系中以孔二段有机质丰度最高,孔二段泥岩有机碳含量平均为3.10%,最高可达9.15%,为富碳页岩,而其平均烃转化率仅为6.25%,相对较低,高丰度、低转化率又决定了孔二段低成熟油的特征。沙三段页岩有机质丰度较高,有机碳含量为0.5% ~ 2.5%。歧口凹陷有机质丰度相对较高,有机碳含量为2.0% ~ 2.5%,为中碳页岩。板桥、孔南和北塘凹陷依序次之,但均属较好—好页岩之列。沙二段页岩分布较为局限,其中北塘地区出现大范围整体缺失。有机质丰度仍以歧口凹陷居优,有机碳含量为0.5% ~ 2.5%,属中碳页岩。沙一段页岩在本区沙河街组页岩层系有机质丰度最高,沙一段泥岩有机碳含量平均为0.5% ~ 5.0%,最高可达9.15%;在歧口凹陷内其有机质丰度是各层系中最高的,平均有机碳含量为2.12%,为中碳页岩,氯仿沥青 "A" 含量为0.262%,总烃含量达1 338 mg/kg,烃转化率为7.19%。

歧口凹陷、板桥凹陷沙三段页岩镜质体反射率R_o为0.5% ~ 2.5%,沙三段页岩有机质演化进入高成熟阶段,北塘和沧东-南皮凹陷沙三段页岩R_o为0.5% ~ 0.7%,生油岩热演化达到低成熟-成熟阶段。

2. 南襄盆地

南襄盆地泌阳凹陷页岩的干酪根类型以II_1型为主,II_2型次之,少量III和I型。南阳凹陷干酪根类型以混合型为主,大部分样品有机质属于II_1型和II_2型,个别样品为I型和III型。

泌阳凹陷有机质丰度多大于1%,最高>10%,属于中碳-富碳页岩。有机碳含量在纵向上的变化受原始有机质丰度和成熟度的影响,泌阳凹陷核桃园组有机质丰度以核三段III ~ IV砂组丰度较高,从IV砂组以下,随深度不断增加而降低,核三段IV ~ VIII砂组泥岩有机碳含量主要分布在0.5% ~ 2.0%,其中VI、VII及VIII砂组的有机碳含量处于中等。泌阳凹陷深凹区核三段底部有机质热演化程度R_o为0.8% ~ 1.7%,核三上段底部R_o为0.6% ~ 1.1%,为成熟页岩。

南阳凹陷核桃园组有机碳含量分布在0.10% ~ 3.62%,平均为0.62%,核桃园组中不同层段有机质丰度有所差异,TOC最高的层段位于中下部核二段,属于中碳页岩;下部核一段页岩有机质含量相对较低,为低碳页岩。平面上,南北方向上中-高碳页岩主要分布在南缘深凹陷带,向北有机碳含量逐渐减少;核三段TOC平面变化小,全区分布稳定;核二段平面差异大,东庄受断层控制增加。南阳凹陷页岩演化程度不高,基本上小于1.0%,成熟度自下而上逐渐降低。核三段II砂组埋深大,大部分地区进入生烃门限,尤其是西部地区,R_o值基本在0.5% ～ 1%,整个焦店地区的核三段Ⅱ砂组页岩已进入生烃期。

3. 苏北盆地

苏北盆地古近系页岩以Ⅰ型和Ⅱ型为主。苏北盆地三套陆相页岩层有机质丰度横向上变化不大,有机碳含量基本集中在0.5% ～ 1.5%,局部地区达到2.0%以上,属于中碳页岩。盆地中泰二段下部富有机质页岩主要分布在高邮东部和海安凹陷。阜二段有机碳含量大于1.5%的分布范围在各凹陷中的都比较大,总体上从东至西阜二段页岩有机碳有变差的趋势,体现了自西向东的物源方向;阜四段上部高邮和金湖凹陷地区为中碳页岩。苏北盆地泰二段富有机质页岩演化程度均较高,最高可达1.81%,但多小于1.3%,为成熟页岩,以生油为主。其中高邮凹陷、溱潼凹陷、盐城凹陷、海安凹陷的深凹带和斜坡带页岩R_o多大于0.5%,为低熟页岩。阜二段除高邮凹陷深凹带R_o大于1.0%达1.5%外,其他地区,包括高邮、金湖溱潼、盐城、海安、洪泽凹陷的深凹带和斜坡带页岩成熟度均小于1.0%,处于成熟阶段,主要以生油为主。阜四段页岩有机质成熟度更低,除高邮凹陷深凹带、金湖三河次凹和龙港次凹页岩成熟度相对较高达1%外,其他地区页岩成熟度多在0.5% ～ 0.7%,为低熟-成熟页岩,以生油为主。

15.3　储集性能

15.3.1　储集空间类型及赋存方式

1. 渤海湾盆地

据岩心观察、扫描电镜、薄片鉴定及荧光观察结果,受岩石全岩矿物组成及成岩作用影响,济阳坳陷页岩储集空间可分为微孔和裂缝,且以微孔为主,其次为裂缝。微孔主要为黏土矿物晶间、碳酸盐晶间微孔、黄铁矿晶间微孔及砂质微孔,孔径一般在 1 ～ 10 μm；黏土矿物主要为伊蒙间层矿物和伊利石，定向性强，因此晶间微孔均以片状为主[图15-4(a)]，大小多在5 μm以下。方解石以隐晶结构为主，部分为显微-微晶结构，常构成灰质纹层或与泥质矿物相混产出，局部见微细晶方解石纹层，偏光显微镜下可见灰质纹层亮晶方解石晶间含黑色沥青质[图15-4(b)]，最大可达50 μm，电镜下观察方解石晶间微孔常和黏土矿物微孔相互叠合[图15-4(c)]，因此也多在5 μm以下；黄铁矿呈草莓状集合体分散产出，晶形完好，发育微米以下级别的微孔隙；陆源砂质常分散于泥质之中或呈条带产出，电镜观察砂质条带见粒间微孔。

图15-4
页岩孔隙
型储集空
间

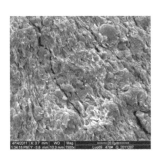  

(a) 罗69，3 039.60 m，片状微孔 　(b) 罗69，3 055.60 m，方解石晶 　(c) 罗69，2 992.60 m，方解石、
　　隙发育，见草莓状黄铁矿 　　　　间见沥青质 　　　　　　　　　　黏土及黄铁矿晶间微孔发育

　　裂缝按成因可分为成岩微裂缝和构造微裂缝两类，前者主要包括层间微裂缝和超压微裂缝（被亮晶方解石或白云石充填）；后者按照产状主要为斜交裂缝，尚见近垂直层面裂缝，按照充填程度可分充填型、半充填型和未充填型。层间微裂缝在不同成分纹层间发育[图15-5(a)(b)(c)]，宽度较窄，均在0.02 mm以下，但其重要意义在于发育潜在微裂缝而且容易顺层延续。超压微裂缝在页岩有机质生烃增压演化过程中，大量排水和各类阳离子，因此常引起矿物溶解及再沉淀，表现为重结晶的方解石晶体充填于增压过程中产生的顺层缝中[图15-5(d)]，重结晶的晶体常发育晶间孔缝。岩石在构造应力作用下形成裂缝系统，构造裂缝在岩心上观察缝面较平直，常见纹层错断现象。这些裂缝常被方解石充填，但镜下观察可见充填残余孔隙，并见充填有黑色沥青质[图15-5(e)]，为油气运聚证据。另外，偏光显微镜镜下尚见不规则未充填微裂缝[图15-5(f)]。

图15-5
页岩裂
缝型储
集空间

页岩
矿物岩石

第15

（a）罗69，3 095.16 m，顺层微
裂缝

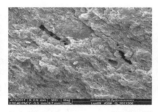

（b）罗69，3 029.18 m，层间微
裂缝

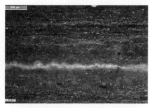

（c）罗69，3 035.18 m，微裂缝

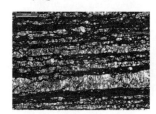

（d）罗69，3 060.62 m，超压缝
内充填亮晶方解石

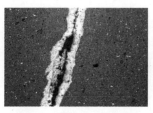

（e）罗69，3 077.35 m，方解石半
充填高角度斜交缝含油

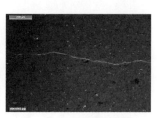

（f）罗69，3 021.05 m，灰质泥岩，
未充填微裂缝发绿色光

大量统计表明，随着泥岩中脆性矿物成分含量的增加，岩石的强度和脆性程度提高，则泥岩层中裂缝的密度增大，据渤南洼陷三套页岩全岩矿物组成分析测试数据来看，脆性矿物含量较高，易形成裂缝，据荧光观察可见部分裂缝和方解石晶间孔发绿色荧光，具有较好的含油性，裂缝在地下既是油气储集空间，同时连通了泥质岩本身的孔隙，通过裂缝网状系统连续分布，扩大了供烃范围，提高了储集层的渗流能力。

东濮凹陷沙三段储集空间可分为微孔隙和微裂缝两大类，其中孔隙空间可分为有机孔和无机孔。无机孔是主要孔隙类型，可分为黏土粒间微孔、晶间溶蚀孔和晶内溶蚀孔，有机孔主要发育收缩孔和溶蚀孔。充填状态主要为未充填和半充填，充填物主要为方解石和黄铁矿，主要孔径分布在50 nm ～ 1 μm，可对页岩油的储集和运移提供通道。

2. 南襄盆地

南襄盆地页岩天然微裂缝较发育，可见高角度缝、水平层理缝［图15-6（a）（b）］，部分裂缝被方解石、石英等矿物充填［图15-6（c）（d）］。另外，页岩储层的微孔隙主要是指基质孔隙，利用扫描电镜可观察到AS1井页岩微孔隙发育，主要以晶间孔的形式存在［图15-6（e）（f）］。

图15-6 安深1井
微孔隙、微裂缝薄片
及扫描电镜照片

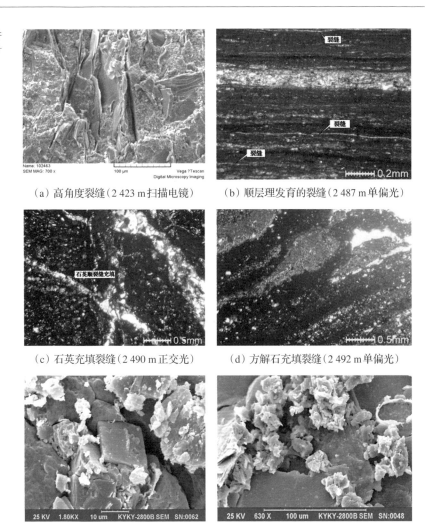

（a）高角度裂缝（2 423 m扫描电镜）　　（b）顺层理发育的裂缝（2 487 m单偏光）

（c）石英充填裂缝（2 490 m正交光）　　（d）方解石充填裂缝（2 492 m单偏光）

（e）晶间微孔隙发育（2 498 m扫描电镜）　　（f）晶间微孔隙发育（2 494 m扫描电镜）

3. 苏北盆地

根据苏北盆地古近系页岩的扫描结果的观察，该区的页岩内部普遍发育有有机生烃微孔隙、次生溶蚀微孔隙及微裂缝，为页岩气的储集空间奠定了一定的物质基础。其中，有机生烃微孔隙孔径虽小，但数量较多，呈蜂窝状，总体储气（油）含量可观；次生溶蚀微孔隙最大可达20 μm，且可以和相邻孔隙组合形成孔隙群，大大提高了储气含油能力；微裂缝分布较散，具体需要结合该区的构造来评价其储气能力。初步认为，苏北盆地古近系页岩中的有机生烃微孔隙及次生溶蚀孔隙为优质储集空间，而微裂缝为次优质储集空间。

15.3.2　孔隙结构和物性特征

1. 渤海湾盆地

利用煤油法对济阳坳陷中的沾化凹陷38块沙一段和53块沙三下亚段页岩取心进行孔隙度随深度变化分析，沙一段页岩样品埋深主要处于1 000～3 000 m，其孔隙度随埋深的增加而减小，孔隙度由20.7%减小到2.7%，而沙三下亚段页岩样品主要处于2 000～4 700 m，在2 000～3 000 m处，孔隙度由14.4%降到7%，但3 000 m以下，孔隙度则较为分散，孔隙度分布在1.2%～10%，在4 000 m以下，孔隙度主要在1.2%～5%。利用煤油法对东营凹陷92块沙四上亚段和60块沙三下亚段页岩岩心进行孔隙度分析测试结果与埋深关系可以看出，孔隙度随埋深增加而减小，但在埋藏大于3 000 m之后孔隙度值发生分异，部分样品随埋深增加而减小，而部分样品随埋深的增加而增大，沙三下亚段在2 800 m以下的有效孔隙度值分布在0.5%～19%，各层组页岩孔隙均有较大的差异，沙四上亚段有相同的演化趋势，2 800 m以下的有效孔隙度值分布在0.3%～12.8%，两个地区孔隙度随埋深变化关系表明深部页岩样品的有效孔隙度有其不同的演化趋势，在中、晚成岩作用过程中，大量生成了次生孔隙，次生孔隙的存在导致页岩孔隙度在相同埋深具有一定差异性，构成了油气的有利存储空间。

对东濮凹陷沙三段12块样品进行孔隙度分析测试，据测试结果，孔隙度分布在3%～14.24%，主要分布于3.5%～8%，平均值为7.7%。东濮凹陷沙三段有机质页岩渗透率分布在$(0.088\,89～4.42) \times 10^{-5}\ \mu m^2$，由于页岩较致密，渗透率整体偏低，处于超低渗型。页岩中发育的天然裂缝对渗透率影响较大，PS18-8井沙三段微裂缝较发育，渗透率相对其他微裂缝发育程度较测试岩心要好。东濮凹陷沙三段有机质页岩比表面积主要分布在3.23 ～ 31.77 m²/g,平均达16.32 m²/g。页岩气主要以吸附性的形式赋存,比表面积则是影响吸附气含量的主要因素之一。

2. 南襄盆地

泌阳凹陷深凹区样品分析测试结果表明,主要的孔隙类型为微米级晶间孔和纳米级的有机孔隙,根据泌页HF1井氩离子抛光扫描电镜分析,页岩孔隙一般在30 ～ 1 700 nm,平均为500 nm,属于小型孔隙(图15-7)。

图15-7 泌阳凹陷深凹区页岩储集空间显微照片

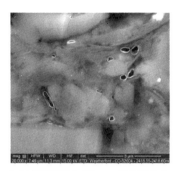 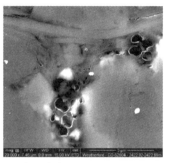

（a）有机孔隙 2 418.6 m 泌页HF1井 BSE　　（b）有机孔隙 2 422.9 m 泌页HF1井 BSE

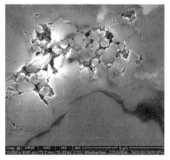 

（c）2 426.92 m 晶间孔隙 泌页HF1井BSE　　（d）2 426.9 m 泌页HF1井 有机孔隙 BSE

3. 苏北盆地

从苏北地区古近系的页岩岩心测试样品来看,页岩的孔隙度较低,孔隙度分布在0.27% ～ 1.28%,渗透率也极低,相比于美国五大含气页岩3% ～ 14%的孔隙度要小很多。

15.3.3 储集性能评价

1. 渤海湾盆地

渤海湾盆地及外围古近系页岩厚度大,有机质丰度高、类型好、成熟度分布范围宽,与北美页岩油气系统基本地质、地球化学参数相比具备形成页岩油气的物质基础。

渤海湾不同地区各套页岩镜质组反射率(R_o)均随埋深的增加而增大,以R_o为0.5%为成熟门限,R_o为1.3%为高成熟门限,渤海湾盆地中国石化矿权区大部分地区沙四上亚段和沙三段页岩已进入成熟演化阶段,各洼陷中部的局部地区进入高成熟演化阶段。从东营凹陷已发现油气的气油比随深度变化的关系可以看出,随深度增加,气油比增加。目前东营凹陷所发现的页岩油气主要以油为主,埋藏深度在2 800～3 400 m,其与东营凹陷含有机质页岩的演化具有较好的一致性,在此埋深,沙三下和沙四上亚段页岩均处于生油阶段,而在埋深大于4 000 m之下的利深101和新利深1井发现了气,其气油比与利用生烃动力学计算的页岩随成熟演化生成的气油比具有较好的对应关系;而罗家地区沙三下亚段埋藏深度在2 800～3 500 m,同样处于生油阶段,所发现的页岩油气也以油为主,而在渤南洼陷北部洼陷带的渤深5井,沙四上亚段埋深在4 491.89～4 587.33 m处的页岩发育段,中途测试,日产3 533 m³天然气,这表明有机质成熟度决定了页岩油气的赋存相态。

渤海湾盆地及外围页岩具有基质孔隙并且普遍发育微裂隙;全岩矿物组成中黏土矿物含量低于50%,普遍含石英,碳酸盐含量较高,具有一定的脆性,从而有利于页岩油气的开采。

渤海湾盆地为中新生界断陷湖盆,仅经历东营末期构造抬升运动,构造破坏作用相对较弱,加之盐岩发育等多种因素,都不同程度地分布着超压带,很容易形成一定规模的泥岩裂缝油气藏。又由于泥岩厚度大、盐岩封闭条件较好,从而有利于页岩油气的保存及成藏。

2. 南襄盆地

南襄盆地泌阳凹陷具备页岩油形成的良好条件,南阳凹陷具备页岩油形成的基本条件。南襄盆地页岩气资源量较少，主要是受热演化程度的影响，热成熟度较低，仅泌阳凹陷核三下段部分地区满足页岩气形成的条件，但是热演化程度高的地区，有机质丰度逐渐降低，因此整个南襄盆地的页岩气资源量相对较少。

3. 苏北盆地

通过对苏北地区已钻井油气显示、气测异常等统计表明，苏北盆地油气显示以页岩油为主，层位上以 E_1f^2 和 E_1f^4 为主。纵向上主要分布于 E_1f^2 下部和 E_1f^4 上部，受页岩有机质丰度控制，横向上主要分布于深凹带，受成熟度控制明显，受脆性矿物含量和构造裂缝发育程度控制。另外，含油页岩岩心观察表明，储集油气的泥岩裂缝主要以构造缝为主，含油裂缝主要以高角度或垂直层面的构造缝为主，受岩石力学性质（或矿物组成）和区域构造应力场控制。

15.4　　岩石可压性

渤海湾盆地古近系含有机质页岩时代新，相同埋深演化程度偏低（成熟-高成熟油阶段）、干酪根类型以Ⅰ型为主，生油主要以高密度、黏度及高蜡油为主，可动性差。陆相页岩相带变化快，非均质性强，增加了甜点预测的难度；时代新，埋藏较浅页岩成岩作用弱；石英含量低、碳酸盐岩含量高，脆性较差，可压性较差。

苏北盆地古近系三套富有机质页岩黏土含量为31%～68%，石英、长石等脆性矿物含量为13%～38%，碳酸盐矿物含量有明显的增加（6%～29%）。相对于古生界，中新生界富有机质页岩脆性矿物含量降低，黏土矿物组成中伊利石含量大幅减少，伊/蒙混层增多，其页岩气吸附能力及后期压裂造缝能力降低。页岩储集空间类型多样，主要有残余原生孔隙、次生溶蚀孔隙、片理孔、有机生烃形成的微孔隙、伊利石化体积缩小的微裂（孔）隙以及微裂缝等。

15.5 综合评价

东部断陷盆地古近系主要为湖湘沉积,暗色页岩主要发育在深湖-半深湖相凹陷沉积中心,发育的多套页岩主要特点是相变快、页岩厚度薄、层数多、累计厚度大,同时垂向上薄互层交替发育,变化频率较高。与此同时,东部断陷盆地以半地堑构造为主,没有明显的基底隆起或中央背斜带,背斜圈闭型构造相对较少,油气藏主要发育在以构造-岩性为特征的斜坡带或浅层断块群中。

渤海湾古近系沙三、沙四段湖相页岩是页岩油气发育的有利层系,具备形成页岩油气藏的物质基础、储集条件和资源潜力。其中沙三段沉积时水域最大,发育的页岩厚度大、分布范围广;沙四段富有机质页岩主要分布在济阳坳陷、辽河坳陷和东濮坳陷,各亚段黑色页岩厚度一般大于100 m。古近系黑色页岩有机质丰度一般大于2%,以富碳页岩为主,有机质类型主要以II_1型~III型为主,R_o一般为0.5%~2.0%。渤海湾盆地古近系发育的黑色页岩一般含有20%~45%的碳酸盐岩成分,储集空间以黏土矿物孔和有机质孔为主,其次发育一部分构造裂缝。在渤海湾盆地,古近系存在页岩油、页岩气两个领域,4 500 m埋深内以聚集页岩油为主。

泌阳-南阳凹陷深凹区核二-核三段页岩具有纵向厚度大、横向分布广、有机质丰度高、有机质类型好、热演化程度适宜、脆性矿物含量高、含油气性好等特征,具备优越的页岩油形成条件;泌阳凹陷核三下段由于埋藏较深、热演化程度较高,具备形成页岩气的有利条件。泌阳凹陷陆相页岩主要划分为5种岩相,其中粉砂质页岩及重结晶灰质页岩为页岩油有利岩相。页岩油储集空间类型多,赋存空间发育。深凹区页岩储层主要发育4种孔隙和3种裂缝的储集空间;既赋存于无机孔隙中,也赋存于有机孔隙中。

苏北盆地富有机质页岩主要发育在中、新生界泰州组二段、阜宁组二段、阜宁组四段,三套富有机质页岩有机质类型以I和II型为主;有机碳含量基本集中在0.5%~1.5%,局部地区达到2.0%以上,以富碳页岩为主;泰二段富有机质页岩演化程度较高,大多小于1.81%,最高可达1.81%;阜二段除高邮凹陷深凹带R_o大于1.0%、可达1.5%外,其他地区均小于1.0%,阜四段R_o大都介于0.5%~0.7%,深凹带可达1%。总体上,中、新生界页岩成熟度不高,处于成熟阶段,主要以生油为主。

江汉盆地黑色富有机质页岩主要发育在潜江组和新沟嘴组,页岩油资源潜力较大。潜江组沉积时期,古地貌表现为地形相对平缓,在高盐度、强蒸发、强闭塞还原环境,以及潮湿与干旱气候交替环境下沉积了盐系地层,纵向上呈现由盐韵律和砂泥岩层段交互的地层特点。其中潜江组富有机质页岩厚度一般为200～1 000 m,最厚位置大约在蚌湖向斜带;新沟嘴组富有机质页岩厚度一般为100～150 m,主要发育在江陵和潜江凹陷南部地区。页岩TOC含量一般为1%～2.5%,属于含碳-中碳页岩,R_o一般为0.5%～0.9%,属于低熟-成熟页岩。页岩矿物中石英和黏土矿物约占一半,另外还有部分白云石和方解石,表现为含碳碳酸盐岩质页岩。江汉盆地潜江组和新沟嘴组页岩储集空间类型以矿物颗粒孔隙(包括晶间孔、粒间孔、溶蚀孔)为主,也存在少量有机孔隙及微裂缝,泥质白云岩和白云岩孔渗条件最好,也具有相对较好的可压裂条件。综合评价认为,江陵凹陷和潜江凹陷的古近系潜江组页岩油资源潜力相对较大,含碳酸盐岩层较为发育的裂缝型、泥岩夹脆性岩层的储层是潜江组页岩油相对富集和有利的甜点。

参考文献

［1］刘宝珺.沉积岩石学.北京：地质出版社，1980.

［2］赵澄林，朱筱敏.沉积岩石学.北京：石油工业出版社，2001.

［3］冯增昭.黏土岩.北京：石油工业出版社，1982.

［4］姜在兴.沉积学.北京：石油工业出版社，2003.

［5］赵珊茸，边秋娟，凌其聪.结晶学及矿物学.北京：高等教育出版社，2004.

［6］《页岩气地质与勘探开发实践丛书》编委会.北美地区页岩气勘探开发新进展.北京：石油工业出版社，2009.

［7］《页岩气地质与勘探开发实践丛书》编委会.中国页岩气地质研究进展.北京：石油工业出版社，2009.

［8］任磊夫，陈芸菁.从黏土矿物的转变讨论沉积成岩到变质过程中的阶段划分.石油与天然气地质，1984（4）：325-334.

［9］戴永定，蒋协光，赵生才，等.生物化石钙质结构的分类与演化（连载）.地质科学，1977：3-4.

［10］Loucks R G, Ruppel S C. Mississippian Barnett Shale: Lithosfacies and depositional setting of a deep-water shale-gas succession in the Fort Worth Basin, Texas. AAPG Bulletin. 2007, 91(4): 579-601.

[11] Calvert S E. Deposition and diagenesis of silica in marine sediments. Spec. Pbul, 1974(1): 273–299.

[12] Zou C N, Jin X, Zhu R K, et al. Do shale pore throats have a threshold diameter for oil storage? Scientific Reports, 2015(5).

[13] 王淑芳, 邹才能, 董大忠, 等. 四川盆地富有机质页岩硅质生物成因及对页岩气开发的意义. 北京大学学报(自然科学版), 2014, 50(3): 476–486.

[14] 梁狄刚, 张水昌, 张宝民, 等. 从塔里木盆地看中国海相生油问题. 地学前缘, 2007, 7(4): 534–547.

[15] 马力. 中国南方大地构造和海相油气地质. 北京: 地质出版社, 2004.

[16] 邹才能, 朱如凯, 白斌, 等. 中国油气储层中纳米孔首次发现及其科学价值. 岩石学报, 2011, 27(6): 1857–1864.

[17] 邹才能, 董大忠, 杨桦, 等. 中国页岩气形成条件及勘探实践. 天然气工业, 2011, 31(12): 26–39.

[18] Slatt E M O, Neal N R. Pore types in the Barnett and Woodford gas shales: Contribution to understanding gas storage and migration pathways in fine grained rocks. AAPG Bulletin, 2011, 95(12): 2017–2030.

[19] Loucks R G, Reed R M, Ruppe S C, et al. Spectrum of pore types and networks in mudrocks and a descriptive classification for matrix-related mudrock pores. AAPG Bulletin, 2012, 96(6): 1071–1098.

[20] Neal R O' Brien. Fabric of kaolinite and illite floccules. Clays and Clay Minerals, 1971(19): 353–359.

[21] Neal R O' Brien. Microstructure of a laboratory sedimented flocculated illitic sediment. Canadian Geotechnical Journal, 1972(9): 120–122.

[22] Neal R O' Brien, Roger M S. Argillaceous Rock Atlas. New York: Springer-Verlag, 1990(1900): 141.

[23] Curtis M E, Ambrose R L, Sondergeld C H, et al. Structural characterization of gas shales on the micro and nano scales // Proceedings of Canadian Unconventional Resources and International Petroleum Conference. Society of Petroleum

Engineers, 2010.

[24] 于炳松.页岩气储层孔隙分类与表征.地学前缘,2013,20(4):211-220.

[25] 陈晓明,李建忠,郑民,等.干酪根溶解理论及其在页岩气评价中的应用探索.天然气地球科学,2012,23(1):14-18.

[26] Beugelsdijk L J L, De Pater C J, et al. Experimental hydraulic fracture propagation in a multi-fractured medium. SPE Asia Pacific conference on integrated modelling for Asset management. Society of Petroleum Engineers, 2000.

[27] Breyer J A, Alsleben H, Enderlin M B. Predicting fracability in shale reservoirs // AAPG Annual Conference and Exhibition: Making the Alext Giant Leap in Geosciences, 2011.

[28] Britt L K, Schoeffler J. The Geomechanics of a shale play: what makes a shale prospective. SPE eastern regional meeting, Society of Petroleum Engineers, 2009.

[29] Chong K K, Grieser W V, et al. A completions guide book to shale play development: a review of successful approaches toward shale play stimulation in the last two decades. Canadian unconventional resources and international petroleum conference. Society of Petroleum Engineers, 2010.

[30] Martin C D. Brittle failure of rock materials: test results and constitutive models. Canadian Geotechnical Journal, 1996, 33 (2): 378.

[31] Gale J F W, Reed R M, Holder J. Natural fractures in the Barnett Shale and their importance for hydraulic fracture treatments. AAPG bulletin, 2007, 91(4): 603-622.

[32] Jarvie D M, Hill R J, Ruble T E, et al. Unconventional shale gas system: The Middissippian Barnett shale of north-central Texas as one model for thermogenic shale gas assessment. AAPG bulletin, 2007(91): 475-499.

[33] Holt M, Fjaer E, Nes O M, et al. A shaly look at brittleness. 45th US rock mechanics/ geomechanics symposium. American Rock Mechanics Association, 2011.

[34] Mullen M, Enderlin M. Fracability index - more than just calculation rock properties.

Paper 159755 presented at SPE annual technical conference and exhibition, San Antonio Texas, USA, 8–10 October, 2012.

[35] Rickman R, Mullen M, Petre E, et al. A practical use of shale petrophysics for stimulation design optimization: All shale plays are not clones of the Barnett Shale. SPE Annual Technical Conference and Exhibition, Society of Petroleum Engineers, 2008.

[36] Rijken P, Cooke M L. Role of shale thickness on vertical connectivity of fractures: application of crack-bridging theory to the Austin Chalk, Texas. Tectonophysics, 2001, 337(1): 117–133.

[37] Sondergeld C H, Newsham K E, Conisky J T, et al. Petrophysical Considerations in Evaluating and Producing Shale Gas Resources. SPE unconventional gas conference. Society of Petroleum Engineers, 2010.

[38] Hucka V, Das B. Brittleness determination of rocks by different methods. International Journal of Rock Mechanics and Mining Sciences & Geomechanics Abstracts. Pergamon, 1974, 11(10): 389–392.

[39] 郭旭升.涪陵页岩气田焦石坝区块富集机理与勘探技术.北京: 科学技术出版社,2014.

[40] 蒋裕强,董大忠,漆麟,等.页岩气储层的基本特征及其评价.天然气工业,2010, 30(10): 7–12.

[41] 唐颖,邢云,李乐忠.页岩储层可压裂性影响因素及评价方法.地学前缘,2012, 19(5): 356–363.

[42] 赵金洲,许文峻,李勇明.页岩气储层可压性评价新方法.天然气地球科学, 2015,26(6): 1165–1172.

[43] 邹才能,董大忠,王社教,等.中国页岩气形成机理、地质特征及资源潜力.石油勘探与开发,2010,37(6): 641–652.

[44] 左中航,杨飞,张操,等.川东南地区志留系龙马溪组页岩气有利区评价优选.化工矿产地质,2012,34(3): 135–142.

[45] 于炳松.页岩气储层的特殊性及其评价思路和内容.地学前缘, 2012, 19(3):

252-258.

[46] 王社教,杨涛,张国生,等.页岩气主要富集因素与核心区选择及评价.中国工程科学,2012,14(6):94-100.

[47] 胡昌蓬,徐大喜.页岩气储层评价因素研究.天然气与石油,2012,30(5):38-42.

[48] 董丙响,程远方,刘钰川,等.页岩气储层岩石物理性质.西安石油大学学报(自然科学版),2013,28(1):25-28.

[49] 陈尚斌,夏筱红,秦勇,等.川南富集区龙马溪组页岩气储层孔隙结构分类.煤炭学报,2013,38(5):760-765.

[50] 张晓玲,肖立志,谢然红,等.页岩气藏评价中的岩石物理方法.地球物理学进展,2013,28(4):1962-1974.

[51] 张卫东,郭敏,姜在兴.页岩气评价指标与方法.天然气地球科学,2011,22(6):1093-1099.

[52] 陈安定.海相"有效烃源岩"定义及丰度下限问题讨论.石油勘探与开发,2005,32(2):23-25.

[53] 董大忠,程克明,王世谦,等.页岩气资源评价方法及其在四川盆地的应用.天然气工业,2009,29(5):33-39.

[54] Rickman R, Mullen M J, Petre J E, et al. A Practical Use of Shale Petrophysics for Stimulation Design Optimization: All Shale Plays Are Not Clones of the Barnett Shale. SPE Annual Technical Conference and Exhibition. Society of Petroleum Engineers, 2008.

[55] 曾庆全.银根盆地油气资源评价.石油勘探与开发,1987(4):36-47.

[56] 陈启林,卫平生,杨占龙.银根-额济纳盆地构造演化与油气勘探方向.石油实验地质,2006,28(4):311-315.

[57] 赵省民,陈登超,邓坚.银根-额济纳旗及邻区石炭系-二叠系的沉积特征及石油地质意义.地质学报,2010,84(8):1183-1194.

[58] 郭彦如,王新民,刘文岭.银根-额济纳旗盆地含油气系统特征与油气勘探前景.大庆石油地质与开发,2000,19(6):4-8.

[59] 吕锡敏,等.银根盆地基底构造特征及其控盆意义.煤田地质与勘探,2006,

34(1)：16-19.

［60］吴茂炳,王新民.银根-额济纳旗盆地油气地质特征及油气勘探方向.中国石油勘探,2003,8(4)：45-49.

［61］陈琰,张敏,马立协,等.柴达木盆地北缘西段石炭系烃源岩和油气地球化学特征.石油实验地质,2008,30(5)：512-517.

［62］段宏亮,钟建华,王志坤,等.柴达木盆地东部石炭系烃源岩评价.地质通报,2006,22：1135-1142.

［63］甘贵元,严晓兰,赵东升,等.柴达木盆地德令哈断陷石油地质特征及勘探前景.石油实验地质,2006,28(5)：499-503.

［64］黄成刚,陈启林,阎存凤,等.柴达木盆地德令哈地区油气资源潜力评价.断块油气田,2008,15(2)：4-7.

［65］李陈,文志刚,徐耀辉,等.柴达木盆地石炭系烃源岩评价.天然气地球科学,2011,22(5)：854-859.

［66］李守军,张洪.柴达木盆地石炭系地层特征与分布.地质科技情报,2000,19(1)：1-4.

［67］牛永斌,钟建华,段宏亮,等.柴达木盆地石炭系沉积相及其与烃源岩的关系.沉积学报,2010,28(1)：140-149.

［68］彭德华,陈启林,陈迎宾.柴达木盆地德令哈坳陷基本地质特征与油气资源潜力评价.中国石油勘探,2006,11(6)：45-50.

［69］邵文斌,彭立才,汪立群,等.柴达木盆地北缘井下石炭系烃源岩的发现及其地质意义.石油学报,2006,27(4)：36-39.

［70］文志刚,王正允,何幼斌,等.柴达木盆地北缘上石炭统烃源岩评价.天然气地球科学,2004,15(2)：125-127.

［71］杨超,陈清华,王冠民,等.柴达木地区上古生界石炭系烃源岩评价.石油学报,2010,31(6)：913-919.

［72］于会娟,赵磊,等.柴达木盆地东部地区古生界烃源岩研究.石油大学学报(自然科学版),2001,25(4)：24-29.

［73］张建良,李亚辉,等.柴达木盆地东部石炭系石油地质条件及油气勘探前景.石

油实验地质,2008,30(2):144-149.

[74]贾承造.中国塔里木盆地构造特征与油气.北京:石油工业出版社,1997.

[75]贾承造.塔里木盆地构造特征与油气聚集规律.新疆石油地质,1999,20(3):177-183.

[76]匡立春,唐勇,雷德文,等.准噶尔盆地二叠系咸化湖相云质岩致密油形成条件与勘探潜力.石油勘探与开发,2012,39(6):657-667.

[77]蔚远江,张义杰,董大忠,等.准噶尔盆地天然气勘探现状及勘探对策.石油勘探与开发,2006,33(3):267-273,288.

[78]吴孔友,查明,柳广弟,等.准噶尔盆地二叠系不整合面及其油气运聚特征.石油勘探与开发,2002,29(2):53-57.

[79]张义杰,柳广弟.准噶尔盆地复合油气系统特征、演化与油气勘探方向.石油勘探与开发,2002,29(1):36-39.

[80]袁明生,梁世君,燕烈灿,等.吐哈盆地油气地质与勘探实践.北京:石油工业出版社,2002.

[81]陕西省地质矿产调查局.陕西省区域地质志.北京:地质出版社,1982.

[82]付金华,郭正权,邓秀芹.鄂尔多斯盆地西南地区上三叠统延长组沉积相及石油地质意义.古地理学报,2005,7(1):34-44.

[83]朱富强.直罗油田马莲沟-八卦寺区滚动勘探开发目标评价.西安:西安石油大学,2009.

[84]张烨毓,周文,唐瑜,等.鄂尔多斯盆地三叠系长7油层组页岩储层特征.成都理工大学学报(自然科学版),2013,40(6):671-676.

[85]石东峰.直罗油田延长组勘探潜力评价[硕士论文].西安:西安石油大学,2012.

[86]成素琴.鄂尔多斯盆地富县探区地层划分与对比.内蒙古石油化工,2008(18):125-126.

[87]陈丹敏.鄂尔多斯盆地西南缘中生代构造演化及其对沉积的控制作用.青岛:山东科技大学,2009.

[88]刘岩,周文,邓虎成.鄂尔多斯盆地上三叠统延长组含气页岩地质特征及资源评

价.天然气工业,2013,33(3):19-23.

[89] 张海林,邓南涛,李强,等.鄂尔多斯盆地南部延长组烃源岩分布及其地球化学特征.兰州大学学报(自然科学版),2015,51(1):31-36.

[90] 商晓飞.鄂南富县地区中生界油气成藏主控因素与富集规律研究.青岛:山东科技大学,2011.

[91] 鲍志东,管守锐,李儒峰,等.准噶尔盆地侏罗系层序地层学研究.石油勘探与开发,2002,29(1):48-51.

[92] 陈建平,赵长毅,王兆云,等.西北地区侏罗纪煤系烃源岩和油气地球化学特征.地质论评,1998,44(2):149-159.

[93] 陈文学,等.焉耆盆地构造变形样式及其控油(气)作用.河南石油,2001,15(3):1-4.

[94] 付玲,张子亚,张道伟,等.柴达木盆地北缘侏罗系烃源岩差异性研究及勘探意义.天然气地球科学,2010,21(2):218-223.

[95] 高先志,陈祥,原建香,等.焉耆盆地博湖坳陷断层封闭性与油气藏形成.新疆石油地质,2003,24(1):35-37.

[96] 葛立刚,陈钟惠,武法东,等.潮水盆地北部亚盆地中侏罗统层序地层及沉积演化特征.石油实验地质,1998,20(1):25-29.

[97] 何登发,陈新发,张义杰,等.准噶尔盆地油气富集规律.石油学报,2004,25(3):1-10.

[98] 贾承造,魏国齐,李本亮.中国中西部小型克拉通盆地群的叠合复合性质及其含油气系统.高校地质学报,2005,11(4):479-482.

[99] 姜在兴,等.焉耆盆地侏罗系沉积体系.古地理学报,1999,1(3):20-26.

[100] 焦贵浩,秦建中,王静,等.柴达木盆地北缘侏罗系烃源岩有机岩石学特征.石油实验地质,2005,27(3):250-255.

[101] 康玉柱.中国塔里木盆地石油地质特征及资源评价.北京:地质出版社,1996.

[102] 李剑,姜正龙,罗霞,等.准噶尔盆地煤系烃源岩及煤成气地球化学特征.石油勘探与开发,2009,36(3):365-374.

[103] 梁狄刚,陈建平,张宝民,等.塔里木盆地库车坳陷陆相油气的生成.北京:石

油工业出版社,2004.

[104] 林腊梅,金强.柴达木盆地北缘和西部主力烃源岩的生烃史.石油与天然气地质,2004,25(6):677-681.

[105] 刘洛夫,妥进才.柴达木盆地北部地区侏罗系烃源岩地球化学特征.石油大学学报:自然科学版,2000,24(1):64-68.

[106] 刘云田,胡凯,曹剑,等.柴达木盆地北缘侏罗系烃源岩生物有机相.石油勘探与开发,2008,35(3):281-288.

[107] 刘云田,杨少勇,胡凯,等.柴达木盆地北缘中侏罗统大煤沟组七段烃源岩有机地球化学特征及生烃潜力.高校地质学报,2007,3(4):703-713.

[108] 柳广弟,等.焉耆盆地油气成藏期次研究.石油勘探与开发,2002,29(1):70-71.

[109] 马锋,钟建华,黄立功,等.阿尔金山山前侏罗系烃源岩生烃能力评价.天然气工业,2007,27(2):15-19.

[110] 彭立才,刘兰桂.柴达木盆地北缘侏罗系烃源岩沉积有机相划分及评价.石油与天然气地质,2001,22(2):178-181.

[111] 孙娇鹏,夏朋,杨创,等.柴北缘冷湖地区下侏罗统烃原岩分布规律研究.科技创新导报,2009,6(9):226.

[112] 王昌桂,马国福.潮水盆地侏罗系油气勘探前景.新疆石油地质,2008,29(4):466-468.

[113] 王明儒,胡文义.柴达木盆地北缘侏罗系油气前景.石油勘探与开发,1997,24(5):20-24.

[114] 王雁飞,陈志斌.伊宁盆地侏罗系含煤地层及聚煤规律.中国煤田地质,2004,16(2):10-12.

[115] 王振华.塔里木盆地库车坳陷油气藏形成及油气聚集规律.新疆石油地质,2001,22(3):189-191.

[116] 肖自歉,金贝贝,王冶,等.焉耆盆地侏罗系煤系地层油气成藏机理分析.录井工程,2008,19(3):75-78.

[117] 徐凤银,彭德华,侯恩科.柴达木盆地油气聚集规律及勘探前景.石油学报,

2003,24(4):1-6.

[118] 徐文,包建平,刘婷,等.柴达木盆地北缘冷湖地区下侏罗统烃源岩评价.天然气地球科学,2008,19(5):707-712.

[119] 阎存凤,袁剑英,陈启林,等.柴达木盆地北缘东段大煤沟组一段优质烃源岩.石油学报,2011,32(1):49-53.

[120] 杨永泰,席萍,等.柴达木盆地北缘侏罗系展布规律新认识.地层学杂志,2001,25(2):154-159.

[121] 于会娟,妥进才.柴达木盆地东部地区侏罗系烃源岩地球化学特征及生烃潜力评价.沉积学报,2000,18(1):132-138.

[122] 张宝民,赵孟军,肖中尧,等.塔里木盆地优质气源岩特征.新疆石油地质,2000,21(1):33-37.

[123] 张建忠,吴金才,高山林.柴达木盆地北缘大柴旦区块油气成藏条件分析.中国西部油气地质,2006,2(1):61-64.

[124] 张磊,等.潮水盆地侏罗系沉积体系及盆地演化.断块油气田,2009,16(1):12-15.

[125] 张晓军.潮水盆地侏罗系成煤规律及找煤远景探讨.西部探矿工程,2010,22(12):111-114.

[126] 袁明生,梁世君,燕烈灿,等.吐哈盆地油气地质与勘探实践.北京:石油工业出版社,2002.